谨将此书献给

中国共产党九十周岁生日

价值体系进化论

岳德常　著

黄河水利出版社

·郑　州·

内 容 提 要

党中央所提出的建设社会主义核心价值体系的目标，不仅是一个重大战略任务，同时也是一个具有重大学术价值的理论创新。它把我们对社会规律的认识推进到价值体系层次，使我们抓住了现实问题的关键，找到了解决现实难题的办法，为人类打开了进入和谐社会的大门，从而也使我们占领了人类精神进步的制高点。本书从"整个历史也无非是人类价值体系的进化过程"出发，探讨了价值体系在社会生活过程中的作用和进化过程，讨论了建设社会主义核心价值体系与实现以人为本、科学发展和构建和谐社会等政治目标之间的关系，并对如何建设社会主义核心价值体系进行了深入思考，为打通中、西、马之间的壁垒进行了积极探索，为共产党的执政地位找到了根植于人性进化需要的理论依据，对于中华文化的返本开新和提高党的执政能力，都具有重要意义。

图书在版编目（CIP）数据

价值体系进化论 / 岳德常著. —郑州：黄河水利出版社，2011.7

ISBN 978-7-5509-0078-3

Ⅰ.①价… Ⅱ. ①岳… Ⅲ. ①价值论（哲学）-研究 Ⅳ. ①B018

中国版本图书馆 CIP 数据核字(2011)第 130689 号

出 版 社：黄河水利出版社

地址：河南省郑州市顺河路黄委会综合楼 14 层　邮编：450003

发行单位：黄河水利出版社

发行部电话：0371-66026940、66020550、66022620(传真)

E-mail：hhslcbs@126.com

承印单位：河南博雅彩印有限公司

开本：720mm×1000mm　1/16

印张：20

字数：328 千字　　印数：1—1000

版次：2011 年 7 月第 1 版　　印次：2011 年 7 月第 1 次印刷

定价：36.00 元

前言：用中华民族的智慧庇护全人类

党中央提出了建设社会主义核心价值体系的目标，这是我们党执政60多年来不懈奋斗、艰辛探索、努力推进马克思主义中国化所取得的新成果；同时也是人类精神进化史上的又一次辉煌日出。这个目标的提出，使我们占领了人类精神进步的制高点，为中华文明的返本开新开辟了道路，同时也为人类打开了进入和谐社会的大门。对于个人来说，它为我们展示了人格成长的新境界，是为个人提供终极关怀的安身立命之学；对政治家和各级领导来说，它引导人们把对社会管理工作的认识深入到价值体系层次，进而找到社会管理的钥匙，为解答现实难题另辟蹊径。

就目前的情况来看，我们还必须特别强调：它是人类避免自我毁灭的唯一途径。罗马俱乐部的创建人奥雷利奥·佩西很早就发现，由于人类的盲目发展，使世界出现了各种混乱，诸如人口爆炸、生态失衡、环境污染、暴力与战争等，人类陷入了空前的困境，面临着自我毁灭的危险。现在看来，人类所面临的问题更加明显也更加严重了，腐败盛行、风气败坏、假冒伪劣、坑蒙拐骗、贫富悬殊，还有日益频繁的恶性环境灾难事件和连绵不绝的战乱，这使越来越多的人看到，当今人类正在一条通向大崩溃的路上飞奔。包括英国王储威尔士亲王，也在一次演讲中警告说，资本主义和消费主义导致世界经济和环境濒于崩溃边缘，据他估计，“我们仅剩96个月去拯救世界了”。[①]

正如人们通常所说的那样，危机同时也是机遇。恩格斯曾经说过：“没有哪一次巨大的历史灾难不是以历史的进步为补偿的。”这句话其实也可以倒过来说：没有哪一次历史进步不是以大灾难作为前奏的。构建和谐社会、和谐世界，作为人类历史上的最伟大的进步，必然会经历许多难以预知的情况。在现有的价值体系的主导下，社会不可能自然而然地趋向和谐。要构建和谐社会，就必须有一个社会价值体系的进化，全体社会成员都应当在价值体系上来一个转换或提升。而要做到这一点，仅靠正面教育是不够的，所以就需要有许多困难、挫折甚至是灾难来启发人们觉悟。在价值体系进化的过程中，反面教员的作用往往更大。

[①]《参考消息》2009年7月10日第三版文章《英王储“控诉”资本主义》.

当今人类所面临的危险正是在价值体系上来一个升级进化的机遇。要想抓住这个机遇，我们就必须认识到价值体系问题并做好推进价值体系进化的准备。这样，当危机到来的时候，人们才能因势利导，化危机为进步的机遇，否则就会手足无措地在灾难中归于毁灭。优胜劣汰，生物界进化的这一规律也完全适用于价值体系的进化过程。历史上已有很多文明在大灾难中烟消云散了，在世界四大古文明中，唯有中华文明延续了下来；其原因就在于中国人在认识人生与社会发展问题时，能够深入到价值体系层面，并在这个层面上“穷则思变”，自觉地推进价值体系的进化，所以便能够“变则通，通则久”。

虽然资本主义价值体系的缺陷正日益暴露出来，但现代西方文明却被牢牢锁定在丛林法则的行为模式上难于解脱。尽管有少数智者发现价值体系出了问题，这个社会整体的意识却难于深入到价值体系层面，无法“穷则思变”，只能继续在原有的运行轨道上寻找解决危机的办法，其路径只能越走越窄。西方人要想继续生存下去，也必须“穷则思变”，在价值体系上来一个升级转换。日益临近的危机必将使中华文明的这一智慧大放异彩，庇护全人类。

在人类所有伟大的历史飞跃之前，都有一个伟大的精神飞跃作为先导。告别丛林法则，自觉推进价值体系的进化，正是人类实现下一个历史飞跃所必需的先导。就像江河之必然要流向大海一样，人之精神向上也是不可抗拒的自然规律。黑格尔曾说：“人应该尊敬他自己，并应自视能配得上最高尚的东西。精神的伟大和力量是不可以低估和小视的。”[①]我们相信，只要人们知道了价值体系的存在，自然就会发现它在社会生活中的作用，自然就会发现它有一个进化过程，自然就会追求自身价值体系的完善，投身于建设社会主义核心价值体系的伟大事业，自觉推进价值体系的进化；当这样的人们越来越多的时候，和谐社会就会自然而然地成长起来，中华文明便可实现伟大复兴。同样道理，当人类普遍自觉地推进价值体系进化的时候，和谐世界也就自然而然地形成了。

鉴于上述理由，研讨价值体系问题就很有必要。自从党中央提出建设社会主义核心价值体系的目标以来，本人围绕这个题目进行了一些探讨，现将这些思考集中起来，整理成一本书，名之曰《价值体系进化论》。这是一个极其宏大的题目，本人才疏学浅，缺点不足之处肯定很多，衷心欢迎大家批评指教，我的电子邮箱是：ydcydcydc3@163.com。

河南博雅彩印有限公司董事长曹永彬先生为本书的出版印刷提供了热情帮助，在此谨致衷心感谢。

[①][德]黑格尔.小逻辑[M].北京：商务印书馆，1980.第36页.

目 录

第一章　价值体系问题概述

众所周知，认识自我乃是哲学探究的最高目标。在历史上的各种不同哲学流派的争论中，这个目标始终没有被动摇过，它只是随着时代进步而不断深化。关于价值体系问题的研究则是人类认识自我的悠久传统的继续，通过深入认识自身的价值体系问题，我们也就把对自我的认识推进到一个新阶段，进而也就开启了人类进入历史发展新境界的大门。

一、从商品的价值到人的价值体系

从关注商品的价值到关注人的价值体系，人们的认识有一个演变过程。这个过程不仅是人们对客观对象的认识的深入，同时也使观察者自身发生了一个立足点的转变，一个从经济学到心理学的转变，一个从研究物质世界转向研究人类自身的转变，一个从以物为本提升到以人为本的转变，这是一个极其重大而又影响深远的转变。

在我们认识到价值体系的存在之前，经济学家们所研究的是商品的价值，他们撇开商品之所以成为商品的整个社会过程来研究商品的价值，给商品的价值定义为“凝结在商品中的一般的无差别的人类劳动或抽象的人类劳动”，其价值量由生产该商品所耗费的社会必要劳动时间来决定。但是，商品之所以有价值，是因为它被人需要，它能满足人的需要，它要实现自身的价值，就必须拿到市场上去；因而仅仅关注生产这个环节还不足以确定商品的价值，后来就有经济学家把市场因素引入商品价值，提出了边际价值，又发展出一套很复杂的公式。在这里我们没有必要去关心那些繁琐的内容了，因为那些经济学家们仍然站在以物为本的立场上，这使他们不能正确地提出问题，也不可能找到解决现实难题的正确答案。

这是一个简单的事实，劳动产品之所以具有价值，是因为它是人类劳动的产品，能够满足人的需要，因而“价值”一词就与人的需要密切相联。后来有心理学家进一步研究人的需要，他们发现，人的需要是一个体系，马斯洛提出了一个需要层系理论，他把人们所自觉追求的目标体系称为价值体系。经历了这样一个从经济学到心理学的演变，人们的研究对象经历了一个从商品的价值到人的价值体系的深化，这样一个从客体到主体的转换，是人类精神进化过程的关键一步。

在这种从客体到主体的转换中，自然也就包含了从以物为本到以人为本的转换。马克思虽然也研究商品与价值，其目的却不是为了确定商品的价值量，而是为了剥掉桎梏经济社会运行过程的私有制外套。劳动产品在一切社会都存在着，而价值则是私有制社会关系所强加在它身上的属性。马克思说:“实际上价值只不过是人和人之间的关系、社会关系在物上的表现，它的物的表现，——人们同他们的相互生产活动的关系。”[①]从这个认识水平上来看物质财富的生产与消费过程，“财物世界的幻影消逝了，这个世界不过表现为不断消失又不断重新产生的人类劳动的客体化。任何持久的财富都只是这个社会劳动的转瞬即逝的物化，是生产过程的结晶化，生产过程的尺度是时间，即运动本身的尺度。”[②]从这段话中可以看出，马克思与庸俗经济学的根本区别就在于他能够穿透私有制意识形态所笼罩在财富世界之上的幻影，看到其本质。正是由于这个深入，马克思完成了从以物为本到以人为本的转换，从研究物与物之间的交换关系深入到研究人类自身与物质世界的关系，奠定了科学共产主义理论的基石。

正因为马克思能够深入到这个深度，所以才能够分析商品拜物教，认识到资本主义的历史暂时性。所谓拜物教，是马克思作的一个比喻，与那种以上帝和其他诸神为祭拜对象的宗教不同，拜物教以物质财富的私人占有为核心价值。不管是拜神教还是拜物教，都不过是一种价值体系，虽然核心价值不同，但却都是对低层次价值的盲目崇拜。马克思摆脱了这种盲目崇拜，实现了从以物为本到以人为本的精神飞跃，所以就能看到其他人所看不到的东西，在研究商品价值时，他就能够穿透劳动产品的物理性质而发现人类的活动才是商品价值的内在核心，商品形式“只是人们自己的一定的社会关系，但它在人们面前采取了物与物的关系的虚幻形式。”[③]对于其他人来说，要想理解马克思的学说，也必须达到以人为本的水平，假如人们仍然停留在以物为本的水平上，那就理解不了马克思的学说。

价值体系并非是现在才出现的新东西。就像万有引力一样，在牛顿发现它之前，它也一直存在着。价值体系也是这样，在中国共产党人发现它

[①]马克思.剩余价值理论[M].第三册.北京：人民出版社，1975.第159页.
[②]同上，第473页.
[③]马克思.资本论[M].第一卷.北京：人民出版社，2004.第90页.

之前，它始终存在着，但却一直处在人类意识之外。必须经过一系列发展环节，随着社会主义事业的深入，它才能进入人们的意识，人类才能将建设社会主义核心价值体系列为社会政治活动的目标。在认识到以人为本的目标之后，人们自然就会关注人的需要，进而注意到由人的各种需要组成的价值体系。对价值体系的研究又将反过来推动人类精神的进一步觉醒，在更高的层次上掌握社会运行的规律，引导人类按照人类科学发展的需要来塑造自身的价值体系，进而自觉地开创历史发展新境界。历史发展的高度与价值体系进化的高度是一致的，此即逻辑与历史的统一。下面我们大略地观察一下价值体系问题。

所谓价值体系，也就是由人的各种需要组成的体系。这没有什么复杂的地方，大自然中的所有生命，从原始细胞开始，都本能地要维持自己的生存，都需要从外部环境中得到其所需要的物质。进一步来看，所有物种的生命过程都不过是其遗传基因自我保持的工具，各个物种的生存需要都产生于其遗传基因自我延续的需要。作为万物之灵的人类也不例外，人类也要维护自身遗传基因的延续，也需要外部环境提供的物质来维持其生命过程，人类劳动就是实现人与自然的物质变换过程。

尽管人与其他动物都有需要，但人的需要与动物的需要有一个根本区别：人能够意识到自己的需要。“人则使自己的生命活动本身变成自己意志的和自己意识的对象。他具有有意识的生命活动。……有意识的生命活动把人同动物的生命活动直接区别开来。”[①]他的需要必须被他意识到，成为他的目标，生存的自然必然性、文化传统、个性发展的需要，都要经过其大脑的加工，成为其实践活动的目标。尼采也认识到，“人需要有一个目标，人宁可追求虚无也不能无所追求。”[②]用现在的话来说就是：所有的人都要有一个价值体系，哪怕是以虚无为核心价值，也仍然要有一个价值体系。

认识到价值体系的存在之后，我们还要注意区分开这两种价值体系，一种是由客观存在的需要构成的价值体系，一种是由人们所意识到的需要构成的价值体系。后者是前者在人脑中的反映，但这种反映往往是片面的扭曲的，所以我们就看到，一些人并不知道自己的真正重要的需要，在时代潮流的裹胁下，追求着那些并不需要的东西。人类经常处于低水平价值体系的控制之下，这就是老子所说的“道可道，非常道”，必须经历一个在

[①]马克思恩格斯全集[M]. 第3卷. 北京：人民出版社，2002. 第273页.
[②][德]尼采. 论道德的谱系[M]. 北京：三联书店，1992. 第76页.

实践中不断试误的成长过程，才能认识“常道”，实现科学发展。由于人类对自身价值体系的认识有一个不断深入的发展过程，人类价值体系一直处在发展过程之中；随着价值体系的进化，人类的行为方式也发生变化，与之相应的，人们的社会组织方式也经历了一个发展过程。

我们还要注意价值体系的另外一种区分，社会价值体系与个人价值体系的区分。个人价值体系是个人所认识到的各种需要组成的体系，社会价值体系则是社会集体中居于支配地位的价值体系。价值体系的进化是以集体为单位来完成的，作为个体，我们每一个人的价值体系都是这个过程中的微不足道的环节，跟随着社会价值体系的进化而进化。社会价值体系左右着个体价值体系，它与日常生活过程有机地联系在一起，与社会政治经济制度有机地结合在一起，与时代精神潮流有机地结合在一起，在社会集体中占支配地位。它内容复杂、包罗万象，控制着每一个人的行为。它既是一个客观存在，又看不见摸不着；既存在于个人的头脑之中，同时又存在于社会生活之中。那些执着于物质与意识的两极对立思维模式的人们，在它的面前就陷入困惑，不知道它是物质还是意识；于是便有人掩耳盗铃，干脆就否认它的存在。

但是，社会价值体系确确实实地存在着并发挥着作用。比如说中国文化传统中的官本位价值体系，有一套复杂的规则维持着它，不同级别的官员所能享受的待遇是有规定的。比如春秋时代，官员们吃饭有一个列鼎列簋的制度，天子用的是九鼎八簋，诸侯用的七鼎六簋，卿大夫用的是五鼎四簋，大夫用的是三鼎两簋，普通的士只能用一个鼎；此外，对各级官员住什么样的房子，穿什么颜色的衣服，坐几匹马拉的车，也有规定。这种种规定经过几千年的发展，越来越复杂，清代人对官员品级与官衔的大小、大门刷何种颜色的油漆、衣服上用什么鸟兽的图案，帽子上用什么颜色的珠子、插几根鸡毛也都有相应的规定。此外，对各种品级的官员可以乘几人抬的轿也做出了规定，太平天国起义军虽然与满清政权不共戴天，却也同样沿袭了这些规定，最大的官如天王出行要坐64人抬的黄缎金龙座轿，最小的官只能坐两人抬的小轿。这些规则以及与之相配套的道德文化，支持着社会运行过程。所有这些规矩，我们把它们统称为社会价值体系。

除了社会政治过程以外，还有许多局部小环境，诸如市场、战场、考场、运动场、赌场、剧场、娱乐场，每一个场景都有自己的竞争规则和竞争目标，这也是价值体系，它限定了人们的行为方式，或胜或负，人们都必须接受这个场景中的价值体系。小到家庭中的争吵，大到国与国之间的核军备竞赛，一旦形成了竞争，便都被卷了进去，获胜的愿望使得谁也无法退出来，无所不用其极，必须把这场游戏玩到底。也曾经有人不想玩了，便从这个场合中退出来。比如说，隐士们从官场中退出来，遁迹山林，贾宝玉从家庭中退出来，出家做了和尚，但他们仍然在坚持着某种价值体系，他们意识到了更重要的核心价值。包括阿Q的精神胜利法，其实也是一种价值体系，一种只有他自己认可的价值体系。对于社会群体而言，正是由于有了价值体系的种种变异，经过"优胜劣汰，适者生存"的自然选择过程，新的更重要的价值才能进入群体意识，从而使社会价值体系具有了更新和进化的动力。

下面，我们再进一步讨论个体价值体系与社会价值体系的关系。与个体价值体系的灵活多变不同，社会价值体系就像是一位步履蹒跚的古稀老人，缓慢而又艰难地前行。其之所以如此，这是因为，在个人价值体系与社会价值体系之间，有一个互相制约又互相促进的"超循环"过程。就像核酸与蛋白质的关系一样，"蛋白质的高度有序的功能是由核酸编码的，但是核酸的复制和翻译又是蛋白质催化和表达的。换言之，只有存在'信息'才有由'信息'编码的高度有序的'功能'，而'信息'又只有通过'功能'才获得了意义。因此，这里是一种相互作用、相互依赖的关系，或者说是一种双向的因果关系，表现为一种互为因果的闭合圈。"[①]在价值体系的进化过程中，也存在同样的机制，一种互为因果的闭合圈。目前，这个机制还没有得到大家的关注，它反过来控制着我们，"我们本身的产物聚合为一种统治我们、不受我们控制、使我们的愿望不能实现并使我们的打算落空的物质力量，这是迄今为止历史发展的主要因素之一。"[②]这我们要建设社会主义核心价值体系，就必须深入认识这个机制。

个体价值体系的成长过程是一个社会历史过程，它在社会价值体系的大环境中形成，受其制约。社会价值体系形成于无数个体的价值体系的相互作用，并在它们之上获得了独立的生命，反过来又控制着个体价值体系的成长过程，把发展水平参差不齐的个性稳定在大致相同的水平上。不管个人怎样在形式上超脱于各种社会联系之外，他在实质上都仍然是这个"超循环"的产物。就像地球对人的吸引力一样，由于习以为常，人们并不感

[①]姜璐，王德胜.系统科学新论[M].北京：华夏出版社，1990.第137页.
[②]马克思恩格斯选集[M].第1卷.北京：人民出版社，1995.第85页.

觉到它的存在；但当人们想要飞出地球的时候，就会感到有一只无形的大手紧抓住自己不放。价值体系的“超循环”也同样对人存在巨大的牵引力，人们也同样对它习以为常，可一旦人们意识到它的缺陷而要建设一个新价值体系的时候，就立即感觉到它的存在，以及它的巨大强制力。

这个价值体系“超循环”产生于人类个体的生活过程，同时又反过来控制着个体的行为。作为个体，人们生生死死，来了又去了，而那一套社会价值体系却一直持续、发展着，反过来支配着人们的生命过程，限定人性的发展水平以及社会经济和政治运行水平，决定国家的发展轨道，单个人的力量在它的面前是微不足道的。人们如要改变自己的生存状态，就必须打破这个“超循环”，建立起新价值体系的“超循环”。个体的充分发展必须借助于充分发展了的社会价值体系的托举，只有在社会集体的进步过程中才能实现自身的自由全面发展。

理解了个人价值体系与社会价值体系之间的有机联系，我们便可深入理解几千年来众说纷纭的“人的本性”了。我们不能在任何一个单独的人身上去找“人的本性”，必须是在人们所属的社会关系中寻找，在人类的全部历史中寻找，在那个价值体系“超循环”的发展演变过程中寻找。人们对这个“超循环”的认识就是一个盲人摸象的过程。老子说过“大象无形”，就是因为我们的眼睛看不清这头“大象”，只能用手摸，摸到大象腿的说大象是一根柱子，摸到大象肚子的说大象是一堵墙，于是便众说纷纭，有人坚持性善论，有人坚持性恶论，直到马克思来摸，才形成了一个比较完整的形象，他认为“人的本质是一切社会关系的总和”；这个“总和”实际上是我们现在所说的价值体系“超循环”。

历史的进步过程，也即是社会价值体系不断进化的过程。人们逐步深入认识自身的需要、实践新的核心价值，由低阶的基本需要进化到最高阶的人的自由全面发展，人们对核心价值的认识逐步深入，于是，在人类进化过程中便出现了一个依次出现的价值体系系列，它们分别以由低到高的价值为核心价值。这一系列价值体系依次出现的过程，便是人类的精神觉醒过程。政治、经济、文化等各个领域的各种社会现象的根源就是社会价值体系，它们随着社会价值体系的发展演变而改变。马克思曾说：“整个历史也无非是人类本性的不断改变而已”，这也就是说：整个历史也无非是人类价值体系的不断进化过程而已。

理解了这一点，我们就可以理解为什么腐败现象会是一个顽症。人们都知道那是坏东西，过街老鼠人人喊打，但为什么仍然顽强地存在并发展着？这是因为，这是一个以物质财富的私人占有为核心价值的价值体系，而且它形成了“超循环”，控制了人们的生命过程。置身于这个“超循环”之中，人们就必须把物质财富的占有作为自己的核心价值，判断一个人的价值就是他有多少钱；更高级的需要虽然也存在于人们身上，但却没有进入人们的意识，他们为占有物质财富而奉献了全部激情，就像宗教徒对上帝的信仰一样，所以马克思称之为“拜物教”。担任公职的人员也同样是“拜物教”的教徒，自然就要按照“拜物教”的规则行动，利用手中的权力来“寻租”。于是乎，这个东西就像臭豆腐一样，闻起来臭，吃着香。由于当今世界仍然是一个由“拜物教”控制着的世界，所以，不管是社会主义国家还是资本主义国家，都同样面临着腐败现象的纠缠。比如手边的一份《参考消息》就说：“长期以来，腐败一直是美国新泽西州挥之不去的阴影。……负责新泽西州公共腐败项目调查的联邦调查局探员埃德·卡雷尔表示，新泽西一直是全美腐败问题最严重的州之一。他说：‘腐败问题就像癌症一样，已经深深嵌入新泽西的政治文化中。’……在走访执法人员、检察人员以及腐败案件中的主角们之后，可以看到，腐败文化根深蒂固，抗拒行贿已经成了不可能完成的任务。……新泽西的居民说，情况并非总是那样。然而可惜的是，事实表明情况确实总是那样。”[①]人们也在加强监督上想了很多办法，但事实表明情况确实总是“道高一尺，魔高一丈”，这是什么原因呢？这是因为这些办法都没有触及产生腐败现象的根源——私有制价值体系以及它所形成的“超循环”。有很多人不知道这个“超循环”的存在，也就不知道如何改变这个“超循环”，他们期望通过实行民主、加强监督、严肃查处等办法来消灭腐败现象，这就很像那些缺少科学知识的古人，他们期望通过祭拜龙王以求雨、用画符驱鬼的办法来治病。

尽管我们已经建立了社会主义制度，但由于我们尚未与资本主义价值体系实行彻底决裂，所以腐败现象也仍然困扰着我们。比如公车私用、公费旅游、公款吃喝等“三公”现象的费用，几年前就听说是每年要花九千亿人民币。为什么“三公”现象在年复一年的“严禁”和“不准”之下有增无减、愈演愈烈，就是因为在公务员队伍中有一个自发形成的支撑着“三公”现象的价值体系，人们以坐好车为荣，以出国旅游为一定级别的干部

① 《参考消息》2009 年 7 月 30 日文章：《新泽西大肃贪震惊世界》.

所应当享受的待遇，在礼尚往来时宴请接待唯恐不周，互相攀比，自发形成了一种“潜规则”，必然带来“三公”费用的持续上涨。如果人们不能改变这个“潜规则”，而是企图采用一些行政措施来制止它，这就不过是扬汤止沸，无法扭转其愈演愈烈的趋势。正如人类身体上的有些疾病需要通过基因修补来进行治疗一样，人类社会的疾病也需要通过基因修补来治疗，社会主义核心价值体系的建设就是这样一个基因修补工作，通过共产党人对社会主义核心价值体系的坚持，使之形成新的“超循环”，推进人性向更高的发展阶段进化。

历史始终只提出自己能够解决的任务。虽然马克思很早就完成了从以物为本到以人为本的转换，但要使它在社会中形成新的“超循环”，还需要一个相当长的历史发展过程，需要经过开展武装斗争以夺取政权、发展生产力等一系列发展阶段，直到为人民群众的普遍的精神进化创造经济、政治和文化的条件。《共产党宣言》问世已经160年了，现在应当是解决这个问题的时候了。

二、价值体系在人的实践中的重要作用

就像动物植物成长过程中都有基因在其中发挥控制作用一样，社会这个有机体的成长过程也有一个基因在其中发挥控制作用，这就是价值体系。这个东西虽然看不见、摸不着，但却是一个客观存在。在马克思看来：“财富不过表现为人的活动。凡不是人的活动的结果，不是劳动的结果的东西，都是自然，而作为自然，就不是社会的财富。财物世界的幻影消逝了，这个世界不过表现为不断消失又不断重新产生的人类劳动的客体化。”[①]而在人的活动中，价值体系又起着制导作用，所以我们便可进一步推论说，价值体系在历史进程中发挥着制导作用。

毛泽东曾经写过一篇《人的正确思想是从哪里来的》。他认为：“人的正确思想，只能从社会实践中来，只能从社会的生产斗争、阶级斗争和科学实验这三项实践中来。”他还说：“一个正确的认识，往往需要经过由物质到精神，由精神到物质，即由实践到认识，由认识到实践这样多次的反复，才能够完成。”[②]毛泽东的这一思想推进了辩证唯物主义认识论的深化。但我们也发现，有的人通过参加社会实践，经过由实践到认识，由认识到

[①]马克思.剩余价值理论[M].第三册下.北京：人民出版社，1975.第473页.
[②]毛泽东文集[M].第八卷.北京：人民出版社，1999.第320-321页.

实践的多次反复，可以得到正确的认识；而另外有那么一些人则得不到正确认识，不管他们在实践中碰了多少次钉子，也仍然无法找到正确的认识。他们会一直错下去，就像毛泽东所说的那样“带着花岗岩头脑”去见上帝。这是什么原因呢？这是因为，处在某个较低的价值体系发展水平上，人们的目标就被“锁定”了，他们背离大道，完全被低层次欲望控制着，其感知能力、实践能力和审美情趣都指向某个方向。比如西方殖民者在面对中国时，并不是客观地注视着真实的中国，而是一个流着贪婪口水的饕餮之徒发现了一场盛宴，他的目标就是如何吃下这场盛宴，是通过抢夺还是欺骗；在这种价值体系控制下，西方敌对势力不会突然间放下屠刀，也不会与我们一块建设和谐世界。

因而，在人类实践活动中有一个价值体系问题，这个价值体系的高度限定了人类实践的高度。有的人能够自觉认识和实践那个终极的价值体系，或者说是大道，把自己作为大道实现出来的工具，他们便遵守着“斗争失败，再斗争再失败，直到胜利”的逻辑；有的人背离大道，在非理性的欲望控制下行动，结果就遵循着“捣乱失败，再捣乱再失败，直至灭亡”的逻辑，其低级狭隘的价值体系决定着他们必然失败的命运。如想让他走出这种困境，就必须来一个价值体系的提升，这便是中国人所说的“闻道”、“开悟”。

除了那些决心与人类为敌的反动派以外，还有大量的人，也没有在价值体系上达到“闻道”、“开悟”的高度。他们不过是在时代潮流中漂流，在物欲情欲的控制下行动，不知道什么是自己的真正利益，追求着那些与整体利益相背离的目标，结果就总是与他人发生冲突，生活在无穷无尽的烦恼之中。如果他们不能摆脱这种价值体系的控制，就会一直处于这种不幸之中，其价值体系的狭隘决定了他们的悲剧命运。处于这种价值体系发展阶段上的人们必然要分化为彼此对立的阶级，不是处于被侮辱与被损害的位置，就是处于侮辱与损害他人的位置。人们都希望跻身于后者而不愿意处于前者的位置上，所以就按照现有的社会规则拼命地“往上爬”。有人爬不上去，比如洪秀全参加过多次科举考试，但却屡试不第，心灰意冷之后，索性另起炉灶，搞出了一场农民起义，中国历史上有很多次农民起义就是这样搞出来的。这些原本处于被压迫地位的人，一旦发动革命颠覆了原来的秩序，便会立即重新分派角色，把自己安排在人上人的位置上。几千年来，历史就一直这样“翻烧饼”，不管是农民起义还是宫庭政变，人们的目标也无非是把自己放在人上人的位置上。现代人所追求的“民主”也没有跳出这种行为模式，所谓法治也不过是把自己的优势地位制度化、巩固下来。处于这种价值体系发育不充分的位置上，每个人都有很多委曲、很多不满、很多抱怨、很多不幸，但同时又给他人制造了很多同样的东西。许多具有同样价值水平的人共同地制造了一个充满不幸的社会环境，于是每个人都得到了自己应得的一份。此即所谓木匠做枷，自作自受。

价值体系在个人的实践中发挥着制导作用，对于国家民族来说，也同样发挥着制导作用，社会价值体系进化水平的不充分会使整个国家和民族处于昏睡状态，处于一盘散沙、兵连祸结的局面。要想摆脱这种状态，社会集体就必须有一个价值体系的提升。这是一个漫长的进化过程，一个自然历史过程。在人类依次经历的由低到高的各种社会形态中，相应地就要有一个价值体系的由低到高的进化过程，分别在相应的社会形态中形成了“超循环”，控制着社会运行过程。正是在无数民众不同水平的实践的基础上，价值体系缓慢地进化着，价值体系的发展水平决定了社会的发展水平。

在不同的社会历史阶段，要有不同的价值体系在其中作为“序参量”来主导社会运行过程。如果某种社会制度的价值体系无法继续保持其主导地位，这个社会就会随之解体。用马克思自己的话来说：“如果从观念上来考察，那么一定的意识形式的解体足以使整个时代覆灭。”[①]与之相应的，人们如果要想建立一个新制度，首先就必须建设新的价值体系。要想建立社会主义制度，就要建设社会主义核心价值体系。如果人们想要建立的是社会主义制度却听任资本主义价值体系发展蔓延，这就像想要收获稻谷的农民却往地里撒下稗草的种子一样。

只有在改造社会的实践中，人们才能逐步由浅入深地认识社会，找到价值体系这个控制社会运行过程的关键因素。这是一个漫长的探索过程，从中国的情况来看，鸦片战争之后，落后挨打的遭遇逼迫中国人起来救亡图存，同时也把中国人推上了深入认识社会运行规律的漫长旅程。最初有魏源提出“师夷之长技以制夷”，把中国战败的原因归结为武器落后，于是便有了洋务运动，大力发展军工及海军。但甲午海战依然失败，人们总结教训，进一步寻找落后挨打的原因，把原因归结为制度落后，于是便有了戊戌变法；戊戌变法失败后，各路义士此起彼伏地发动武装起义，直至辛

[①]马克思恩格斯全集[M].第46卷下.北京：人民出版社,1980.第35页.

亥革命推翻了帝制。帝制被推翻之后，中国仍然一盘散沙，并没有走上独立富强，于是仁人志士们又进一步寻找原因，深入到社会的文化层面，把中国落后的原因归结为文化落后，于是便有了一个五四运动；在寻找先进文化的过程中，中国先进知识分子出现了分化，一部分人找到了“德先生”和“赛先生”，另一部分人找到了马克思主义。十月革命一声炮响，给中国送来了马克思主义，一部分先进人物便如获至宝，走上了以马克思主义来改造中国社会的艰难探索之路，从此以后，深入认识社会发展规律的任务就落在了中国共产党人肩上。

在中国共产党人团结带领人民进行伟大社会革命的实践中，对“什么是社会主义”、“怎样建设社会主义”的问题，又经历了一个由浅入深的认识过程，从夺取政权、建立社会主义制度、发展经济，逐步深入到文化层面，最后才抓住本质属性。现在看来，以往人们所强调的公有制、人民民主专政、党的领导、马克思主义指导思想、发展生产力、民主法治等等，它们都是社会主义的重要内容，但相比于社会主义核心价值体系来说，它们并非本质属性；它们的存在只不过是为了服务于建设社会主义核心价值体系的需要:生产力的发展和公有制是为新价值体系的成长创造经济基础，党的领导和无产阶级专政是为新价值体系的成长提供政治保护措施，民主与法治建设则是新价值体系表达和实现自己的途径与方式。

社会主义出现在世界上，首先就是一个新的价值体系，这就是《共产党宣言》开篇所说的那个“幽灵”。它先在欧洲的上空飘荡，后来又飘到了俄罗斯，然后又飘到了中国，一些先进的人们接受了它，实践着它，于是它便在社会生活中扎下根、立住脚，逐渐进入人的实践而成为有形的具体的存在。就像胎儿在子宫中孕育成长并最终诞生一样，新制度的成长也经历了这样一个从“幽灵”到成长壮大并最终在社会生活中占据主导地位的过程。毛泽东很重视这个东西，他不再将其称为“幽灵”，而是称为“路线”，他说:“思想上政治上的路线正确与否是决定一切的。党的路线正确就有一切，没有人可以有人，没有枪可以有枪，没有政权可以有政权。路线不正确，有了也可以丢掉。”不管是称之为“幽灵”还是“路线”，这个看不见摸不着的东西极其重要，它是社会主义事业的核心和生命之所在。

通过总结共产主义运动的历史经验，特别是通过总结我们党执政 60 余年的经验教训，党的十六届六中全会决定提出了建设社会主义核心价值体系的新目标，这是我们党对“什么是社会主义”、“怎样建设社会主义”

的认识的新飞跃。在此基础上，我们才能总结出这样一个认识：社会主义核心价值体系就是社会主义的遗传密码，是决定着社会主义之所以是社会主义的决定因素。就像胎儿在遗传密码的控制下逐渐成长起来一样，社会主义核心价值体系就是社会主义的遗传密码，有了这个遗传密码，自然而然地就要发育出公有制等社会特征。只有在社会主义核心价值体系不断强化并牢牢控制社会生活过程的情况下，社会主义事业才能像动物或植物一样，是一个健康成长的生命，而不再是一个由建筑材料堆砌起来的没有生命的建筑物。党中央提出了建设社会主义核心价值体系的目标，是人类政治文明意识的一次新突破、新进步，必将极大地促进社会主义制度的成熟，将政治文明发展水平稳定在一个新高度上。

如果社会主义社会没有建立起这个新的遗传密码，而是一直让资本主义的遗传密码居于主导地位，社会就发育不出社会主义所应有的特征，因为以资本主义价值体系为核心价值的这个社会不需要这些“器官”。就算社会主义社会曾经发育出这些“器官”，它也会蜕变、衰亡。在这种情况下，自然就要出现苏联、东欧社会主义政权的崩溃解体。反之，如果我们自觉地建设社会主义核心价值体系，吸引越来越多的民众，使这种价值体系在社会生活中站稳了脚跟，社会生活便会逐步趋向于和谐，诸如计划经济、公有制等社会“器官”就可以充分展示其优越性，从而最终稳定下来；另外一些“器官”如人民民主专政、党的领导等也将随着社会趋向于和谐而逐渐完成自己的历史使命而失去存在价值，归之于消亡。现在我们说和谐是社会主义的本质特征，但在实际上，和谐也还只是“果”而不是“因”；它不能自我实现，而是只能在社会主义核心价值体系不断强化的过程中逐步实现。作为社会主义社会的遗传密码，社会主义核心价值体系才是社会主义的本质特征。

在认识了社会主义核心价值体系对社会主义社会的重要作用之后，我们进一步看到，价值体系的制导作用并非仅仅存在于社会主义历史阶段，它存在于人类社会的各个不同历史阶段，控制着社会运行过程。地球并不是因为哥白尼发现了日心说之后才围绕着太阳转的，价值体系也不是因为党中央提出了建设社会主义核心价值体系的任务之后才在人类社会中发挥作用，自从人类一诞生，它就出现了，并一直在社会生活中发挥着“序参量”的作用。正如一个四肢强壮的人会因为大脑中的一个小问题而疯癫或瞬间死亡一样，保持国家身体健康的关键是价值体系。国家的兴衰存亡，归根到底取决于其价值体系的发展演变过程。彼此对立的各个政治集团的较量，其结果归根到底要取决于各自价值体系的优劣。下面我就找几个例子来说明这一点。

第一个例证是秦国的崛起，其起因就在于商鞅为秦国制定了一个好的价值体系。原来秦国的文化很落后，后来秦孝公任用商鞅搞变法，制定了奖励耕战的政策，废除世卿世禄制，制定了二十等爵制。规定不管地位高低贵贱，只要立有军功，就能封官加爵。甚至奴隶只要能立有军功，也可以拜爵或免为庶人。新法规定“富贵之门必出于兵”（《商君书•赏刑》），“有军功者，各以率受上爵；……宗室非有军功论，不得为属籍。明尊卑爵秩等级，各以差次名田宅，……有功者显荣，无功者虽富无所芬华”（《史记•商君列传》）。《韩非子•定法》还指出：“商君之法曰：‘斩一首者爵一级，欲为官者为五十石之官；斩二首者爵二级，欲为官者为百石之官.’官爵之迁与斩首之功相称也。”

这样的价值体系大大调动了秦人参与战争的积极性。于是，“民闻战而相贺也，起居饮食所歌谣者，战也。”（《商君书•赏刑》）“民之见战者，如饿狼之见肉。”（《商君书•画策》）“秦人闻战，顿足徒裼，犯白刃，蹈炉炭，断死于前者，皆是也。是故秦军战未尝不胜，攻未尝不取，所挡未尝不破。”（《韩非子•初见秦》）与之相对比，六国则缺少这样的价值体系，贾谊《过秦论》中也说，六国之士，“常以十倍之地，百万之众，叩关而攻秦。秦人开关延敌，九国之士逡巡遁逃而不敢进。秦无亡矢遗镞之费，而天下诸侯已困矣。”

由此可见，商鞅制定的军功爵制，使秦国士兵在战场上勇于进取，进而把士兵们成就个人富贵的“军功”凝聚为国家整体克敌制胜的“军功”。“能使民乐战者王。”（《商君书•画策》）现在看来，这个价值体系以在战争中杀死别国的生命作为加官晋爵的标准，是一个令人恐怖的价值体系。但也正是这个价值体系决定了秦国在与六国的战争中必然胜利的结局。

第二个例证，西方资本主义国家的崛起源于价值体系的更新。在此之前的近千年历史中，那些被《大国崛起》提到的大国都处在中世纪的黑暗之中，在基督教和经院哲学的控制下，人们贬低现实生活的意义，宣扬禁欲主义，认为一切物质享受、人间欢乐都应当抛弃；它否定人世生活的一切，生活的目标是在死后灵魂进入天堂，它主张人们把一切献给神。在这种价值体系的控制下，社会生活必然是阴冷的、黑暗的。

在启蒙主义针对中世纪的黑暗进行了系统的批判、建立了新的价值体系之后，西方资本主义大国才开始崛起。启蒙主义者把注意力从天国移到现实中的“人”的身上，提高“人”的尊严，把“人”作为思考研究的中心。这是一种新的核心价值，围绕这个核心价值，他们赞美自然，讴歌人生，要求人们不要去追求虚无飘渺的死后灵魂，而是追求现实的生活享受。他们认为，人生的最高目标就是尽情享受，在人的一切错误中，最野蛮的是轻视自己。这一切都是正确的。

但是，刚从蒙昧中走出的人们对现世生活的关注局限在对物质财富的私人占有上，人的自由全面的发展尚未提上人类的议事日程。由于科技的发展和工商业革命，工业将加工对象由土地扩展至整个自然界，需要大量原料，也产出大批商品，商品和原料都需要更加广阔的市场，由此而产生的扩张的欲望驱使着人们疯狂地掠夺，包括自己同胞和别的国家，以及大自然。西欧各国在历史上都发生过程度不同的圈地运动，英国的圈地运动最为典型，规模也最大。大量农民的土地使用权被强行剥夺，农民同自己的生存资料分离，失去生存保障，被迫成为劳动力市场上的无产者，只有“自由”地服从雇佣劳动制度和接受资产阶级剥削才能生存。

他们不但在国内进行剥夺、剥削，而且还在海外进行殖民侵略，对殖民地人民进行掠夺、洗劫、剥削。他们还大肆进行罪恶的奴隶贸易，对中国发动了鸦片战争，通过这些殖民掠夺，积累了大量发展资本主义生产关系所必须的资本。

我们暂且把关于善恶的道德评判放在一边，客观地观察西方资本主义的兴起，便可看到，尽管人类一直是追求物质财富，但却只有在资本主义诞生以后，才唤醒了人类的潜能，像魔法一样召唤出巨大的生产力。其之所以能够如此，就在于资本主义提供了一套新的游戏规则。诺思等人所写的《西方世界的兴起》也强调了这个观点，他们认为，经济增长的关键在于制度因素，一种提供适当的个人刺激的有效制度是促使经济增长的主导因素，用他那种学究式的表述方式来说就是：“有效率的组织需要在制度上做出安排和确立所有权以便造成一种刺激，将个人的经济努力变成私人收益率接近社会收益率的活动。”[①]在他们看来，科技创新、规模经济、教育、资本积累都不是经济增长的原因，“它们乃是增长。而本书着眼于引起增长

[①] [美]道格拉斯•诺斯，罗伯特•托马斯. 西方世界的兴起[M]. 北京：华夏出版社，1989. 第1页.

的那些原因。除非现行的经济组织是有效率的，否则经济增长不会简单地发生。个人必然受刺激的驱使去从事合乎社会需要的活动。应当设计某种机制使社会收益率和私人收益率相等。……如果私人成本超过了私人收益，个人通常不会愿意去从事活动，虽然对社会来说可能有利。”“一个有秩序的社会的必要条件集中体现为一组成文的或不成文的竞赛规则。”[①]所谓竞赛规则，也正是我们现在所说的价值体系，它包括目标和规则两个部分；资本主义并没有给人们提供新目标，追求富裕是人类原本就有的目标，资本主义只是提供了新的竞赛规则。新的规则给世界带来了巨大的变化，“生产的不断变革，一切社会状况不停的动荡，永远的不安定和变动，这就是资产阶级时代不同于过去一切时代的地方。一切固定的僵化的关系以及与之相适应的素被尊崇的见解和观点都被消除了；一切新形成的关系等不到固定下来就陈旧了。一切等级的和固定的东西都烟消云散了，一切神圣的东西都被亵渎了。”“资产阶级在它的不到一百年的阶级统治中所创造的生产力，比过去一切世代创造的全部生产力还要多，还要大。”[②]和当年秦国的价值体系一样，这种价值体系也是令人恐怖的，它鼓励人们为了致富而不择手段。由于价值体系的冷酷、锐利，这些西方国家便崛起了；一旦沉迷于天朝大国迷梦的满清政府与之相遇，自然是不堪一击。

第三个例子是国共两党的较量，这其实就是两种价值体系的较量。国民党军队也有一套激励机制，打仗的时候，当官的在后面喊“弟兄们给我上，冲上去的赏大烟土五两”。而红军、八路军和解放军就不这样，他们坚持着革命理想，知道为谁当兵为谁打仗的道理，而且实行的是官兵一致，在最危险的地方，领导冲在最前面，喊的是“同志们跟我来”；所以他们虽然武器很差，吃得也很差，人数很少，形势极度险恶，但总还是能够坚持下去，直到夺取最后胜利。就是那些原本在国民党军队里很愚蠢很胆小的人，到了共产党的军队里，也很快就变得聪明、勇敢起来。这就是因为毛泽东为这支新型的人民军队建立了一个好的价值体系，有了这个价值体系，蒋介石的失败就只是一个时间问题了。

从上述三个事例中，我们可以概括出一个结论：两国交兵，或者是两个政治集团争斗，价值体系的先进与否决定了斗争结果；我们可以将这个

[①] [美]道格拉斯•诺斯，罗伯特•托马斯. 西方世界的兴起[M]. 北京：华夏出版社，1989. 第3页、第8页.

[②] 马克思恩格斯选集[M]. 第1卷. 北京：人民出版社，1995. 第275页、第277页.

结论简称为“价值体系决定论”。如果要是有耐心，我们还可以找出大量的例证来证明这个命题。比如说，成吉思汗的骑兵为什么能够横扫欧洲，李自成为什么无法巩固他的新政权，满清政权为什么能够入主中原，这些都可以从交战双方的价值体系的优劣对比中找到依据。

三、价值体系的进化与判断其优劣的标准

由于价值体系控制了社会经济政治过程并决定其兴衰存亡，所以我们要想实现中华民族的伟大复兴，就有必要研究价值体系的演变过程，从而自觉地建设一个完善的价值体系，以保证我们的和谐发展。

人类自我认识的不断深化的过程，同时也是人类社会实践不断进步的过程。正是这样一个认识与实践的互相促进，推动了人类不断进化的过程。在这个进化过程中，价值体系问题是人类所必然要经过的关节点。价值体系超越了存在与意识的两分，虽然它像意识一样看不见摸不着，但却确实是一个客观存在。现在仍然还有那么一些人，习惯于根据存在与意识的两分法，把它放在意识的范围内。如果有谁强调价值体系在社会生活中的重要作用，他们就简单地给他贴上一个唯心主义的标签，这些人仍然站在低层级哲学范式的基础上，像驼鸟把头埋在沙堆一样回避这个问题，没有能力正确评价来自高层级哲学范式的东西。这些拒不进化的人们坚持着不成熟的思维与存在两极对立的思维方式，反而把这个问题复杂化了。

正如马克思所说的那样:“只要这样按照事物的真实面目及其产生情况来理解事物，任何深奥的哲学问题……都可以十分简单地归结为某种经验的事实。”[①]一旦人们超越了旧的思维模式，就可以把问题简单化，这就像在物理学的发展过程一样，新理论的出现总是把问题简单化，此即所谓“达必简”。通过对价值体系的观察，我们可以得出如下结论:

(1)价值体系即是由人的各个层次的需要组成的体系。由于人是有意识的，所以，他的各个层次的需要都要经历一个从无意识上升到有意识的认知过程。这些被他认识到的需要所组成的体系就是他的全部价值体系中的一部分，它就像冰山在水面上的部分一样，在其下面还有一个庞大的由无意识需要组成的基座。我们通常所关注的价值体系主要是这座冰山的可见部分，即被人们自觉意识到的各个层次的需要组成的体系。

[①]马克思恩格斯选集[M].第1卷.北京：人民出版社，1995.第76页.

（2）核心价值的高度决定价值体系的高度。在被人们自觉意识到的各个层次的需要组成的价值体系中，有一个被认为是最重要的需要，它就是这个价值体系的核心价值，它不是固定不变的，与任何有生命的存在物一样，它有一个成长过程。这个成长过程受制于人的生理成长过程，在人的不同成长阶段就有不同的需要作为其核心价值。这个成长过程还受制于社会文化环境，就像农作物的产量决定于土壤、气候等因素一样。

（3）在个人价值体系之上还存在着社会价值体系，两者之间存在着一个互相制约又互相促进的“超循环”。社会价值体系形成于无数个体的价值体系的互相作用，进一步获得了独立的生命，反过来控制着个人价值体系的成长过程，把发展水平参差不齐的个性稳定在大致相同的水平上。社会价值体系的发展水平决定了一个人对客观世界的认知程度、实践行动的合理化程度和审美情趣的高下，在人们实践这种价值体系的生活过程中，又进一步强化这种价值体系的统治地位。正由于这个原因，个体的充分发展必须借助于充分发展了的社会价值体系的托举，只有在社会集体的进化过程中才能实现自身的自由全面发展。

（4）社会经济、政治、文化的运行是一个自组织过程，社会价值体系的形成也是一个自组织过程。从历史的大场景、长时段来看，东西方的价值体系的形成过程都是一个自发的过程，不同文化环境中的一些风尚、习俗的演变也同样是一个自发的过程。各种目标与规则在人类有意识行为的互相作用中形成，最后形成的结果却不受人类自觉意识的控制，因而是一个自然历史过程。马克思所说的“人的本质是一切社会关系的总和”，所指的应当就是社会价值体系的形成过程。

（5）价值体系的进化是历史发展的内在动力。随着价值体系的进化，不同发展水平的文明相继出现；历史进步过程就是人类本性的展开过程，这也无非就是把那本来就潜在于我们心中的价值体系逐步展开的过程；价值体系在社会的自组织过程中发挥着“序参量”的作用，就如遗传密码在动植物成长过程中所行使的功能一样。比如在西方的文化环境中，通过每个人对个人利益的追求而形成了资本主义的规则体系，形成了斯密所说的那只“看不见的手”，既促进了公共利益，也带来了各种问题。这种价值体系的内在矛盾催生出更高级的核心价值，在此基础上便可形成新的价值体系，进而形成新的文明。

（6）由于个人价值体系与社会价值体系之间有一个“超循环”的存在，

当新的人生需要从少数个体产生出来时，就会与原有的社会价值体系“超循环”产生冲突；从一种社会制度向另一种社会制度的过渡过程中，因而就必须有一场革命，以打破旧价值体系的“超循环”，建立起新价值体系的“超循环”。一方面，社会集体要为个体解除生存困境，为其自由全面发展创造制度条件；另一方面，个体也必须在价值体系上来一个转换，不再迷信原有的价值体系。这两个方面必须协同配合，形成新的“超循环”。历史的进步过程，也即是人们逐步深入认识自身的需要、实践新的核心价值的过程。由低阶的基本需要到最高阶的人的自由全面发展，人们对核心价值的认识过程的逐步深入，于是便出现了一个以由低到高的价值为核心价值的价值体系系列。

（7）社会价值体系的高度限定文明的高度，决定社会的和谐度。这就像冰随着温度的升高而由固体变为液体和气体一样。随着社会价值体系的进化，人类社会也必然要改变其组织结构，趋向于和谐，更好地服务于人类生存发展的需要，那追求着新的人生目标的人们自然会创造出与这些新目标相适应的生产方式和政治体制。共产主义的历史必然性就在于价值体系进化的必然性。以往人们认为是经济发展的必然性决定了共产主义的历史必然性，实践证明，这种说法似是而非。经济发展是必须的，但如果没有价值体系的进化，仅有经济发展，永远也无法实现共产主义。对美好生活的追求、对生命最大价值的追求就是共产主义的内在动力，在追求人的自由全面发展的人越来越多的情况下，自然会产生出共产主义制度。这个制度也不是历史的终结，而是历史进步的新起点，它不过是一种可以为人类更高水平的成长提供政治、经济和文化条件的制度罢了。

有了上述认识，我们就可以进一步讨论价值体系的评价标准问题了。价值体系是我们立身行事的指导原则和评价标准，这个标准本身也有一个是否合理的问题。我们要在各种价值体系中做出选择，就必须知道哪些是社会所需要的，哪些是有害的。比如海地地震后，各国争先派出救援队，这个竞争目标就很好，有利于提高各国政府坚持以人为本的自觉性。但有些价值体系就不好，总统们攀比专机的豪华程度，阿Q与王胡比赛谁捉的虱子更大，就不是什么合理的价值体系。另外还有很多不合理的价值体系，比如西方的拳击比赛，其规则的合理性就很可疑，在观众们发狂的呐喊声中，两个人打作一团，鼻青脸肿，头破血流也不算完，必须有一个人被打倒在地，抬出场地才算结束。西方人对这种残忍比赛的狂热实在令人莫名其妙。当然我们自己也有令人难堪的事情，比如在酒桌上劝酒的人们就被一种错误的目标暗示住了，招待客人若不丰盛便是失礼，不让客人喝醉便不够热情，如是则互相攀比，酒宴规格越来越高，开支越来越大；赴宴者互相劝酒，宁肯伤身体，不能伤感情，喝坏了党风喝坏了胃，发了多少个文件，也没能管住一张嘴。这种竞争目标不像体育比赛的目标，它不是人们有意识地设计出来的，而是自发地形成的，它的不合理，并不难于发现，如同窗户纸一样，轻轻一捅就破，但人们就是不肯自己率先去捅，如果有人去捅，便会受到舆论的一致反对。人们不自觉地维护着这不合理的价值体系，并为之付出巨大代价。

由于人们都在时代潮流的引导下漂来漂去，于是便出现了这样一种局面，人们互相影响，其行动之所以充满自信，是因为大家都如此行动，而这种行动是否合理，所带来的整体效果是否有利，却被人们置诸一旁。“人类社会的文明体制就是这样把最重大的事情置于脑后，一方面推迟状况的改变和局面的打开，同时向着悲惨的结局飞奔。其速度不但不见减弱，反而日益加快。……这就像一个不知道害怕的孩子，使劲地踩着汽车的加速器，越是增加速度越是高兴。但道路是弯弯曲曲的，错走了一步就有可能从悬崖上滚落下去的危险。……事态是极其严重的。”[①]弗洛伊德也说，“对人类命运攸关的问题，在我看来即人类的文化发展是否会控制住人的进攻和自我破坏的本能对其生活的扰害，以及能控制到什么程度……”[②]

为了解决这个问题，我们就必须克服那种把自己现有的价值体系绝对化的独断论，研究价值体系的演变过程，找到那个判断价值体系优劣的标准，自觉地建设一个完善的价值体系，保证自己行为的合理性。

关于价值体系的评价标准，这是一个很少人涉及的问题。所有的人都生活在社会价值体系发展演变的历史潮流之中，他们关于价值体系的评价标准也都处于发展过程之中。如果人们对自己的价值体系缺少反思，便会自以为是，坚持片面性的标准，本能地把自己的价值体系作为终极标准，凡是不符合自己价值体系的即是错误的，凡是符合自己价值体系的即是正确的，这就是所谓的独断论。比如鸦片战争时期，清朝保守派官僚的那种关于天朝大国优越感就是独断论，后来，伴随着西方的坚船利炮，西方文

[①]池田大作，贝恰．二十一世纪的警钟[M]．北京：中国国际广播出版社，1988．第 178 页．

[②]转引自刘昶．人心中的历史[M]．成都：四川人民出版社，1987．第 373 页．

化也大举进攻，咄咄逼人，相当数量的中国人丧失了对本土文明的自信心，盲从了西方人的标准，认为这些东西就是“普世价值”，月亮也是西方的更圆，这同样也是独断论。为克服这种对价值体系的无意识，我们就需要研究价值体系的进化过程，使我们对自身价值体系具有全面客观的认识。

首先可以考察春秋战国时代的秦国的价值体系。从秦国的崛起和它统一中国以后的迅速覆灭的过程，我们注意到这样一个现象，由商鞅所建立起来的那个价值体系，在战国时代的竞争中占据了压倒优势，但它不能适应统一以后的社会需要。换句话来说，商鞅的工作奠定了秦国建立大一统国家的基础，但也埋下了秦朝二世而亡的伏笔。他所建立的是一套鼓励杀人的价值体系，杀一个敌对国家的人可以“爵一级”。他还用一套严刑峻法来管理自己的百姓，“秦法：‘一人有罪，并坐其家室。’并坐，处分全家以同样罪名。”[①]这样的价值体系使得人人自危，所以便不能长久，能够长久的只能是那种以人为本的、鼓励和谐的价值体系。贾谊在《过秦论》中对此已有分析：“夫兼并者，高诈力；安定者，贵顺权；此言取与守不同术也。”其意思是说：企图吞并别人的人，当然要崇尚诈术与武力；想要稳定其兼并的成果，则需要遵循实际情况衡量需要，制定一套新的政治方案；夺取天下与巩固执政权力要采用不同的政策，所以秦国在统一全国后应当有一个价值体系的转换，但是秦朝统治者没有完成这个任务，“秦王怀贪鄙之心，行自奋之智，不信功臣，不亲士民，废王道，立私权，禁文书而酷刑法，先诈力而后仁义，以暴虐为天下始。”秦二世“繁刑严诛，吏治刻深；赏罚无当，赋敛无度。天下多事，吏弗能纪；百姓穷困，而主弗收恤。然后奸伪并起，而上下相遁，蒙罪者众，而刑戮相望于道，而天下苦之。自君卿以下至于庶人，怀自危之心，亲处穷困之实，咸不安其位，故易动也。是以陈涉不用汤武之贤，不藉公侯之尊，奋臂于大泽，而天下响应者，其民危也。”[②]由是可见，秦朝的二世而亡是其自身的价值体系的缺陷所决定的。

前面还提到李自成农民起义的例子，为什么这一声势浩大的起义其兴也勃、其亡也忽呢？人们将其败亡的原因归咎于其一系列的错误决策，其实最根本的原因却是一个大家都视而不见的东西，这就是那个“迎闯王，不纳粮”的口号。这个口号也是一个价值体系，它包含着人们的目标——不受朱明王朝的剥削，以及规则——参加农民起义。正是因为这个口号使

[①]朱东润. 中国历代文学作品选[M]. 上编第二册. 上海：上海古籍出版社，1979. 第 17 页.
[②]同上，第 15 页.

得老百姓纷纷响应，使起义军迅速发展壮大，夺取政权。但同时也正是由于这个口号，使起义军不能建立起正常的财政来源，起义军的财政来源竟然靠“吃大户”，这就使起义军失去了可持续发展的依据。“这种劫掠型财政，必然演变成为进入北京后的骄纵。没有系统的财政建设，地方官吏无钱正常运作，只有反正或降清。部属看不到成功的希望，必然思去。”[①]正所谓成也萧何，败也萧何，这个吸引民众响应起义的口号不能保证起义军的可持续发展，李自成的失败因而就是命中注定的。

其次还可以考察一下现代资本主义价值体系。和秦国的价值体系一样，在东西方文化冲突过程中，西方的资本主义价值体系占据了优势地位，被儒家思想控制着的中国官僚愚蠢无知，终至于一败涂地。西方的价值体系尽管也曾风光一时，但它也会走向困境。还在它刚萌芽起步的时候，马克思就预言了其必然灭亡的命运。它的问题在于专注于物质财富的占有，忽略了人自身的发展，不能保持社会的稳定运行。我们现在身处它所造成的危机之中，所以就可以很方便地观察这种价值体系走向没落的过程。

这场危机的原因就在于资本主义的市场经济模式，以及与之相配套的民主选举制度。在西方式的民主选举制度中，选民的价值体系的高低限定了社会运行的方向。候选人为了争取民众的选票而任意许愿，当选以后许多许诺无法落实，民众意见很大，民意满意度在低位徘徊，政治过程在低水平上运行，有很多国家的领导人像走马灯一样频繁更换，“许多政府受宪法的限制，无法做较长期的打算。在民主政体中，议员的任期为 4 年或 5 年，在此期间，在任者必须做出有实际效益的成果，否则在下次选举中就有落选的危险。需要 10 年以上才有收益的项目得不到优先考虑，或者根本不予考虑。结果，每一个选举周期一开始就有一大堆悬而未决的问题，这些问题纠缠在一起，就越发难以迅速做出决定，越发难以掩盖。在金融、经济、生态和社会等越来越多的领域里，政治家的才能正在日渐增多地用在处理危机上。”[②]在这样的恶性循环过程中，便不可能出现有效的社会管理，这也决定了其衰败下去的必然命运。辜鸿民先生很早就指出了这个问题，他称之为“群氓崇拜”，经过上百年的运行，这种制度至今未能克服这一弊端，看来它的败亡也只是一个时间问题。

比如说美国，它在人均土地面积、原材料、科研技术方面都存在巨大

[①]卢麒元网上文章：《伤于财政，毁于金融》.

[②]［美］E·拉兹洛.决定命运的选择[M].北京：三联书店，1997.第 86 页.

优势；但是它不以人为本，把人的目标引向物质需要，而忽略了其他更高的需要，把人培养成为“单向度的人”。这是一个“唯物主义”的世界——也即是一个以财富的私人占有为核心价值的世界，当一切神圣的东西被世俗化以后，人们剩下的只是贪婪的肉体。肉体的欲望驱使人们滥用其武力和资本，无所不用其极的向这个世界和其他国家索取。在这里上演的是与动物界一样的剧目，弱肉强食，优胜劣汰。对于这样的人来说，是无所谓爱与被爱的，有的只是欲望与生存的需要；这样一个价值体系使得这个国家陷在深刻的危机之中。美国人不仅自己坚持这一套价值体系，而且还用“自由、民主、人权”作为包装，很热心地向其他国家推销，甚至于一再动用军事力量把它强加于人。他们自认为是在解决问题，但由于其核心价值是剥削和掠夺其他国家民族，因而在实际上却是不断制造问题。世界人们深受其害，逐步认识到“在民主带领下的人类文明将很快走向危险的境地，甚至毁灭”[①]。

包括美国人自己，也进入了情绪低潮期，新当选的奥巴马总统在就职演说中说:“我们都明白我们现在处于危机当中。我们的国家处于战争状态，与一个影响深远的、暴力与仇恨的网络作战。我们的经济遭到严重削弱，这是部分人贪婪和不负责任的后果，但也因为我们作为一个集体没能作出艰难选择，为新时代作好准备。有人失去了家园；就业减少；企业倒闭。我们的医疗过于昂贵；我们的学校有太多缺陷；每一天都有更多证据证明我们使用能源的方法助长了我们的敌人，威胁了我们的地球。”虽然他看到了这些问题，但他却不可能接受马克思的价值体系。美国人可以抛弃种族偏见，选举与自己肤色不同的人当总统，但却绝对不会选举与自己价值体系不同的人当总统。维护自己价值体系的统治地位，这是人的本能，这个本能是稳定的、不会出错的。假如美国的选举机器居然选出一位马克思主义者当总统，这就像骆驼居然可以穿过针眼一样，堪称奇迹。不管人们面临的形势多么严峻，由于没有新价值体系取代旧价值体系，社会生活依然要在原来的轨道上运行。布热津斯基也发现了这个问题，他说：“美国显然需要花一段时间，在哲学上进行反省和文化上作自我批判。在这一时期内必须认真地认识到：以相对主义的享乐至上作为生活的基本指南，是不能构成任何坚实社会支柱的；一个社会没有共同遵守的绝对确定的原则，相

[①]《参考消息》2009 年 1 月 21 日文章：《西方民主正走向“异化”》.

反却助长个人的自我满足，那么，这个社会就有解体的危险。”[①]

我们还必须看到，当今危机并不仅仅是美国的危机，而是整个人类的危机。由于美国人在当今各民族国家的生物链上居于高端，所以当美国人也感到危机存在的时候，这就表明整个人类的危机已经到了刻不容缓的时候了。人类要想摆脱危机，就必须有一个社会价值体系的转换，从资本主义的以物质财富的占有为核心价值的价值体系转换到以人为本的价值体系。谁能率先完成这个转换，谁就有能力领导人类社会进步新潮流。

总结以上几种社会价值体系的发展演变过程，我们可以概括出评价社会价值体系优劣的三条标准：

首先是要促进人的自由全面的发展。它所提出的目标、规则必须能够激励人的主动性、创造性，促进人的潜能的充分发挥，保证人类个体的生存繁衍，帮助人们不断地自我超越并体验到成就感与幸福感，而不是把人的发展引入歧途。

其次是要保证社会集体的和谐。它所提出的目标、规则必须能够普及推广到一切人身上，在此前提下，才能形成一个既有统一意志，又有个人心情舒畅、生动活泼的和谐社会。假如所提出的目标不能推广普及到一切人身上，比如官本位价值体系、财富本位价值体系，就带来了剧烈的内耗。包括佛教所制定的目标规则，虽然有高尚的目标和精深的思辨，但要成佛就必须出家，游离于社会生活过程之外，既不创造物质财富，也不利于人类基因的保存延续，所以佛教所制定的目标规则就不能推广到一切人身上。

其三是要保持与大自然的和谐关系。在资本主义价值体系的驱使下，人类贪婪无度地掠夺自然、破坏环境，使得人类濒临自我毁灭的绝境，从而使人们认识到，人类追求自身发展的行为必须约束在社会生态环境所能容许的范围内，因而一个健全的价值体系所提出的目标、规则必须能够保证人与大自然的和谐相处，保证地球生态环境的可持续。

以上三条标准是有机的统一，必须满足了这三条标准，才是科学合理的完善的价值体系。如果现有的价值体系还不能满足这个要求，那它就还要继续演变，直到进化出能够满足这些要求的价值体系，从而把社会导向和谐，把社会生活稳定在一个较高的水平上。

能否理解和实践这三条标准，要取决于人们自身价值体系的实际发展

[①] [美]布热津斯基. 大失控与大混乱[M]. 北京：中国社会科学出版社，1995. 第 125 页.

水平。虽然这三条并不复杂，但如果没有价值体系的实际进步，人们就仍然无法理解并实践它们。特别是执政者，应当具有全面的价值体系，由低到高的各个不同层次的需要，他都应当具有。既要知道普通民众的生活艰辛，也要知道人性发展的极致，对高层次的人生需要有迫切追求，诸如自由、民主、全面发展与和谐社会。既要知其然，又要知其所以然，能够正确运用执政权力来实现这些目标，这样才能成为称职的领导人。如果他自己的价值体系发展不充分，就算是把以人为本、科学发展和和谐社会成天挂在嘴上，也不可能自然而然地实现这些标准。人们自身的价值体系的发展水平是决定性的。还有一些人，甚至不知道有一个价值体系问题，只是本能地用自己现有的价值体系去评价其他人的价值体系，由此便导致了大量纷争。

对于新的价值体系，人们必须是理解了才能把它化为自己的东西，才能付诸实践。价值体系的建设不能通过行政命令的方式强制完成，只能通过引导教育的方式进行。我们要建设社会主义核心价值体系，最根本的办法是先让它在自己身上成长起来，然后才能自然而然地在行动中表现出来，影响人民群众，引导社会风尚。老子很早就发现了，把大道修之于天下的过程必须从“修之于身”开始；儒家经典《大学》中也说：“有诸己而后求诸人，无诸己而后非诸人。所藏乎身不恕，而能喻诸人者，未之有也”；《列子》中也有一段话：“臣未尝闻身治而国乱者也，又未尝闻身乱而国治者也。”现在我们建设社会主义核心价值体系，虽然情况要复杂得多，但基本规律不变，首先要实际地把它在自己身上建设起来。

我党历史上有焦裕禄、孔繁森、谷文昌等一大批优秀领导干部，他们并不知道现在所说的以人为本、科学发展与和谐社会，也没有有意识地建设社会主义核心价值体系，但由于坚守党的宗旨，全心全意为人民服务，所以就能自然而然地做到以人为本、推动科学发展和促进社会和谐。不仅在物质文明建设上发挥极大推动作用，对于社会价值体系的建设来说，他们的榜样至今仍然发挥着积极推动作用。现在我们知道了建设社会主义核心价值体系的目标，那就应当更自觉地抓好社会价值体系的建设。首先是各级党员干部要从自身做起，只有在自身的价值体系上达到了一个较高水平，才可以引领社会价值体系建设，进而自然而然地保证以人为本、科学发展与和谐社会的实现。

要做到这一点，就需要经过长期的自觉的训练，在社会实践中训练，这不是简单地通过看书学习就可以达到的。想当领导的人很多，但真正能理解社会主义核心价值体系的人却并不多。不理解社会主义核心价值体系，也就没有能力自觉建设它，他们当了领导，就只能用自己实际具有的价值体系影响着民众，建设价值体系，他们的每一次讲话、每一个决策、所判的每一个案例，都不可避免地把自己的价值体系表现出来，强化它的影响，这就不是促进社会价值体系的进化，而是在毁坏着社会价值体系。每一个人都在价值体系的建设中发挥了一份作用，领导人之所以发挥的作用大一些，则是因为他的位置与众不同。

现在，我们在建设中国特色社会主义的过程中，发现了构建和谐社会的新目标，还发现了必须建设社会主义核心价值体系以保证这个目标的实现，于是就还要进一步研究，怎样建立起一种制度，保证各级领导人具有全面的价值体系和执政能力，这对于构建和谐社会来说非常关键。历史经验充分说明，世袭制不能保证领导人的素质；民主制也同样保证不了领导人的素质，在参与竞选的人中间，真心想把公共事务管好的人不多，而这些真想把公共事务管好的人在竞争中往往不是对手。从农村村委会选举的实践来看，在人们没有建设好社会主义核心价值体系的情况下，民主选举是一个把社会搞乱的办法。如何完善民主制，保证那些具有充分发展的价值体系的人执政，还有待进一步研究。

四、社会主义核心价值体系是价值体系进化的高级阶段

下面我们来思考社会主义核心价值体系的定义。党中央在《关于构建和谐社会若干重大问题的决定》中把社会主义核心价值体系概括为四个方面的基本内容，即“马克思主义指导思想，中国特色社会主义共同理想，以爱国主义为核心的民族精神和以改革创新为核心的时代精神，社会主义荣辱观，构成社会主义核心价值体系的基本内容”。党的十七大报告进一步指出：“社会主义核心价值体系是社会主义意识形态的本质体现。”在中共中央宣传部组织编写的《社会主义核心价值体系学习读本中》，又进一步指出：社会主义核心价值体系是全党全国各族人民团结奋斗的共同思想基础，是实现科学发展、社会和谐的推动力量，是国家文化软实力的核心内容。

在上述认识的基础上，我们现在尝试通过对社会主义核心价值体系的内涵和外延作出确切表述，即采用逻辑学所要求的“种加属差”定义法来给其提供一个定义。“种”在这里就是价值体系，人类的生活过程与其他动

物不同的地方在于人是有意识的，他所意识到的各种需要形成一个体系，这就是价值体系。“属差”就是不同价值体系之间的区别，整个历史也无非是价值体系的进化过程，不同的历史阶段有不同的价值体系，其中的区别在于他们有不同的核心价值。比如说资本主义价值体系中就有一个核心价值，那就是财富的私人占有，它就像是太阳系里的太阳一样，是这个价值体系的核心。社会主义核心价值体系也有一个核心价值，那就是马克思说的“人的自由全面发展”，这样，我们就可以这样来概括社会主义核心价值体系的定义，它是以人的自由全面发展为核心价值的价值体系。

根据这个定义，社会主义核心价值体系并不简单地否定资本主义价值体系，而是要对这个价值体系的核心价值来一个转换，从财富的私人占有转换到人的自由全面发展上来。人的自由全面发展的目标是一个客观存在，但在以前仅有少数杰出人物能够认识到它，绝大多数人没有意识到它的存在。在他们的价值体系中，处于核心位置的是低水平的价值，诸如物质财富的占有，或者是其他低层次的价值，当人们不顾一切地追求这些低层次目标时，就必然导致人性的扭曲和社会的不和谐。社会主义核心价值体系也就是要对人们的价值体系来一个转换升级，把其中的核心价值从财富的私人占有转移到人的自由全面发展上来。由于这个价值在人的价值体系中处于最高级的层级，所以就能够担当核心价值的重任，其他各个层级的价值就可以纲举目张，各得其所。在这种价值体系的引导下，人性就可以得到健康发展，社会便可自然而然地趋向和谐。

社会主义核心价值体系就是真、善、美的统一。以往的人们虽然也向往真、善、美，但由于价值体系的发展不充分，他们达不到这种统一。人类认识客观世界的活动是一个求真的过程，但在扭曲狭隘的价值体系控制下，人们目光短浅，看不清现实，因而就得不到“真知”；人类改造客观世界的活动是一个求善的过程，也是实现自己的利益和集体利益的过程，但在扭曲狭隘的价值体系控制下，人们虽然也追求着利益，却不知道自己的真正利益是什么，所追求的是与社会集体的利益相对立的利益，所以便与他人和社会处于尖锐冲突中，结果是谁也实现不了自己的利益，这也就是说，他们得不到“真善”；在狭隘的价值体系控制下，人们把生命耗费在低水平的目标中而无法解脱，陷在自己制造的灾难与痛苦之中。“忧心忡忡的、贫穷的人对最美丽的景色都没有什么感觉；经营矿物的商人只看到矿物的商业价值，而看不到矿物的美和独特性；他没有矿物学的感觉。”[①]在低级狭隘的价值体系控制下，人们难于获得全面的真正的“美感”，有的人甚至不惜自我毁灭以逃避这种痛苦生活。只有摆脱了低级狭隘价值体系的控制，建立起一种完善的价值体系，人们才能看清现实，正确地认识自己的利益，进而合理行动，正确地实现自己的利益，在和谐的社会环境中享受生命。正所谓“有真人而后有真知”，只有把社会主义核心价值体系修之于身，人们才能有真知、真善、真美，才能实现真、善、美的统一。

对价值体系的认识自然而然地把人们的注意力引导到社会主义核心价值体系上来，资本主义价值体系必须是在人们对其一无所知的情况下，才能控制人们的头脑。因而对那些想要搞垮社会主义制度的人们来说，他们最不希望人民群众知道价值体系这个东西，只有在人民群众对价值体系不了解不认识的情况下，他们的目标才能得逞。而对共产党人来说，要想坚持社会主义道路，就要研究价值体系问题，宣传价值体系问题，打破人们在价值体系问题上的独断论，使价值体系问题得到人民群众的普遍重视，并进而在核心价值上来一个突破，从以物为本进步到以人为本，从以财富的私人占有转换到人的自由全面发展上来。这个转换是人类价值体系进化过程的一个新阶段，其意义十分巨大，对于个体来说，它是精神上的大觉悟、大进步，开辟生命的一个新阶段；对于社会主义事业来说，这场精神上的革命是社会主义运动的关键环节，必将开辟人类进化的一个新阶段。

建设社会主义核心价值体系，不仅是共产党的目标，同时也是全体社会成员的共同目标。自 1840 年以来，中国人的天朝大国的自信被打破以后，中国人一直在寻找新的价值体系，重建自信心。从我们所走过的艰难曲折的道路来看，如果直接借鉴西方的价值体系，跟在西方国家的后面走，实践证明是行不通的，理由有如下三条。

一是资本主义国家不允许，正像毛泽东说过的那样：“先生总是打学生”，人家西方人不让你崛起，围堵你，算计你。我们中国人如果接受了他那一套价值体系，就得接受他们的领导，按着以他们为主导的世界政治格局的需要，分崩离析为几个小国，当他们的附庸，其结果是中华民族的崛起肯定是一场梦。

二是他们那一套价值体系一到中国就变味了，不是把中国人凝聚在一

[①]马克思恩格斯全集[M].第 3 卷.北京：人民出版社，2002.第 305-306 页.

起到外面去抢，而是只会在自己家里坑蒙拐骗。桔生淮北则为枳，某些精英的做法已经充分地表明这些人的出息不过如此。这也从反面向人民群众证明了中国只能走社会主义道路，只能坚持共产党的那一套价值体系。

三是美国人在伊拉克所遇到的困局和在世界范围内制造的金融危机表明，他们所坚持的那个价值体系已经不行了。美国社会被其内部贪婪的欲望所征服，被奴役在了金钱的统治之下。它外在权力登峰造极的时候，它内部争斗也越来越激烈，精神品德的沦丧也已达到极致。以前希特勒和日本鬼子坚持着这种丛林法则的价值体系，已经败得很惨了，美国人步其后尘，其命运也只能是循着同样的轨迹发展。我们若想实现中华民族的复兴，就必须另辟蹊径，找到新的价值体系。

但如果继续坚持中国文化传统，完全按照传统的那一套价值体系延续下来，也是不行的。实践已经检验过了，那一套价值体系在与西方文化交锋的过程中，一次次抗争，但又一次次失败，所以就必须对中国传统文化来一场革命。有些人对传统文化的这一命运很不理解，如南怀瑾就曾说："中国文化到'五四运动'拦腰砍了一刀，到'文化大革命'再遇一劫。我们几千年的文化遭此重创，是我们全体中国人对不起自己的国家民族，对不起自己的老祖宗。"[①]这种对中华传统文化的热爱是必须的，但我们也必须看到，传统文化在传承过程中，逐渐走向程式化、形式化，失去内在生命力，所以就必须把传统文化的僵化的外在形式打破，才能解放其内在的精髓。我们所要继承的是中国文化的精髓，站在当今这个全球化的时代坐标上，根据人类进化的现实需要来为其寻找新的表达方式。

历史把重建价值体系的任务交给了中国共产党人。通过把中国优秀文化传统与西方文化的精华——马克思主义——的有机结合，使中国文化实现了一个凤凰涅槃式的转化，诞生了毛泽东思想。有了毛泽东思想，中国人才扭转了打一仗败一仗的命运，推翻了三座大山，中国才得以重新崛起于世界东方。经过八十多年的奋斗，中国共产党领导中国人民，通过中国革命、工业化建设以及改革开放，把一个积贫积弱、几次面对亡国绝境的半殖民地旧中国建设成了经济位居世界前列的独立强大的新中国。在毛泽东思想的基础上，又产生了邓小平理论和"三个代表"重要思想，以及现在的以人为本、科学发展观和构建和谐社会的理论体系，逐步形成了社会

[①]南怀瑾.小言《黄帝内经》与生命科学[M].北京：东方出版社，2008.第174页.

主义核心价值体系。“建设社会主义核心价值体系”的目标是党中央提出的以人为本、科学发展观、构建社会主义和谐社会等一系列重大战略思想的核心，深化了我们对社会经济、政治和精神文明建设的认识，是东西方文明优秀成果的结合点，是中国共产党人努力推进马克思主义中国化所开拓出来的新境界，作为“最晚出的、最年轻的、最新近的哲学就是最发展、最丰富、最深刻的哲学”，它是“整个历史的一面镜子”[①]，同时也是“历史之谜的解答”[②]。找到了这个解答，我们也就为中华民族的崛起奠定了坚实的基础。

太阳底下没有新东西，只有那萌生在人类心灵深处的新目标，才能给社会带来新秩序，创造出新生活，并创造出与之相适应的物质财富。社会主义之所以有别于资本主义，超越了资本主义，就在于它带来了新的人生目标——人的自由全面发展，并以这个新的价值为核心建立起一个新的价值体系，进而以这个新的价值体系来重组社会生活。朱熹有两句著名的诗：“问渠哪得清如许，为有源头活水来”。在价值体系的建设上，新出现的核心价值就是源头活水，社会主义核心价值体系的五个方面则是这个源头活水的表现形式。

这就和我们观察公园里的一棵树一样，人们通常这样来描述它：它由树根、树干、树枝、树叶组成。这种描述是任何一位游园的朋友都会做的。而对于一位园艺家来说，仅仅知道这些就不够了。他要想在这里培育出这棵大树，就必须知道保存着这棵大树的遗传密码的种子是什么样子，找到这个种子，把它埋在土里，根据它所需要的生长条件浇水施肥，让它成长起来。价值体系的成长也是同样道理，新的价值体系是有生命的，它是从人们的内心深处成长起来的，而不是仅仅从外面把指导思想、共同理想、民族精神、时代精神、荣辱观等灌输进去就可以建设起来的。

对于个人的成长来说，原来处于沉睡中的核心价值被唤醒之后，人们就会实现一个根本的转变，成为一个高尚的人、一个纯粹的人、一个有益于人民的人；就会自然而然地认同马克思主义指导思想，自然而然地具有了中国特色社会主义共同理想，具有了以爱国主义为核心的民族精神和以改革创新为核心的时代精神，也就自然而然地树立起社会主义荣辱观。在实践这种价值体系的过程中，他就自然而然地做到以人为本，推进科学发

[①] [德]黑格尔. 哲学史讲演录[M]. 第一卷. 北京：商务印书馆，1981. 第 45 页.
[②] 马克思恩格斯全集[M]. 第 3 卷. 北京：人民出版社，2002. 第 297 页.

展，促进社会和谐。反之，如果人们没有完成这个价值体系的转换，就不可能真正具有马克思主义指导思想、中国特色社会主义共同理想、以爱国主义为核心的民族精神和以改革创新为核心的时代精神、社会主义荣辱观，这些对他来说，就是一个软弱无力的“应该”。

对于社会来说，也是同样道理。当坚持社会主义核心价值体系的人越来越多，形成了稳定的“超循环”之后，我们这个社会就可以逐渐远离私有制社会所造成的两极分化、环境恶化和随之而来的各种社会问题，一个没有剥削压迫的和谐社会就可以成长起来。反之，如果坚持资本主义价值体系的人越来越多，形成了“超循环”，各种社会丑恶现象就会自发地产生出来，在这种情况下，我们在无法提高社会管理的科学化水平。所以我们说，没有新的价值体系就没有共产党，也就没有新中国。这个说法比以前所说的“没有共产党就没有新中国”更深入了一步，抓住了本质：共产党就是坚持社会主义核心价值体系的政党。当共产党坚持这种价值体系的时候，社会主义事业就兴旺发展。因而我们现在不仅要始终不渝地坚持党的领导，而且还必须坚持用社会主义核心价值体系来加强党的建设，我们才能守住我们的奋斗成果，中华民族才能实现伟大复兴。

然而也有那么一些人，他们不知道共产党与其他政党的本质区别，把共产党与其他资产阶级政党摆在同一个水平上，这种思维方式本身就暗含着对共产党的误解和贬低。他们所要实行的西方多党制选举，其实质也无非是要用资本主义的那一套价值体系来改造中国。然而也正是资产阶级咄咄逼人的攻势，让我们认识到了价值体系的重要性，让我们认识到共产党与其他政党的不同之处在于共产党所坚持的是一套新的价值体系；所谓坚持党的领导也就是坚持这种新的价值体系，并努力把这一套价值体系灌输到社会生活中去。随着这种新的价值体系不断渗入社会生活过程，人们的精神逐渐觉醒，我们这个民族也就从一盘散沙凝聚成一个有机联系的整体，从被人任意欺凌的状态转变到自己决定命运、激昂奋发地开创新生活，从屈辱走向崛起。

马列主义与其说是作为一种革命理论被引入中国，不如说是它唤醒了那早已存在于我们自己心中的需要。那种新的社会和人生理想，也即新的价值体系，是每一个人心中本来就有的东西，但它处于沉睡之中，十月革命一声炮响，把它激活了。毛泽东所做的工作归根到底一句话，就是把这个新价值体系用中国普通民众的话来表达出来，让普通民众都能听得懂、记得住，变成他们的具体目标，让他们亲身实践起来。在毛泽东所领导的这支队伍中，比的是谁能为人民服务，比的是谁能做一个高尚的人纯粹的人，比的是谁能下定决心、不怕牺牲、排除万难去争取胜利，而不是位高金多、能挣会花。这是一个点铁成金、化腐朽为神奇的价值体系，多少泥腿子、奴隶，甚至是少爷小姐、土匪军阀，在接受了这个价值体系后，获得了新的生命，变成了为人类解放而奋斗的战士。这个新的价值体系唤醒了他们生命中的巨大潜力，他们的生命因服务于一个伟大的目标而具有了崇高的价值；毛泽东在为他们提供这样的终极关怀的同时，也把他们凝聚成一支攻无不克战无不胜的队伍，从而开创了历史发展的新境界。

毛泽东所做的这项工作很像是植物学上的嫁接，在原有的人性发展水平和社会组织的基础上，嫁接上新的价值体系。从上井冈山改造王左、袁文才的队伍，到后来的三湾改编，给红军制定了"三大纪律八项注意"和"支部建在连上"等规章制度，再到后来撰写"老三篇"、倡导学雷锋，他的所有工作都围绕着这个中心，即如何把新的价值体系灌输到社会生活中去。当然，光靠他一个人是干不好这项工作的，所以也就需要建立一个新型政党——共产党。共产党在社会生活中的职能，归根到底，也就是灌输新的价值体系。通过这个党来把那些愿意接受新价值体系的先进分子组织起来，自我强化和坚持这种价值体系，进一步向人民群众传播这种价值体系，领导人民群众完成改造旧社会、构建和谐社会的各项具体任务。

所谓领导，也就是在价值体系的进化过程中走在前面、发挥先锋模范作用。我们必须高度评价那些在价值体系进化过程中走在前列的先驱者，如老子、孔子、基督、佛陀，穆罕默德、马克思、列宁、毛泽东，没有他们的奋力开拓，人类依然要在黑暗中摸索。"他们能够要求更为广泛的深刻的被人拥有的价值，如公正、自由和兄弟般的关系。他们能够要求使追随者面对与较为狭隘的价值观或不协调的行为相对立的、较为广泛的价值观。他们能够反复表示，他们渴望并乐于帮助追随者在新的、按计划调整的社会运动中，认识到其利益所在。最重要者，他们能够满足较低的需要而使较高的动机得以形成，从而提高男人们和女人们的觉悟。"[①]我们现在所要建设的社会主义核心价值体系，也无非是把以往那种自发的进化过程推进到一个科学理性、社会化大规模的发展阶段罢了。

[①]詹姆斯·麦格雷戈·伯恩斯. 领袖论[M]. 北京：中国社会科学出版社，1996. 第 49 页.

中国社会经历了数千年积淀,是个积累了太多寄生虫和污秽的大酱缸。这就是当年睁开眼睛看世界的先进中国人所面临的现实。在救亡图存的同时,人们也面临着一个更重要的问题:如何让这个酱缸恢复自我净化的能力?有很多人为之寻找答案,历史最终选择了共产党人的答案。为什么呢?这就是唐太宗所说的:“取法于上,仅得为中;取法于中,故为其下。”[①]要突破古老传统的沉重黑幕,就必须有高尚理想来唤醒人性中的潜能,所以就需要共产党人用先进价值体系来唤醒民众。在那个激情燃烧的时代,在改天换地的伟大奋斗中,中国人的思想和灵魂得以净化和升华,在物质极度贫乏的条件下依然追求高尚的精神境界。正是由于那一代人的艰苦奋斗,中华民族才得以结束内忧外患、积弱积贫的悲惨命运,开始了走向伟大复兴的漫长征程。

根据物理学理论,甲物体对乙物体有作用力,乙物体也必然对甲物体有反作用力,它们相互以对方作为自己存在的前提,不能孤立地存在。这个道理也适用于价值体系的进化过程,有人要提升人性,也就必然会有人极力地反对;确实有那么一些人,他们习惯于生活在酱缸之中,于是就出现了两种价值体系的冲突。坚持新的价值体系的共产党人就面临着形形色色的对手,从蒋介石集团到日本鬼子,再到现在那些钻到党内的腐败分子,他们有一个共同特征,那就是都坚持资本主义价值体系,都信奉“人不为己,天诛地灭”,都认为“舍己为人是愚蠢行为”。

站在中国共产党改造旧世界的立场上观察研究近现代中国史,就必须抓住一个主要矛盾,这就是社会价值体系的进化与退化的矛盾。在当前各种矛盾中,这种矛盾仍然是主要矛盾。面对这种矛盾,所有的人都应当明确自己的立场,是站在落后腐朽的价值体系一边,还是站在社会主义核心价值体系一边?对于共产党人来说,这也就意味着,是否愿意做一个真正的共产党人?

[①][唐]李世民. 帝范[M].

第二章　社会价值体系进化的逻辑：四个哲学范式的演变

整个历史也无非是人类价值体系进化的历史。从动物式的丛林法则价值体系进化到社会主义核心价值体系，这是人类从动物界分化出来所必须完成的一步。只有跨出了这一步，人才能把自己提升为真正的人。价值体系的成长是人类集体进步的过程，个人价值体系的进步只是历史浪潮中的一朵浪花，它是不稳定的难于持久的，只有那积淀到社会价值体系中的进化，才是国家民族的稳固持久的精神财富，它可以把这个集体中的所有成员都提升到新的生存状态。

虽然价值体系一直存在，并一直在个人生活和社会运行过程中发挥着至关重要的作用，但人类要认识它的存在，却经历了漫长的过程。对于人类自我意识的这个觉醒过程，我们可以从哲学史的角度来进行考察。

一、哲学范式进化的逻辑必然性

黑格尔发现了时代精神进化的内在逻辑，这是一个十分伟大的发现。他认为，哲学是时代精神的精华，他还认为，精神的自我运动在一定意义上是一种必然的有次序的进程。他说："这是我们时代的使命和工作，同样也是每一个时代的使命和工作：对于已有的科学加以把握，使它成为我们自己所有，然后进一步予以发展，并提高到一个更高的水平。……我们的哲学，只有在本质上与前此的哲学有了联系，才能够有其存在，而且必然地从前此的哲学中产生出来。因此，哲学史的过程并不昭示给我们外在于我们的事物的生成，而乃是昭示我们自身的生成和我们的知识或科学的生成。"[①]

在黑格尔之后，再经过马克思主义的发展，发展运动的观点已经深入人心，关于人类精神成长的观点也有大量的成果。比如前苏联的米罗诺夫在《历史学家和社会学》一书中说："意识的进化是人类历史发展总过程的

[①][德]黑格尔. 哲学史讲演录[M]. 第一卷. 北京：商务印书馆，1981. 第9页.

一个组成部分，并且完全符合这一过程的规律性。生产力的进步，对自然界自发力量的控制，使人类从社会自发力量、社会政治不平等和精神不发达的压迫之下解脱出来，这些都需要同时也制约着意识的发展。在进化过程中，意识经过了与社会发展的基本时期相应的几个连续阶段。”[①]他把这个发展过程概括为三个阶段:“心理历史学的现状还不可能准确标出心理发展的所有阶段并指出其历史特点。但现在已经可以在这一进化序列中标出最重要的三个点，它们等同于意识发展的三个阶段：前阶级社会物有的神话型、巫术型或古代型意识；在前资本主义的、阶级的、农业的社会中不断发展的传统型或宗教型意识；产生于资本主义工业社会，但却在社会主义制度下得到全面彻底的发展的都市型或合理型意识。”[②]

现在,在十六届六中全会提出建设社会主义核心价值体系的目标之后,我们再回过头来看人类精神的自我运动过程，就有了一个新的认识。从社会价值体系的发展进化过程来进行考察，我们可以把这个过程分为两个层面，第一个层面是黑格尔所考察过的哲学史，即那些走在时代前列的哲学家所创立的学说的历史，这是时代精神的精华，有确凿的文字资料；第二个层面则是社会价值体系的历史，即米罗诺夫所考察的心理历史学。从第一个层面的情况来看，整个哲学史也就是“思想自己发现自己的历史”。在黑格尔看来：“思想的情形是这样，即：它只能于产生自己的过程中发现自己；也可以说，只有当它发现它自己时，它才存在并且才是真实的。这样的产物就是各种哲学系统。思想藉以出发去发现它自己的这一系列的产生或发现，乃是一种有二千五百年历史的工作。”[③]现在看来，黑格尔所说的这个“思想自己发现自己的历史”，也就是价值体系不断进化，直到最终发现社会主义核心价值体系的历史。但是，这个发现过程并不单纯是哲学家们的思想认识的深入，它还必须以人类的社会实践为依托，在服务于社会实践的过程中不断成长。在这里面就包含着思想史与人类进化史的有机联系，思想史不过是人类进化史的表面上可见的部分。把哲学家们的思想发展过程与整个社会物质生活过程结合起来进行考察，或者说发现思想与物质生活过程的联系，这是马克思的伟大贡献。正是在这里蕴含着历史之谜的解答，所以马克思主义的诞生照亮了历史，开辟了历史发展的新方向。

[①][苏]米罗诺夫.历史学家和社会学[M].北京：华夏出版社,1988.第103页.
[②]同上,第104页.
[③][德]黑格尔.哲学史讲演录[M].第一卷.北京：商务印书馆,1981.第10页.

为了理清社会价值体系进化的内在逻辑，我们可以使用哲学范式[①]的概念。精神的自我运动，价值体系的进化，即是哲学上的从一种范式到另一种范式的转换，这个哲学范式的转换具有一种逻辑必然性。而这个逻辑必然性不是别的什么东西，只能是人性成长的过程，就像植物的种子要经历萌芽成长开花结果的发展过程一样，人类的成长也有自己的发展逻辑。找到了这个逻辑次序，也就找到了哲学发展的规律，正如马克思在《关于费尔巴哈的提纲》中所说的那样："凡是把理论导致神秘主义方面去的神秘东西，都能在人的实践中以及对这个实践的理解中得到合理的解决。"

所谓价值体系，也就是由人的各种需要组成的体系。人类价值体系的成长过程，便是人的需要的成长过程。与动物千篇一律地重复着同样的生活道路不同，人是未完成的、不确定的，他的需要处于发展变化之中，"自然似乎没有把他铸成就将其放到世界中；自然没有做出关于他的最后决定，而是在某种程度上让他成为不确定的东西。因此，人必须独自地完善他自己……必须试图依靠自己的努力解决他那专属他自己的问题。"[②]小朋友不具有成年人的需要，但那些需要仍然潜在地蕴含在其身体内，这就像一粒树种潜在地包含着长成一棵大树的可能性一样；同样道理，尽管原始人不具有现代人所具有的需要，但这些需要也已经潜在地蕴含在人的DNA之中了，人的成长过程也就是这个DNA的展开过程，正如马克思所说的那样，整个历史也无非是人类本性的不断改变而已。这是一个自然历史过程，一个漫长的精神进化之旅。

与动物和植物的成长过程不同，人类需要的成长过程还伴随着一个自我认识过程；它本来就蕴含在人的本质之中，但人能否把它发展出来，则要取决于人对它的认识理解程度。如果人们有足够的能力认识到科学合理的价值体系（老子称之为"常道"），便可以自觉主动地创造条件去实现它，充分地全面地发展自己，与社会和自然保持和谐，圆满地走过生命的各个阶段；但如果人们没有能力认识"常道"，就会把基本需要作为核心价值，构建一个畸形的不合理的价值体系，这种价值体系就会盘踞人们的头脑，

[①]范式的概念和理论由托马斯·库恩提出，它是科学家集团所共同接受的一组假说、理论、准则和方法的总和，这些东西构成了科学家们的共同信念，它不仅是一个科学家集团团结一致、协同探索的纽带，而且是其进一步研究和开拓的基础；不仅能赋予任何一门新学科以自己的特色，而且决定着它的未来和发展。

[②][德]兰德曼. 哲学人类学[M]. 上海：上海译文出版社，1988. 第202页.

主导人的实践，把人的发展引入歧途，违反人的天性，戕害人的天性，使人不能得到充分的发展。“正如古人已看到的，知识和德行的可能性也包含着错误和罪恶的可能性。人可能把自己提升为一种值得敬慕的、令人惊奇的事物，但‘腐败了的最好的东西就是最坏的东西’（亚里士多德）；人也可能利用他自我形成的能力而‘变得比任何野兽更野蛮’。”[①]由于这种变得更野蛮的危险性，由于经常地犯错误，经常地后悔，人们就会进一步怀疑自己现在所坚持的价值体系是否正确，就像迷宫里的老鼠急于找到出口一样，人也急于找到“常道”，找到真正的“自我”，这是大自然为人类设定的先验目标。那个“常道”本来就存在于我们自己身上，但我们并不能在一开始就发现它，所以就要有一个漫长的觉悟过程，哲学也就是一连串的觉悟过程，一个为达到那个先验目标而不断觉醒的过程。于是我们终于发现，哲学的目标就是引导人们认识人生的终极目标，就是引导人们闻道。闻道是与每个人的生命息息相关的东西，这是人生的永恒主题，任何一个热爱生命的人迟早都要接触到这个题目。

但必须强调的是，认识那个“常道”不是单个人所能单独完成的任务，而是作为一个整体的人类精神的成长过程。所以，马克思说：“整个历史也无非是人类本性的不断改变而已。”[②]换作我们现在的说法就是，整个历史也无非是人的价值体系的进化过程而已。就像一粒种子要经历生根、发芽、成长、开花和结果的发展过程一样，人类价值体系的成长过程也是一个必然的有次序的进程，在此过程中它经历了一系列的环节，也就是人类历史的一系列发展阶段；在每一个历史阶段中，都必须有一个价值处于这个时代的价值体系的核心地位；围绕着这个价值体系的成长过程，社会的各个组成部分诸如经济基础、上层建筑也都经历了一系列的成长过程。这个成长过程有着极为丰富的内容，人们可以从不同的角度来考察它，比如把它说成是阶级斗争史，或者是政治制度的演变史，或者说是生产力的发展史，或者说是科学技术的进步史，但要从根本上来看，还是要考察价值体系的成长史。价值体系的成长过程也无非就是人的需要的展开过程，或者说是一个不断深入认识自己的需要的觉醒过程，原来处于潜意识之中的需要，上升到人们的意识层面，成为人们自觉追求的核心价值。这个成长过程最集中地体现在哲学史里面，因而哲学是时代精神的精华。用这种观点来观

[①] [德]兰德曼. 哲学人类学[M]. 上海：上海译文出版社，1988. 第 202、203 页.

[②] 马克思恩格斯选集[M]. 第 1 卷. 北京：人民出版社，1995. 第 172 页.

察哲学史，便可以把它概括为前后相继的四个阶段，或者用库恩的话来说，就是四个哲学范式。

（一）第一级范式致力于寻找世界的本原，简称为本原论范式。

这个范式产生于人类的好奇心、研究科学的兴趣、求真的需要、爱智慧的需要，这是人类的永恒需要。即使是进入了下几级哲学范式，它依然是人生的基本需要。

这一范式出现于雅斯贝斯所说的轴心期之前，“人类知识的最初阶段一定是全部都只涉及外部世界的，因为就一切直接需求和实践利益而言，人都是依赖于他的自然环境的。”[①]为了合理行动以维持生存，人类就必须认识外部世界，比如为了适时播种，人们就要研究天文现象与气候变化和植物生长的规律；为了避免自然灾害，人类就必须研究天地水火等自然现象的规律。刚从动物界分化出来人们，生存的自然必然性以及好奇心驱使他们弄明白这个世界的来历，力图在杂乱无章的现象背后，找到本质性的东西。在这个哲学发展的初级阶段，人们只能把世界的本原归结为一些可感知的事物，如泰利士就认为水为万物的根本，后来的赫拉克利特认为宇宙是“一团永远活生生的火”。他们把世界设想为这些基本原素的产物，万物产生于它们，又复归于它们，循环不已。

把这种范式应用于对人自身的认识，也就要寻找到人的本质属性。据说柏拉图把人定义为“长着两条腿的、没有羽毛的动物”，于是第欧根尼就提着一只拔光了毛的鸡，讥笑他说：“瞧，这就是柏拉图的‘人’！”这个寻找人的本质属性的过程不断深入，后来有人把人进一步定义为“会说话的动物”、“理性的动物”、“伦理的动物”、“宗教的动物”。但由于不管在体质形态上，还是在社会属性上，人与动物的差异都是无限多的，如果用人的某种属性来规定人，肯定是片面的；但如果要想用“穷举法”把人的所有属性一一描述出来，则又无法做到。因此在本原论范式的范围内来认识人，不仅不完全，而且根本就不可能。这个问题又与世界起源问题、人的起源问题难分难解地交织在一起，在找不到答案的地方，人们便用想象来填补空白，认为上帝先创造了世界，然后又创造了人。由于上帝的加入，引入了善与恶的意识，开辟了人类精神发展的新方向，哲学于是便过渡到下一级范式。

[①] [德]恩斯特•卡西尔．人论[M]．上海：上海译文出版社，1985．第5页．

（二）第二级范式唤醒人类关于善恶的意识，引导人类追求美德，简称为善恶论范式。

这个范式产生于约束人类本能中的兽性、把人类团结起来以应对生存难题的需要。人类的威胁不仅来自外部世界，而且还来自人类自身。如果没有向上的引力来引导人性、驯服人的与生俱来的野性，人类便会堕落到动物式的存在水平上，社会就无法稳定运行，在日益加剧的内耗中自我毁灭。要避免这种结局，人类就要形成关于善恶的认识，在道德不断提升的基础上建立社会秩序。这个范式以引导人性向善为核心价值。老子、孔子、墨子等圣贤都教导人类向善去恶，不管是主张性善论的孟子还是主张性恶论的荀子，其目标都是为了引导人性向善；在中国以外的地方，则有苏格拉底、柏拉图、佛陀、基督和穆罕默德等人向民众宣传他们发现的真理，其目标也同样是为了引导人类向善。

雅斯贝斯把这种对人性向善的需求萌发的时期称为轴心期，在地球的几个不同地域里，都开始有人“意识到整体的存在、自身和自身的限度。人类体验到世界的恐怖和自身的软弱。面对空无，他力求解放和拯救。”[①]人类的社会结合本来是为了更好地生存，但由于人类自身的缺陷，反而导致矛盾对立与灾难，威胁人类自身的生存。这就迫使那些特别敏感的人们把追寻世界本原的目光收回来，关注自身的命运。“一切高级宗教、高级哲学，对人的行动都进过同样的切合实际的良言，都指出人的最高目的就是要克制自己，不能为满足贪欲而企图统治宇宙；并指明克制自己的目的就在于为超越自己的某种东西而献身。”[②]

先知们是一些发展得更充分的人，他们发现有很多不可知的因素威胁着人类的生存，为了引导人性，有人便创造出上帝的形象，把民众的注意力引向那个神秘的所在，心甘情愿地委身于上帝，追求的目标是在死后进入天国；对于那些不信上帝的人，宗教家们又杜撰出因果报应、地狱轮回的惩罚来进行恫吓，以此来把人类从野蛮状态中提升出来。生活在持续动乱而又看不到什么希望的时代，人的躯体成了他最为沉重的负担，人们渴望幸福，但在现世中无法找到它，只好寄望于来生或者是天国，以寻求生命的意义，把自己从感性的、庸俗的、个别的事物中解救出来。

[①]［德］卡尔•雅斯贝斯. 历史的起源与目标［M］. 北京：华夏出版社，1989. 第 8 页.
[②]展望二十一世纪——汤因比与池田大作对话录［M］. 北京：国际文化出版公司，1985. 第 349 页.

宗教包含了道德规范，但却不是纯粹的道德；面对仍然处于野蛮状态的人们，道德只有披上宗教的外衣，通过这种实用技术，给人身上桀骜不驯的兽性套上笼头。这种实用技术固然有用，但同时也有副作用；因为人们经常舍本逐末，把宗教形式绝对化而忽视了人自身的需要，沿着这个方向发展下去，欧洲人进入了漫长的黑暗的中世纪，禁欲主义、自我摧残，以上帝的名义颁布下来的道德反而演变为禁锢人性健康成长的祸害。

由于对上帝的崇拜反而导致了不幸，所以它必然地受到人的健全天性的抵制，上帝的存在便受到了怀疑；与之相应的，教会为了维护上帝权威，便要努力证明上帝的存在；于是便产生了一种经院哲学，这种哲学盛极一时，后来便深入到研究“在创造世界以前，上帝在什么地方”、“上帝是否也可以具有女人的形象”、“上帝是否也可以显现为驴子或南瓜的形象”之类的问题。在这种哲学里，“一切对这一个世界关怀的知识和行为都完全被排斥掉了。凡是关怀视和听等官能的知识，对于普通现实界的宁静的考察和研究，在那里一点地位也没有。”“那唯一的真理是和人孤立绝缘的，它还没有贯彻其作用于整个精神的现实界。……只是当礼拜的时候，在一刻钟之内算享有着圣洁性；而在其余整个星期的期间都是过着最粗糙的自私自利、争权夺利和最狂热的情欲生活。”[①]这种哲学导致了很多抽象无味的论辩，所论辩的也就是一些无穷的琐细区别，“这种理智上的野蛮作风乃是完全无理性的。看起来这就有点像给猪的颈上戴上一条金项链。”[②]由于教会由于征服了世俗的力量，便成为神权政治，“于是世俗的东西和神圣的东西的区别便模糊了，两者妥协起来了，——但并不是采取合理的方式，就教会说来，乃是采取堕落腐化的方式。……正是这种超感官的世界在抽象理智方面和实际教会方面遭到破坏，不可避免地迫使人离开那个亵渎了至高神圣的庙宇”[③]。

人类必须抛弃宗教的外在形式，但又必须拯救其合理内核，这是一项极其复杂而漫长的工作，于是就要付出巨大的历史代价。笛卡尔肯定思想是人的本质，确立起理性主义的原则，后来出现的以德国为主的大陆理性主义传统进一步认为“人的本质”是超自然的伦理本质，它不是每个个

[①][德]黑格尔.哲学史讲演录[M].第三卷.北京：商务印书馆，1981.第317-318、280、325页.

[②]同上，第318页.

[③]同上，第330页.

体所固有的，而是超个体的先验的本质，是各个个体趋向的应有目标；其目标也无非是为人们指出一个超越现世生活的目标，引导人类趋向高层次人生目标。尽管他们号称为理性主义，却仍然不敢推翻上帝的偶像，只有借助于疯子尼采的嘴巴，才喊出“上帝死了”。相比较而言，中国人对善的追求是以理性的方式表现出来的。儒家学说为民众指明高层次人生价值，把约束兽性本能的责任赋予人们自己，唤醒人心中天然就有的理性，所以就无需披上宗教外衣，这倒是一种较高级的道德。

（三）第三级范式打破了人们对于自身认识能力的自信与独断，研究思维与存在的关系，简称为思存论范式。

本原论范式寻找人的本性，没有提出人类行为合理性的问题；善恶论范式主张存在着超自然的“人的本质”，提出了人类行为合理性的问题，引导人类向善，但却没有找到解决问题的途径。正如老子很早就已经发现的那样，“正复为奇，善复为妖，孰知其极？”恶反而成了历史发展动力的表现形式，“正是人的恶劣的情欲——贪欲和权势欲成了历史发展的杠杆”[①]，此外还有大量的伪善，甚至教会也会趋向堕落，以上帝的名义作恶。究竟什么是善恶？人类能否认识善恶？这大概就是笛卡尔关注思维与存在的关系的起因。“我们的思维能不能认识现实世界？我们能不能在我们关于现实世界的表象和概念中正确地反映现实？”[②]笛卡尔对知觉的结果持怀疑态度，对每个看似真理的东西，笛卡尔都坚持要通过思考来重新验证。他要找到那种不证自明的第一判断，即根本无法怀疑的东西，然后再根据理性，一步一步地重新建立起自认为可靠的体系来。他最后找到的是“我思故我在”，他认为这就是他的哲学的“第一原理”，是无可辩驳的真理。这样他就把哲学的兴趣从外部世界转向主体的认识过程。

笛卡尔的思考开启了哲学思考的新方向，把人们引向人类的认识与客观现实之间的关系。把这种范式应用于对自身的认识，哲学家们把注意力由人的本性、人的本质深入到人的“存在”，冲破了自然主义决定论和伦理主义目的论的束缚，凸显了人的主体性。既然人性或人的存在只是一种可能性，而不是某种特定属性，那么具体人性所呈现出来的多样性、可变性和相互之间的对立，都是人的可能性的具体实现方式，是个人选择的结果。人性也就不再受自然必然性或伦理目的性的束缚，人就完全“自由”了。

[①]马克思恩格斯选集[M].第4卷.北京：人民出版社,1995.第237页.
[②]同上,第225页.

然而，这种“自由”是忽略了人们的社会实践所具有的丰富规定性的抽象“自由”，就像企图拔着自己的头发以离开地球一样的“自由”。在笛卡尔的“我思故我在”中，那个“我”是一个抽象的点；而在实际上，作为出发点的“我”却是“在社会中进行生产的个人”[①]，“正因为思维是这一确定的个人的思维，所以这个思维就是他的由他的个性和他在其中生活的那些关系所决定的思维。”[②]这些关系经历了一个漫长的发展过程，人从远古走来，带着私有制社会所强加给他的与生存本能结合在一起的物质生活生产方式、社会组织结构，以及与之相应的价值体系，这个价值体系因而是不证自明的。人们对思维与存在的关系的研究没有深入到价值体系问题，但却带来了一个副作用，那就是把人们追求幸福的目标从天国转移到尘世，把那种不证自明的价值体系从上帝的束缚下解放出来，把世俗生活的需要重新置于核心价值的位置，以个人利益作为人类行为合理性的标准，抛弃神的标准，转而由自己来确定标准，从自身的需要来确定行为的合理性。

为了限制人类从动物界脱颖而出时所随身带来的非理性的情欲物欲，宗教曾经进行了艰难的努力，但却没有完成任务，反而导致了中世纪的各种悲剧，总结教训之后，人们于是就干脆放弃这种努力。历史的钟摆又摆向了另一个方向，摆向放纵情欲物欲的另一个极端，对物欲情欲的追求成了国家宪法保护的核心价值。只有这样，才能有资本主义的大发展。在经历了漫长的压抑的中世纪之后，人们又重新开始关注现世的幸福，以财富的私人占有为核心价值，与这个范式相对应的是人类改造自然、征服客观世界的实践。与之相应的，人们建立了资本主义的生产方式，召唤出巨大的生产力，彻底改变了地球的面貌。

但是，人类的感觉也会欺骗人类自己，跟着感觉走，也会掉进泥潭乃至深渊，人类所创造出来的生产力反而成了自己无法驾驭的妖怪。尼采发现“上帝死了”，那是因为有一个“货币拜物教”在实际上取代了上帝。当哲学进入了第三级范式、打开了潘多拉魔盒之后，现实生活就按照资本主义价值体系自身的逻辑向前发展去了，抽象的自由民主与以财富的私人占有为核心的价值体系结合在一起，召唤出了巨大的生产力，同时也带来了巨大的麻烦与灾难。所谓的“唯物主义”给人们放纵情欲物欲提供了理论

[①]马克思恩格斯选集[M].第2卷.北京：人民出版社，1995.第1页.
[②]马克思恩格斯全集[M].第3卷.北京：人民出版社，1965.第296页.

依据，它们是人的不言而喻的本能、天性，但其过度的放纵反过来又危害了人的生存。思存论范式不能指导人类合理行动，它也不打算这么做；它不关心人的实践，听任人类身上的动物本能来支配它。

因此笛卡尔的怀疑是不彻底的，还有更重要的制约着人类认识过程的东西没有被其理性注意到。人的认识过程只是人类整个实践过程的一个局部领域，在认识领域里所找到的“自明的第一判断”，并没有解决人类社会生活中遇到的实际问题。沉溺于思维与存在的关系的哲学思辨没有深入到社会价值体系问题，哲学因而就还需要进一步发展，把笛卡尔的怀疑进一步扩展开来，从认识过程深入到实践过程，在实践过程中也要找到那个不证自明的第一判断，打破价值体系的独断论，也即打破人们对私有制价值体系的迷信，建立起新的价值体系，以保证人们的认识与实践的合理性。

正像人们不能建立一座空中楼阁一样，第三级范式是向下一个范式转化过程中所必须经过的中介环节。那个原有的世界是与人相异化的世界，人类要想把它转化为一个“人化”的世界，就要把它分解之后再重新组装起来，就像是一只陶器，必须把它摔碎、研磨成粉末，然后再用水调和起来，重新塑造。人类在这个重塑世界的过程中所用的不是普通的水，而是自己在认识世界过程中绞出的“脑汁”、改造世界过程中流出的血与汗。只有让我们的“脑汁”、血与汗渗透到世界中去，人类才可以重建一个自己熟悉而又可以驾驭的世界。这是一个漫长的苦难的历程，必须经历思存关系哲学范式，以及与之相应的社会发展模式，人类才能把理性认识深入到价值体系层面，进而在实践中驾驭它，掌握历史主动权。

（四）第四级范式打破人们对自身价值体系的自信与独断，研究实践与价值体系的关系，简称为知行论范式。

在人类认识自身的过程中，已经经历了三个范式，本原论范式致力于寻找人的本性，善恶论范式强调存在着先验的人的本质，思存论范式转向人的存在，现在则要进入第四个范式，要求人类理性进一步深入认识自身，发现那个一直隐藏在无意识深处控制着人类行为的价值体系问题。这是我们现在所要建立的新范式，它对应于人类从私有制的控制下解放出来的需要、驾驭资本主义所创造出来的生产力的需要、人的自由全面发展的需要。

在西方国家，这个新范式以马克思为起点。他发现，物质生活的生产方式制约着整个社会生活、政治生活和精神生活的过程，因而在实际上，人们思考问题的第一判断并不是“我思故我在”，它称不上是第一判断，这个思考着的大脑不能孤立地存在，支持着这个大脑的是人的生命过程，而这个生命过程又必须扎根于社会历史过程之中。“人的本质不是单个人所固有的抽象物，在其现实性上，它是一切社会关系的总和。”[①]认识到这一点，马克思主义也就实现了一个飞跃，从抽象的“大脑”上升到具体的人，从置身于客观世界之外的思考进步到置身于现实世界之中的实践，从而也就超越了思维与存在之间谁是第一性的问题。马克思说：“人本身是他自己的物质生产的基础，也是他进行其他各种生产的基础。因此，所有对人这个生产主体发生影响的情况，都会在或大或小的程度上改变人的各种职能和活动，从而也会改变人作为物质财富、商品的创造者所执行的各种职能和活动。在这个意义上，确实可以证明，所有人的关系和职能，不管它们以什么形式和在什么地方表现出来，都会影响物质生产，并对物质生产发生或多或少是决定的作用。”[②]

针对思存论范式的抽象思辨的迷误，马克思说：“对社会主义的人看来，整个所谓世界历史不外是人通过人的劳动而诞生的过程，是自然界对人来说的生成过程，所以关于他通过自身而诞生、关于他的产生过程，他有直观的、无可辩驳的证明。因为人和自然界的实在性，即人对人来说作为自然界的存在以及自然界对人来说作为人的存在，已经成为实际的、可以通过感觉直观的，所以，关于某种异己的存在物、关于凌驾于自然界和人之上的存在物的问题，即包含着对自然界和人的非实在性的承认的问题，实际上已经成为不可能的了。”[③]

他强调人类实践的意义，他说：“从前的一切唯物主义（包括费尔巴哈的唯物主义）的主要缺点是：对对象、现实、感性，只是从客体或者直观的形式去理解，而不是把他们当作感性的人的活动，当作实践去理解。”[④]“理论的对立本身的解决，只有通过实践方式，只有借助于人的实践力量，才是可能的；因此，这种对立的解决决不只是认识的任务，而是现实生活的任务，而哲学未能解决这个任务，正因为哲学把这仅仅看作理论的任务。”[⑤]他还说：“人的思维是否具有客观的真理性，这不是一个理论的问题，而

[①]马克思恩格斯选集[M]. 第 1 卷. 北京：人民出版社，1995. 第 56 页.
[②]马克思. 剩余价值理论[M]. 第一册. 北京：人民出版社，1975. 第 300 页.
[③]马克思恩格斯全集[M]. 第 3 卷. 北京：人民出版社，2002. 第 310-311 页.
[④]马克思恩格斯选集[M]. 第 1 卷. 北京：人民出版社，1995. 第 54 页.
[⑤]马克思恩格斯全集[M]. 第 3 卷. 北京：人民出版社，2002. 第 306 页.

是一个实践的问题。”[①]

在深入到人的实践问题之后，哲学也就从思辨的云雾中下降到现实的土地上，接触到那真正重要的问题——人的行为的合理性问题，从而提出消灭异化现象的新目标，进而提出共产主义的社会发展目标。所谓异化现象，也就是人们的实践结果反过来与人们自己作对。为什么会出现这种情况呢？在认识到价值体系问题之后，我们便可清楚地看到，其根源就在于资本主义价值体系的狭隘，这种价值体系限定了人的行为方式，使人们把个人与社会、自然割裂开来，使人们贪婪愚蠢、危害社会和自然，同时也危及自身。要消灭异化现象，就要有一个价值体系的升级转换。在马克思起草《关于费尔巴哈的提纲》时，还没有达到这样清晰的认识，但他已经感觉到了这个问题，他说：“环境的改变和人的活动或自我改变的一致，只能被看作是并合理地理解为革命的实践。”所谓“革命的实践”，不同于那些非革命的普通人的实践，这两者之间的区别在什么地方呢？就在于人们的价值体系的不同。感觉到这种区别，自觉地坚持用新的价值体系改造旧世界，这是每一位真正的共产党人——比如说列宁和毛泽东——的本能；而忽略这种区别，把共产党人坚持新的价值体系的实践混同于庸人的实践，则是各种反对共产主义理想的庸人的本能。

所谓知行范式，与思存范式的区别在表面上看是提出问题和解答问题的范式的不同，在实质上却是所认识与实践的价值体系的不同。思存范式同样坚持着某种价值体系，只不过是没有有意识地坚持，而是把它交给命运和本能支配，在这种情况下，人们所坚持的通常是那种低劣的价值体系、动物式的本能。知行范式则把理性之光扩大到这个领域，自觉认识和坚持那种高级的能够保证自己合理行动的价值体系。

马克思在《资本论》中对商品拜物教的批判其实也就是对资本主义价值体系的批判，所谓拜物教，也就是把物质财富的私人占有作为核心价值，而不是把人的自由全面发展作为核心价值。他之所以能够做出这个批判，其原因就在于他发现了以人为本的价值体系。在《德意志意识形态》中，他对社会意识形态进行了深入分析；他所分析的其实也就是现在所说的价值体系。马克思的这一发现的重大意义并没有得到西方人的充分认识，这是因为他们本能地坚持着资本主义文化环境所强加给他们的价值体系，处

[①] 马克思恩格斯选集[M]. 第1卷. 北京：人民出版社，1995. 第55页.

于价值体系的独断论之中。于是，马克思的手稿只能寂寞地躺在书架上听凭老鼠牙齿的批判。与西方人的思想僵化形成鲜明对比的是，我们中国人继承了马克思所实现的精神飞跃，坚持了马克思所开创的哲学变革方向。

这个哲学变革过程并非是哲学家们在书斋里就可以完成的过程，它是一个漫长而艰难的社会发展过程。首先是西方的坚船利炮惊醒了睡梦中的中国人。为了救亡图存，中国人上下求索，经过了洋务运动、戊戌变法、辛亥革命之后，十月革命一声炮响，给我们送来了马列主义，诞生了中国共产党。在领导中国人民改造旧中国、建立新中国、建设社会主义事业的过程中，中国共产党人同时也推动了哲学的进步。在这个探索过程中，毛泽东是第一个环节，他写作了《实践论》，研究人的认识与实践的关系，并进一步追问人的正确思想是从哪里来的；他还一再地强调世界观问题，并提出了一个著名论断："世界观的转变是一个根本的转变。"第二个环节是改革开放时进行的关于实践是检验真理的唯一标准的大讨论，建立起一个以经济建设为中心的价值体系；在这个命题的下面暗含了一个假定：以财富的私人占有为核心价值的价值体系是不言而喻的，所有的实践都要以能否先富起来为检验标准。就像古罗马的武士只能在角斗场上厮杀到死一样，现代人在市场法则所营造的环境中也必须厮杀到人生终点。通过各个个体对财富的追逐，推动了社会生产力的发展，同时也带来了环境恶化、两极分化、社会冲突加剧等各种问题。在追求物质财富的实践中，人们找不到生命意义的终极解答，精神上陷入空虚迷茫。通过总结经验教训，共产党人发现了人的实践过程中的价值体系问题，并进而提出了以人为本、科学发展观、构建和谐社会和建设社会主义核心价值体系的目标。

从上述过程可以看出，价值体系的进化是一个与社会历史过程有机联系的辩证发展过程。有些人站在事后诸葛亮的立场上，期望能够避免走这个弯路；但社会价值体系的进化必须经历这样一个过程，这就是黑格尔所说的"历史的狡计"，也就是老子所说的"反者道之动"，"将欲弱之，必固强之；将欲废之，必固兴之"；要超越动物式的非理性的情欲物欲，改变人类在丛林法则中搏杀的命运，人类就必须让丛林法则充分发展，把其弊端充分展示出来。要建立新的价值体系，首先就要求个体在精神上觉悟过来，必须经历了实践那种有缺陷的价值体系所导致的诸多问题的深刻体验，人们才能深入认识到"实践是检验真理的唯一标准"之后所暗含的假设，把对社会发展规律的认识深入到价值体系层次，进入下一个哲学范式。

经历了这样一个漫长的探索过程，我们就有可能进一步发展出那种最完善的、内部和谐同时也能普及开来的价值体系，它代表了哲学发展的最高成就。但对于西方人来说，他们尽管也经历了丛林法则带来的各种弊端，但却困而不学，认识不到自身价值体系的狭隘，所以就仍然陷溺于原来的范式之中而难于自拔，自然也就难于从危机中解脱出来。比如说美国人制造出经济危机，然后又拆东墙补西墙地想办法救治，而他们想出来的办法又进一步在原来的趋势上推波助澜。他们不会改变价值体系，所以就只能是“捣乱，失败，再捣乱，再失败，直至灭亡。”与这样的人和社会组织共同生活在同一个世界上，只能是放下幻想、准备斗争，而不要指望他们会良心发现，他们的价值体系决定了他们的行为方式。

站在实践与价值体系之关系的这个新范式上来看，第三级范式所提出的物质第一性还是意识第一性的问题纯粹是一个从思辨的兴趣出发而提出的问题，对这个问题的解答无助于人们解决当下所遇到的生存发展问题。时代向我们提出了新问题，我们的头脑必须跟上时代的步伐，找到这个新问题，正如马克思所说：“一个时代的迫切问题，有着和任何在内容上有根据的因而也是合理的问题共同的命运：主要的困难不是答案，而是问题。因此，真正的批判要分析的不是答案，而是问题。正如一道代数方程式只要题目出得非常精确周密就能解出来一样，每个问题只要已成为现实的问题，就能得到答案。世界史本身，除了用新问题来回答和解决老问题之外，没有别的方法。因此，每个时代的谜语是容易找到的。这些谜语都是该时代的迫切问题，如果说在答案中个人的意图和见识起着很大作用，因此，需要用老练的眼光才能区别什么属于个人，什么属于时代，那么相反，问题却是公开的、无所顾忌的、支配一切个人的时代之声。问题是时代的格言，是表现时代自己内心状态的最实际的呼声。”[①]

站在以人为本的立场上来看，第三级范式所追问的物质与意识的关系问题，已经没有意义了。马克思主义超越了唯物主义和唯心主义的两极对立，“我们在这里看到，彻底的自然主义或人道主义，既不同于唯心主义，也不同于唯物主义，同时又是把这二者结合起来的真理。我们同时也看到，只有自然主义能够理解世界历史的行动。”[②]马克思称这种新的哲学为“彻底的自然主义或人道主义”，经过了漫长的发展过程，哲学终于走出了思辨

[①]马克思恩格斯全集[M].第1卷.北京：人民出版社，1995.第203页.
[②]马克思恩格斯全集[M].第3卷.北京：人民出版社，2002.第324页.

哲学的迷雾，与实际的生活常识渐趋一致。这种哲学关注人类的现实生活过程，比如说，我们现在要关注的当前最紧迫的现实问题，诸如为什么腐败现象的发展势头愈演愈烈？为什么两极分化和违法犯罪现象越来越严重？人类为什么要自相残杀、自毁家园？人类还能否拯救？我们怎样提高社会管理的科学化水平，最终达到构建和谐社会的目标？这些问题最终都指向价值体系的建设问题。善恶论范式之所以未能解决人类行为的合理性问题，就是因为善恶问题并非仅仅是个体道德和智力水平的高下问题，它同时也是社会运行过程中的价值体系问题。一个低水平社会的组织运行规则决定了在其中生活的人们只能如此这般地行事，如果人们还没有进化出一种新的社会运行规则，他们也就无法坚持道德规范而正当地谋生，为了生活下去，只能按照社会运行规则行事。人类必须发展出以人的自由全面发展为核心价值的价值体系，以其为序参量来重建社会运行过程，才能解答上述问题，最终找到历史之谜的解答。

由此可见，共产主义的目标并不是为了实现某种高尚理想，而是人类为了继续生存下去而不得不进入的避难所。是进化还是灭亡，这是人类所不得不面临的选择。生存发展的问题是人类永远都要面对的问题，不管是以前所提出的发展是硬道理，还是现在所要坚持的科学发展观，其目标是一致的，那就是继续生存下去。当今人类所面临的紧迫问题就是走出思存论范式制造的哲学迷雾，走向现实生活常识，摆脱私有制价值体系的控制，进化出一种保障人类生存下去的价值体系。

这个由第三级范式向第四级范式的过渡并不是由哲学家在书斋里进行的，而是要由马克思这一类新型知识分子——无产阶级革命家来完成。马克思很早就发现，“哲学家们只是用不同的方式解释世界，而问题在于改变世界。”在这个改造世界的过程中，共产党人对世界的认识经历了一系列的发展阶段，不断地发现新问题，解决新问题。在每个新问题面前，都要经历一个“遭遇挫折——总结教训——解决问题”的轮回，然后再迎接下一个新问题。改造旧世界的革命就在这样的不断试误的过程中步步深入，只有在改造旧世界、建设新世界的过程中，人类的认识才能逐步深入到社会的深处，突破私有制价值体系的超循环过程的屏蔽，抓住价值体系这个根本问题。只有通过共产党执政的社会政治过程，才能把诸多关于理想社会的抽象原则整合起来，“在思维行程中导致具体的再现”[①]，就理想社会形成一个完善而具体的认识，从而指导人们合理行动，把理想社会建设起来。

因而我们必须强调，引导和推动人类进入第四级范式，实际地改造私有制社会，这是共产党人的责任。只有通过他们的努力，才能把新的价值体系灌输到人民群众中去，形成改造世界的巨大物质力量。我们注意到，在从第三级范式向第四级范式过渡的过程中，还有一派存在主义哲学家，如克尔凯郭尔、尼采、萨特、海德格尔等人，他们也关心人的命运，关心人的生存体验，对资本主义价值体系对人性的损害进行了深入细致的解析，“号召人在自由选择的行动中不断地创造自己的存在，承担自由的重负，对自己的行动、对整个世界负责。……号召人摆脱既定的一切，依靠与己俱生的自由去创造自身的未来，人只有依靠自己才可自救。”[②]但这些书斋里的哲学家们只是看到了问题的表面现象，没有深入到价值体系层面，面对私有制价值体系的超循环过程，他们不知道如何摆脱其控制，所以便陷入郁闷、绝望中。此外还有语言哲学、分析哲学、结构主义、现象学等，也都是书斋里的哲学，它们都只是用不同的方式来解释世界，面对控制着现实生活的私有制价值体系超循环过程，它们全都束手无策。

另有一些人把实现“民主、自由、人权”作为解决现实困境的最终答案，实际上却是以西方政治模式作为目标模式。西方人在这条路上走了几百年，社会依然不和谐，面临重重危机而看不到出路。其原因就在于，这种认识还处于初级阶段，“开始的即是最抽象的，即因为它只是一种萌芽，它自身尚没有向前进展。”[③]处于这个认识水平上的人们坚持着资本主义价值体系而不自知，这就决定了他们所宣称的“民主、自由、人权”必然地流于虚伪、空谈。要摆脱这种命运，就必须超越这种抽象认识的阶段，进一步发展到具体认识的阶段，“从抽象上升到具体的方法，只是思维用来掌握具体、把它当作一个精神上的具体再现出来的方式。”[④]“由这种向前进展的过程所达到的最后的形态，作为一种进一步的规定而出现，当然是最具体的。”[⑤]社会主义核心价值体系包含了以往政治理论的各种抽象规定，

[①]马克思恩格斯选集[M]. 第2卷. 北京：人民出版社，1995. 第18页.
[②]杜小真. 一个绝望者的希望——萨特引论[M]. 上海：上海人民出版社，1988. 第2页.
[③][德]黑格尔. 哲学史讲演录[M]. 第一卷. 北京：商务印书馆，1981. 第45页.
[④]马克思恩格斯选集[M]. 第2卷. 北京：人民出版社，1995. 第19页.
[⑤][德]黑格尔. 哲学史讲演录[M]. 第一卷. 北京：商务印书馆，1981. 第45页.

达到了关于完善人格与理想社会的全面而具体的认识阶段，因而，只有在建设这种价值体系的过程中，“民主、自由、人权”才可以得到真正实现。

二、四个哲学范式依次展开的过程就是人性进化的历史过程

这四个范式依次展开的逻辑过程，也就是人类认识自己的价值体系并自觉建设它的过程。正是由于这个价值体系的进化过程，人类才得以从动物式的存在状态进化为真正的人，从必然王国进入自由王国。刚出生的婴儿没有自我意识，只知道满足个人生存需要的欲望；据心理学家测定，人一般在两岁之前就处于这种状态，就如孟子所说的那样，“其异于禽兽者几希”[①]。人类早期也处于这种状态，从这种状态进化到成熟状态，需要经历四个范式。

第一个范式提高人的认识能力，引导人类从愚昧中走出；第二个范式提升人的道德水平，驯服人的野性，引导人类从动物式本能中走出来；为了适应刚从动物界走出来的人类的接受水平，所以就要借助于人类对末日审判的恐惧，以及死后灵魂进入天堂的向往来引导人性，这种道德还没有达到理性自觉的水平。第三个范式可以说是向第一个范式的回归，它突破第二级范式所设定的束缚，放纵人的物质欲望，提升人类改造世界的能力，引导人类从贫困中走出来，于是人们野心勃勃地要征服世界，走过了头，反而受到了惩罚，于是就要返回。第四个范式综合前三个范式的成果，走向对道德规范的理性自觉，以对人格完美的追求引导人性全面发展，引导人类从内耗走向和谐。每一个范式都是人类精神进化的必然环节，都是对前一个范式所造成的问题的矫治。人的各个级别的需要都必须作为核心价值来追求，超过正常限度，使之充分展开，甚至走向极端，走向荒诞，正如列宁所说的那样:“人的认识不是直线(也就是说,不是沿着直线进行的)，而是无限地近似于一串圆圈、近似于螺旋的曲线。这一曲线的任何一个片断、碎片、小段都能被变成（被片面地变成）独立的完整的直线，而这条直线能把人们（如果只见树木不见森林的话）引到泥坑里去，……”[②]危及人类自身的生存，迫使人类寻找新的出路，从而为更高级需要的产生铺平道路，由新出现的更高级需要出来克服其过度发展的弊端。要矫枉，就必须过正，人类在这个方向上的过度发展所带来的成果才能巩固下来，积

[①]孟子•离娄下[M].

[②]列宁选集[M].第2卷.北京：人民出版社,1995.第560页.

淀到文化中去。新达到的哲学范式并不否定原来的范式，而是把它吸收进来，以更高级需要为核心重新建立起完善的价值体系。

大自然经历了漫长的进化过程，才进化出人类这个物种；在此基础上，人类才能开始价值体系的进化过程。四个范式犹如植物成长必须经过萌芽、成长、开花等阶段一样，其目标是达到第四个范式。前三个范式也一直在开拓着新境界，但却没有达到最终目标；必须达到第四个阶段，进入实践与价值体系的哲学范式之后，人类精神才算最终修成正果，找到了历史之谜的解答。“我们这个物种是用一种最高明的方式投入这场进化冒险的。……他现在生活在他已经不知道怎样加以控制的社会文化系统中，他未来的命运将决定于这些更高层次的系统的进化，将决定于他驾驭自身进化过程的能力。”[①]前三个范式的进化过程是不自觉的，向第四个范式的进化过程则是自觉的进化。

这个前后相继的过程是历史的主旋律。实际上，在每一个历史阶段，这四个范式都是同时并存的，只不过是其中只有一个范式处于主导地位，其他的处于附属地位。那些处于附属地位的范式，即使没有被人们认识到，也仍然存在着，在人们无意识状态下发挥着作用。比如人类改造自然的需要，这产生于人类的生存需要，发展是硬道理，在任何情况下都是不能停止的；对科学的兴趣，对道德的追求，也是在任何情况下都不能停止的。所以在科学昌明的今天，仍然还有人关心灵魂，信仰宗教，还有人求神问卜。即使是在人们普遍地遵行丛林法则的西方社会，也还有人追求着利他主义的目标。此外，追溯起来，主客两分范式实际上始于轴心时代的柏拉图，罗素认为，笛卡尔不过是“完成了或者极近完成了由柏拉图开端而主要因为宗教上的理由经基督教哲学发展起来的精神、物质二元论。”[②]

当人们对某种核心价值的追逐走上极端，难以为继，以至于威胁到人类基本生存时，新的哲学范式就该出场了。于是便会有新的核心价值出来取代原来的核心价值，占据了社会生活的中心，开创历史发展新境界。此即所谓穷则思变，变则通，通则久。“文革”后期，当时所设定的那种目标也是难以为继，派性斗争愈演愈烈，难以平息，经济运行过程动荡不宁。为了结束这种状态，于是新一代领导便号召人们“团结起来向前看”。但仅仅“向前看”还只是一个空洞的政治口号，不足以取代旧的核心价值，还

[①][美]拉兹洛. 进化——广义综合理论[M]. 北京：社会科学文献出版社，1988. 第 88 页.
[②]转引自汤一介《儒学的现代意义》，见于 2006 年 12 月 14 日《光明日报》.

必须提出更有吸引力的目标，于是就提出了“四个现代化”的社会发展目标，以及“让一部分人先富起来”的目标，于是便开启了一个新的时代。新发现的核心价值必须比原有的核心价值更易于被人们接受，才能够顺利地取代原来的核心价值。然而，“富起来”仍然不是终极价值，经过改革开放30余年的发展，这个目标也处于难以为继的状态，它在给社会生活带来了巨大发展的同时，也带来了诸多副作用，甚至导致了一些灾难性的后果，诸如两极分化、道德滑坡、社会混乱、环境恶化等问题，不仅使穷人的生活很痛苦，有钱的人们也不幸福；在对钱的追求过程中，人们误入了歧途，所以就需要有新的价值来取代它。必须有巨大的危机才能唤醒人类对生命终极价值的意识，和谐才能作为新的核心价值隆重登场。

四个范式是人的需要的四个维度，它们都开辟了价值体系进化的新方向，或者说是新领域、新境界，都引导人性向上，就像火车头拖着车厢前进一样。与这些引导人性精神向上的倾向相对应，社会生活中天然地存在着那种趋向于堕落的力量，它也要顽强地表现自己。找到人类的各种灾难的根源并对症下药地进行治疗，这便是哲学范式进化的内在动力，这就像为火车更换一个动力更强大的火车头一样。这个探索从人类对外部世界的科学兴趣开始，步步深入。人类就像在迷宫里的老鼠一样，沿着一条狭窄的通道往前奔跑，他们总是面临着很多复杂的问题，总是面临着生存还是毁灭的严峻选择，永远有危机伴随左右，驱使着他们永不停息地向前狂奔，就这样一直跑到尽头，直到无路可走的时候，突然发现旁边有一扇小门，于是便钻了进去，原来这里面又是一片新天地；于是人类便开始了新的发展。这种发展又会带来新的问题，又会达到难以为继的程度，人类又需要找到新的小门，发现新的天地。这个过程不断重复，直到发现第四个范式，人类才最终走出迷宫，找到历史之谜的最终解答。

我们还可以用雕刻家创作一尊雕像的过程作比喻，那最后形成的完善的价值体系就如同那最终完成的雕像，它本来就存在于大理石毛坯里面，但需要经历漫长的雕刻过程，才能逐步展现在人们面前。对于以前各个时代的人们来说，他们所拥有的雕像是一个毛坯，未完成的作品。那些高级需要没有被他们所认识，但这些需要仍然存在着，他们必须在生活过程中继续雕琢它，让它逐步呈现出来。人类就是自己的雕刻师。黑格尔说：“哲学史所昭示给我们的，是一系列的高尚的心灵，是许多理性思维的英雄们的展览，他们凭藉理性的力量深入事物、自然和心灵的本质——深入上帝的本质，并且为我们赢得最高的珍宝，理性知识的珍宝。”①先知们所提出的各种救世方案都失败了，这是因为他们没有找准病源：人的生存需要在私有制社会经济政治制度下成长起来，两者有机地结合在一起。比如基督教就没有把这两者区分开，所以就认为人生下来就带着“原罪”，他们不能设想一种新的满足生存需要的方式，于是便认为，人们要获得解脱就只有在死后进入天国。有那么一些儒家信徒也没把这两者区分开，他们把“人欲”视为与“天理”相对立的有害东西，佛教则为之设定诸多戒律，与之进行了顽强的斗争。虽然他们都怀有良好愿望，最终结果却事与愿违。直到马克思发现了人类苦难的根源之所在，才最终找到历史之谜的解答。这个解答并不反对人的基本需要，而是对这种需要在私有制社会的表达方式动一个手术，打碎外部形式，拯救其内涵，让人的基本需要获得正常表达，并进而实现人的自由全面发展，在个性和谐的基础上构建和谐社会。前三个范式都没能正确地提出问题，一直在做清扫外围的工作，到了马克思才接触到实质问题。我们现在则进一步深化了马克思的理论，结束了关于人的本性的空泛议论，扬弃了“人的本性”与“人的本质”这两者的区别，把这个空泛的理论问题转化为一个现实政治中的具体问题——如何建设社会主义核心价值体系。

问题的新提法本身就已包含着问题的解决。前三个范式都没有正确地提出问题，它们都只是突出了人类生活中的某一个方面，与普通人的生活常识相脱离，甚至是相矛盾，因而它们都只能存在于少数智者的书本和课堂里。哲学范式的步步深入，必将引导人类由片面进入全面，进入第四级范式，最终成为人民大众日常生活中的智慧，把人类社会从混乱、灾难中解放出来，走向和谐。到达这个范式后，我们便可发现，社会价值体系的进化是哲学发展的主干，本体论、道德论和认识论则是这棵大树的枝叶和花朵，随着社会价值体系的进化，人们对本体论、道德论和认识论的认识也被不断刷新。这个进化过程一方面推动着人类个体与社会的进步，另一方面也推动着人类对自身与社会的认识不断深化；换句话来说，一方面，人们必须随着社会价值体系的进化过程而进化，逐步摆脱自我中心主义，在越来越高的程度上达到对自身与社会的客观认识；另一方面，这种新达到的认识又反过来影响人的实践，从而构建出新的社会现实。这是一个主

---

①[德]黑格尔.哲学史讲演录[M].第一卷.北京：商务印书馆,1981.第7页.

体与客体互相建构、互相生成的过程，因而是一个自然历史过程。

人类精神的成长过程所经历的这四个范式，正是一个从抽象到具体、从片面到全面的认识发展过程。从混沌的表象中蒸发出抽象的规定，再在思维的行程中把抽象规定组合起来，再现出具体，这是人类认识事物的一般规律。对于人类认识自身来说，这个过程太漫长，以至于个体很难发现其中的规律。现在看来，历史的终极目标便是在社会生活中建设社会主义核心价值体系，在哲学上进入第四级范式。在知行范式的基础上，人类才能进一步对价值体系的优劣进行鉴别，从而摆脱丛林法则的束缚，把人的自由全面发展作为核心价值。有了这样的核心价值，人们便会合乎逻辑地提出取消生产资料私有制以及与之相伴生的剥削压迫制度；在追求这种核心价值的过程中，人类才能摆脱异化现象，从内耗丛生、战乱贫困的纠缠下解脱出来，获得真正的自由。

哲学的发展经历了几个范式的转换，其终极目标就在于进入知行论范式，认识到价值体系的存在并自觉推进价值体系的进化。黑格尔首先接触到这个秘密，他说：“意识在这条道路上所经历的它那一系列的形态，可以说是意识自身向科学发展的一篇详细的形成史。”[①]他所说的辩证法并不如人们所想象的那样是一种辩论的技巧，而是人的认识不断深入发展以达到对“意识自身”的认识；现在看来，这个“意识自身”的核心部分就是价值体系。恩格斯指出：“黑格尔的思维方式不同于所有其他哲学家的地方，就是他的思维方式有巨大的历史感作基础。形式尽管是那么抽象和唯心，他的思想发展却总是与世界历史的发展平行着，而后者按他的本意只是前者的验证。真正的关系因此颠倒了，头脚倒置了，可是实在的内容却到处渗透到哲学中；……他是第一个想证明历史中有一种发展、有一种内在联系的人，……这个划时代的历史观是新的唯物主义观点的直接的理论前提……”[②]黑格尔的缺点是把人类对自身的价值体系的认识与实践的过程，仅仅理解为精神自己的发展过程，“他只是为历史的运动找到抽象的、逻辑的、思辨的表达，这种历史还不是作为一个当作前提的主体的人的现实历史”[③]，换句话来说就是，他只注意到这个历史过程的一部分——精神现象，还没有达到对社会生活的全面掌握。正如马克思所说的那样：“具体

[①]黑格尔：精神现象学[M]上卷. 北京：商务印书馆，1981. 第 55 页.
[②]马克思恩格斯选集[M]. 第 2 卷. 北京：人民出版社，1995. 第 42 页.
[③]马克思恩格斯全集[M]. 第 3 卷. 北京：人民出版社，2002. 第 316 页.

之所以具体，因为它是许多规定的综合，因而是多样性的统一。因此它在思维中表现为综合的过程，表现为结果，而不是表现为起点，虽然它是现实中的起点，因而也是直观和表象的起点。在第一条道路上，完整的表象蒸发为抽象的规定；在第二条道路上，抽象的规定在思维行程中导致具体的再现。”[①]也就是说，黑格尔还走在第一条道路上，还没能“在思维行程中导致具体的再现”。

马克思则进一步发现了这个精神现象的自我发展过程之下的物质基础，以及物质基础与精神之间的互相作用过程。经过这一系列的环节，人类对自身价值体系的认识经历了一个从抽象到具体、从片面到全面的过程。这个认识过程并不是单纯的认识过程，它同时也是一个实践的过程，或者更准确地说，是人的成长过程。以前的各个哲学范式没能深入认识价值体系问题，听任动物式的本能控制人类行为，因而不能指导人们合理行动，导致社会运行过程的颠倒、混乱和灾难，对人类个体的生命过程造成无数苦难；这些苦难推动人类克服片面性、寻找那个全面的价值体系，进一步推进那个从抽象到具体的认识过程，最终找到了那个核心价值——人的自由全面发展；找到了个体的核心价值，也就找到了社会的发展目标——马克思称之为“历史之谜的解答”——共产主义。马克思说：“历史的全部运动，既是它的现实的产生活动——它的经验存在的诞生活动，——同时，对它的思维着的意识来说，又是它的被理解和被认识到的生成运动。”[②]“正像一切自然物必须形成一样，人也有自己的形成过程即历史，但历史对人来说是被认识到的历史，……历史是人的真正的自然史。”[③]

超越思存范式是一个艰难而又漫长的过程。黑格尔作为思存范式的集大成者，同时也接近于这个过程的终结者。他所说的绝对精神很相当于我们所说的那个最完善的价值体系，或者简洁地说，就是老子所说的“常道”，他所说的“相对精神”则是人们现有的价值体系，相当于老子所说的“非常道”。在他那里，精神与其物质载体已经不是互相分离、彼此对立，而是在互相作用之中发展演变，他用辩证法来描述这个过程。这样他就在精神与物质关系的认识上跃进了一大步，摸到了相对完整的大象，为摆脱思存范式奠定了基础。

[①]马克思恩格斯选集[M]. 第 2 卷. 北京：人民出版社，1995. 第 18 页.
[②]马克思恩格斯全集[M]. 第 3 卷. 北京：人民出版社,2002. 第 297 页.
[③]同上,第 326 页.

能够达到这个新高度的哲学家不多。在内在精神与外在物质、社会环境的互相决定关系中，黑格尔强调精神的作用，这是积极的，用现在的话来说，高扬了人的主体性精神。其缺点在于没有看到精神所依托的物质基础和社会基础。正如马克思所指出的那样："思维自以为直接就是和自身不同的另一个东西，即感性的现实，从而认为自己的活动也是感性现实的活动，所以这种思想上的扬弃，在现实中没有触动自己的对象，却以为已经实际上克服了自己的对象。"[①]因而本来很有创造性的理论却没有结出像样的果实。

马克思在黑格尔和费尔巴哈的基础上进一步前行，发现了被他们抽象掉的东西，深入分析了社会现实与人的本质的相互关系，在这种相互作用的整体中把握人的本质，他说"人的本质是一切社会关系的总和"。他的目标并非仅仅是解释世界，而是要改变世界，这里面包含了在改造社会的同时改造人的本质的双重任务。他站在全人类的立场上思考问题，关注的是人类的解放，所以就能够把哲学、经济学和空想共产主义理论融会贯通，提出科学共产主义理论，"共产主义则是以扬弃私有财产作为自己的中介的人道主义。只有通过扬弃这种中介，——但这种中介是一个必要的前提——积极地从自身开始的即积极的人道主义才能产生。"[②]

在马克思之后，有列宁和毛泽东分别领导苏联和中国人民推翻了私有制，实际地迈出了改造现实的第一步。只有在改造旧世界的过程中，人们对自身和社会的认识才能进一步深化，进入研究价值体系的实践和认识的新哲学范式，进一步完成《共产党宣言》中已经提出的那个任务——同传统的观念实行最彻底的决裂。由于苏联人没有接着完成这个任务，结果是使共产主义事业半途而废，听任旧的价值体系把旧社会的一切重新复制起来，推翻了社会主义政权。总结苏联人的教训，中国人终于发现了价值体系在社会生活中的制导作用，正面地提出了建设社会主义核心价值体系的目标，清醒地站立在知行范式的哲学高度。

在达到这种新范式的高度以后，再回头来看思维与存在的关系，我们就可发现，这其实是一个很简单直观的常识问题，面对着已经形成的社会和自然界，人的思维只能是认识、反映，所以人们就可以说存在决定意识。但我们还要进一步看到，人类之所以要认识自然与社会，并非仅仅是为了

[①]马克思恩格斯全集[M]. 第3卷. 北京：人民出版社，2002. 第330页.
[②]同上，第331页.

认识，而是为了行动，为了实现自己的目标。因而并非仅仅是一个思维着的大脑在观察着世界，而是一个有血有肉的生命在追求自身目标的实践中认识世界；在实现其目标的过程中，人也就改造着自然与社会，于是我们又可以说，人的思维反过来决定了存在。

进一步扩展开来看，我们这一代人所面临的社会和自然，是被上一代人改造后传给我们的，经过我们这一代人的认识和实践过程之后，又留给了下一代。我们的思维决定于上一代人所创造的存在，包括社会和自然环境；这个存在又是更往上的一代人创造出来的，产生于更往上的一代人的认识与实践活动。这样一个过程，如果用思存范式的话来说，那就是上一代人的思维决定了我们这一代人的存在。如果要一直追溯上去，就会进一步发问："谁生出了我的父亲，谁生出了他的祖父？""这过程驱使我不断追问，直到我提出问题：谁生出了第一个人和整个自然界？"

由此可见，思维与存在究竟谁是第一性的问题，就是那种"先有鸡还是先有蛋"的问题。从思存范式出发，人们不可能正确地提出问题，当然也不可能找到答案；此外还有诸如是英雄还是人民群众创造了历史的问题，也是这种问题，人们争论了几百年，也仍然没有争出结果来。在这个牛角尖里继续钻下去，仍然不会有什么新进展。西方人有谚语说"一个傻瓜提出的问题可以难住一打聪明人"，而我们现在则发现，从一个低水平哲学范式上提出的问题可以难住好几代人。因而对这种问题，正确的做法是干脆把它扔在一边。这也就是要突破原有的哲学范式，因而就必须有一个笛卡尔式的"理性思维的英雄"来做这件事。在马克思的《1844 年经济学哲学手稿》中有这么一段话，所要做的就是这件事：

"现在对单个人讲讲亚里士多德已经说过的下面这句话，当然是容易的：你是你的父亲和你的母亲生出来的；……这样，你看到，人的肉体的存在也要归功于人。因此，你应该不是仅仅注意一个方面即无限的过程，由于这个过程你会进一步发问：谁生出了我的父亲？谁生出了他的祖父？等等。你还应该紧紧盯住这个无限过程中的那个可以通过感觉直观的循环运动，由于这个运动，人通过生儿育女使自身重复出现，因而人始终是主体。"

"但是，你会回答说：我向你承认这个循环运动，那么你也要向我承认那个无限的过程，这过程驱使我不断追问，直到我提出问题：谁生出了第一个人和整个自然界？"

“我只能对你做如下的回答：你的问题本身就是抽象的产物。请你问一下自己，你是怎样想到这个问题的；请你问一下自己，你的问题是不是来自一个因为荒谬而使我无法回答的观点。请你问一下自己，那个无限的过程本身对理性的思维说来是否存在。既然你提出自然界和人的创造问题，你也就把人和自然界抽象掉了。你设定它们是不存在的，你却希望我向你证明它们是存在的。那我就对你说：放弃你的抽象，你也就会放弃你的问题，或者，你想坚持自己的抽象，你就要贯彻到底，如果你设想人和自然界是不存在的，那么你就要设想你自己也是不存在的，因为你自己也是自然界和人。不要那样想，也不要那样向我提问，因为一旦你那样想，那样提问，你把自然界和人的存在抽象掉，这就没有任何意义了。”[①]

现在看来，正是这段话蕴含着由思存论范式向知行论范式转化的秘密：思存论范式把自然界和人的存在的最重要的属性抽象掉了。关于谁生出了第一个人和自然界的问题，以及思维与存在何为第一性的问题，是从一个对思辨感兴趣的大脑里产生出来的问题；这种问题“没有任何意义”。在这种认识水平上，人们不能正确地提出问题，所以马克思就说，“不要那样想，也不要那样向我提问”。对于生活在大自然进化过程中的人来说，有意义的问题是什么？那就是人类行为的合理性问题。在马克思看来，就是如何消灭异化现象，人本能地狂热地追求个人利益，其实际后果却是损害了自己的利益，这便是所谓异化现象。在当今这个时代，异化现象更加触目惊心了，人类面临着自我毁灭的危险，所以就必须研究如何正确行动以实现以人为本、科学发展和构建和谐社会的目标。

摆脱旧范式是一个很艰难的过程，人类像小孩一样贪玩，必须有迫在眉睫的现实危险，才能迫使人们放弃抽象思辨，进入知行范式。尽管马克思在《1844 年经济学哲学手稿》中发现了思存范式的问题，但能够理解他的伟大发现的人太少，这部手稿写成以后就被搁置一旁，除了马克思自己以外，其他人不知道这一著作，直到 1932 年才在前苏联发表出来。在发表出来之后，其中所包含的推动人类精神进化的巨大意义也仍然没有得到充分认识，许多人都还停留在旧的范式之中，仍然纠缠于“谁决定谁”、“何为第一性”的问题。在这种争论中，人们争相标榜唯物主义，把对方称为唯心主义。甚至连马克思自己也没有完全摆脱旧范式的纠缠，自称为“新

[①] 马克思恩格斯全集[M]. 第 3 卷. 北京：人民出版社，2002. 第 309-310 页.

唯物主义”，他在《关于费尔巴哈的提纲》中说：“旧唯物主义的立脚点是市民社会，新唯物主义的立脚点则是人类社会或社会的人类。”[①]恩格斯也仍然要花费很大精力来理清思维和存在的关系问题。在共产党内的路线斗争中，人们也习惯于给对方贴上唯心主义的标签，这些“唯物主义者”强调生产力的决定作用，其实际结果往往是让现存的经济社会秩序以及与之相配套的资本主义价值体系的“超循环”继续运行下去。与这些“唯物主义者”不同，列宁、毛泽东之所以能够推动革命事业的进步，就是因为他们唤醒了工人阶级和广大贫苦农民的革命首创精神，把他们组织起来，凝聚为冲垮旧制度的革命洪流。要突破资本主义价值体系“超循环”的束缚，就必须依靠人的价值体系的转变。

三、哲学根本问题是人类行为的合理性问题

（一）哲学进化的内在动力是人类对自身行为的合理性的追求。

在普通人的眼里，哲学家的形象通常不是很好，他们是空谈家，研究那些远离生活实际的玄妙问题；等而下之的甚至不过是把哲学作为谋生的饭碗，靠忽悠大众来骗吃骗喝。之所以会有这种印象，是因为人们遇到的大多是平庸的冒牌的哲学家。其实，真正的哲学家所关注的问题必然与现实生活密切相关，真正重要的哲学问题必然是人类生活中最重要最前沿的问题。卢卡奇说：“只有对社会和生活在其中的人的认识才和哲学有关联。”[②]正是对现实生活的关注，才是哲学范式进化的内在动力。

对于人类来说，真正重要的问题是自身行为的合理性问题，也就是说，人应当怎样行动，才能维护和实现自己的利益。每一个人都追求他自觉预期的目的来创造自己的历史，但我们经常地看到，“在历史上活动的许多单个愿望在大多数场合下所得到的完全不是预期的结果，往往是恰恰相反的结果”。[③]不仅在人类个体身上会存在这种情况，甚至一整个时代的人们都让我们感到滑稽可笑、陌生或难于理解；包括当今人类，在各种难题的纠缠下焦头烂额，而这些问题难道不都是当今人类自己制造出来的吗？

所以我们认为，只有人类行为合理性问题才是哲学根本问题，所谓世界本原问题、善恶问题，思维与存在的关系问题则不过是哲学家们在寻找

[①]马克思恩格斯选集[M].第1卷.北京：人民出版社，1995.第57页.

[②][匈]卢卡奇.历史和阶级意识[M].重庆：重庆出版社，1989.第21页.

[③]马克思恩格斯选集[M].第4卷.北京：人民出版社，1995.第248页.

自身行为合理性的阶段性成果。哲学的四个范式依次进化的动力是人类对自身行为合理性的追求，这是在更广阔的时间范围内来看的“两手抓”问题；精神文明和物质文明这两手都要硬，但却又不能同时并进，必须像走路一样，左右两只脚交替迈出；我们现在所说的建设社会主义核心价值体系，则是对这个问题的最新解答。以前的哲学没有深入到这个问题，一直在外围绕圈子，现在我们终于抓住了这个核心问题，于是就可以抛弃那些思辨议论而直奔主题，找到人类行为合理性问题的最终解答，所以，马克思称之为“历史之谜的解答”。

不管是主张社会主义道路，还是主张资本主义方向，其共同点是都要实现自己的利益，不同点是前者在实现共同利益的过程中实现个人利益，这是实现个人利益的合理途径；而后者则不顾整体利益，单要个人利益，这是与人类进化所发展出来的社会结合方式相背离的。人不可能脱离社会环境孤立地实现个人利益，他要实现个人利益，首先要知道个人利益是什么，然后还要弄清外部条件，然后才能建立适宜的社会组织规范，找到正确的策略以实现这些利益。什么是个人利益，这个看起来是每个人都天然知道的不言而喻的东西，却是问题最多因而首先必须弄清的问题，这也就是价值体系问题。但在现实的哲学发展过程中，人类却是先从认识外部世界开始，至于什么是个人利益以及采用何种组织形式、行为规范来保证利益的实现，都处于无意识的状态之中。人类不是把一切都搞明白了再实践，而是先实践起来再说，按照实践、认识、再实践、再认识的过程，循环往复，逐步向内深入。这个探索过程有一个不言而喻的目标，那就是合理行动以保持自身的生存与发展；正是实践中遇到了问题，人们的行动不能实现自身利益，促使人们反思自己的行为的合理性问题，经过本体论、善恶论、认识论这三个阶段，步步深入地推进了人类对自身行为合理性的认识，仍然没有保证自身行为的合理性，仍然面临着诸多难题甚至自我毁灭的危险，所以人类就需要深入到知行论范式，研究实践与价值体系的关系问题。只有正确地解答了实践与价值体系的关系问题，人类才能最终找到自身行为合理性问题的解答。

在有了这个人类精神进化的整体认识以后，再回头来看过去的哲学家们所研究的本体论、善恶论、认识论，便可发现，其创始人的目标都是为了解答社会现实中的紧迫问题，但在随后的发展中，这种对现实问题的关注日渐淡化，后继者的个人兴趣往往要把它引入歧途。哲学家们在毅力、见识上肯定要高于普通人,但由于他们的个人兴趣并不在其自觉控制之下,所以作为一个群体,他们也难于“慎终如始”。这些在象牙塔中制造出来的学问与现实生活相脱节,但却仍然要影响现实生活。如那种两极对立的思维范式,把人们的注意力集中在一系列非此即彼的选择题之中,如公与私的分别、理想与现实的分别。在这种两极对立的思维范式中,片面地强调任何一极,都不能找到和谐之路。不能正确地提出问题,也就找不到问题的解决办法,因而也就不能指导人类合理行动。从实践的结果来看,由于这种低级思维方式的误导,造成了诸多灾难不幸。人们判断其行为合理性的价值体系一直处在变动之中,在此基础上形成的行为规范、政治制度都不能保证人类行为的合理性,人们就像漂浮在茫茫大海上的一叶孤舟,找不到稳定的立足之地。许多人坚信“人都是自私的”,但他们却不知道自己的利益是什么,眼前看来合理的行为并不见得以后也合理,局部看来合理的行为在整体范围来看并不一定合理,结果就在追求那些看起来有利的目标时,实际地追求着那些有害的目标。贪官们拼命地贪,最后受到法律的严惩;美国人反恐的结果却是越反越恐,如此等等。尽管人们不知道自己的行为合理性的依据,但生活却一刻不停地继续着,人类行为就在这种浑沌状态中继续着,于是便出现了“异化”。在狭隘片面的价值体系的控制下,人类互不信任,一盘散沙,动辄争吵以至大打出手,人类社会便展现了一幅很可笑的局面,自己反对自己,自己折腾自己,花费了大量精力来应付自己制造的问题,最终结果却是自我毁灭,这就尤其荒诞可笑。

（二）人类行为的合理性要靠一个科学全面的价值体系来保障。

只有在行动目标全面正确的前提下,人们才能制定正确的路线方针政策,找到实现自身利益的路径。以美国人为例,在以掠夺别国财富和地球资源为核心价值的前提下,无论其科技多么先进,战略多么高明,都无法保证其行为的合理性。从中国的情况来看,如果继续以GDP为核心价值,那也无法遏制当下这种两极分化、环境恶化的发展趋势。人类若要摆脱自我毁灭的命运,就要摆脱低水平价值体系的控制。人类迫切地需要从私有制价值体系的控制下解放出来,这也就是中国人所说闻道或开悟。

一旦人们开悟了,便可看到,私与公本来就是有机地联系在一起的;人们应当研究的是如何合理地行动以兼顾这两者,而不是在这两者之间作一个非此即彼的选择。问题不在于人们是不是自私,而在于人们是不是闻道。不管是要求人们大公无私,还是反过来主张自私很伟大,这两种意见都没有超越两极对立、非此即彼的思维范式，在这种思维范式的主导下，人们无法把两者协调起来，既不能实现自己的利益，同时又损害了集体利益。一旦超越了这种范式，我们便可看到，人类现在所面临的实际上是这样一种选择：是要那种在科学合理的价值体系指导下的自私，还是要现在这种在狭隘片面的价值体系控制下的自私。只有找到那终极的核心价值，以其为核心来统领其他价值，我们才能超越两极对立、非此即彼的思维方式，建立起一个完善的价值体系，保证行为的合理性。

对价值体系问题的认识首先萌生于少数个体的头脑里，然而仅有个人的开悟，人们仍然不能保证自己行为的合理性。人类行为的合理性，归根到底要靠社会整体价值体系的进化来保障。社会价值体系是变动不居的人类文明的最隐秘最稳定的核心，各种新思想只有渗透到这个核心部位，积淀下来，才能最终稳定下来，人类才能保持社会经济、政治和文化的较高的发展水平。我们现在要建设社会主义核心价值体系，即是要把人们稳定在一个较高的文明水平上，在这个水平上，便可以通过每个人追求个人利益的努力便可自然而然地促进社会公共利益。

站在知行范式的立场来看，哲学上的“本体论”范式所要寻找的归根到底就是在社会生活过程中起主导作用的那个东西——社会价值体系。根据木桶原理，最短的那块木板决定水桶的容量，政治制度、生产力、科技等因素都会在一定的历史条件下作为主要矛盾，成为社会发展的制约因素；当这个矛盾得到解决之后，便让位于其他因素，于是乎，它们便依次上场扮演社会生活的决定因素。现在，价值体系作为最后发现的短板，制约着其他各种因素，它是最后上场的主角。“善恶论”范式所要解答的则应当是，如何超越现有的价值体系，克服自身的缺陷以趋向于完善；“认识论”范式所要研究的则应当是，处于价值体系的特定阶段上的人，如何才能认识自身的价值体系问题。当我们这样来提出问题之后，便会发现，要认识价值体系，我们自身的价值体系必须有一个实质性的进步，才能站在新的基础上反思现行的价值体系，发现其中的问题，找到解决问题的办法，并建设新的价值体系，以它为序参量来重组社会生活过程。这样一来，人们也就进入“知行论”范式了。

（三）东西方哲学的不同发展路径。

在有了上述关于哲学范式进化过程的整体认识之后，我们便可对东西方的哲学发展过程作一个对比。中国哲学所思考的问题很超前、很早熟，早早地进入了第四个范式，关注人的实践与价值体系的关系，我们所孜孜以求的是“闻道”，通过自身对大道的实践来改善人生、社会和大自然的运行状态。老子以仁慈怜悯的目光来观察人类社会，他发现其中充斥着谬误与混乱，提出了一套系统的拯救方案，从“修之于身”做起，直到把大道“修之于天下”。孔夫子闻道勤行，力图把大道与社会政治过程结合起来，创造一套“修齐治平”的政治理论体系。其后的哲学家沿着这个方向，继续追求“闻道”这一核心目标，包括朱熹与陆九渊的争论，惠能与神秀的争论，其分歧并不是什么主观唯心主义与客观唯心主义的区别，而是通过什么途径达到圣贤的境界，是通过阅读圣人经典还是发现并坚持自己的良知，是顿悟还是渐悟。我们中国人从老子就开始认识到的问题，西方人要经历很长时间才能想到，其间依次经历了本原论、善恶论、思存论等三个范式，直到出现了马克思，才进入知行论范式，研究人的实践与价值体系的关系。

由此可见，中国哲学本来就处于一个较高的位置上，并不像有些人所说的那样“中国没有哲学”。但由于近代以来，中国人在西方文明咄咄逼人的攻势面前一败涂地，使得一些中国人以为西方的一切都是先进的，月亮也是西方的更圆，哲学也以西方为标准，用思存论范式来套已经进化到知行论范式的中国哲学[①]，于是便产生了一个“中国哲学的合法性”问题，还有人就老子思想是唯物论还是唯心论的问题争论不休，这就像用一件小孩衣服往大人身上套一样。他们相信外来的和尚会念经，把自己的哲学贬得一塌糊涂。这种自我贬低、甘愿寄人篱下的念头是非常荒诞的。

现在看来，某些哲学家所谓“中西之辨”，其实是知行论范式与思存论

[①]可参考李翔海《30年来中国哲学的研究》（光明日报2009年1月6日）对这一问题的论述：在发生学的意义上，“哲学”是源自于西方的。与此相关联，作为学科的“哲学”在中国学术传统中并未出现，而是在人类历史的现代阶段以西方哲学为型范创制的。因而中国哲学在学科创制之初就在相当程度上对西方哲学存在着依附关系。由此，西方哲学成为衡断中国古代学术传统的有关内容是否可以被归之于“哲学”的基本标准。正如蔡元培先生在为作为中国哲学学科确立之标志的胡适《中国哲学史大纲》作序时就已指出的，要编成现代意义上的中国哲学史，“古人的著作没有可依傍的，不能不依傍西洋人的哲学史。”对此，同样作为中国哲学学科确立之中心开启性人物之一的冯友兰说得更明白：“哲学本一西洋名词。今欲讲中国哲学史，其主要工作之一，即就中国历史上各种学问中，将其可以西洋所谓哲学名之者，选出而叙述之。”显然，在这里，西方哲学被赋予了某种普遍性，在自觉不自觉中被等同于人类哲学的“共相”。对书写中国哲学史影响最巨的以西方哲学为型范来形塑中国哲学的书写范式由此形成。

范式的区别。对于我们很早就达到的认识，西方哲学却需要经历一系列的发展环节，才能达到。比如说笛卡尔，他就需要进行一次普遍的怀疑，把历来信以为真的一切见解统统清除出去，找到那种无可置疑的基点，再从根本上重新开始。他所开创的哲学范式还没有把怀疑深入到价值体系的层面，马克思作为新的哲学范式的开创者，同样也需要有一个普遍的怀疑，也要找到那个无可置疑的基点。他们所找到的基点都是“人”，但相比较起来，笛卡尔所找到的是“我思”，即一个思考着的大脑，马克思所找到的则是生活在特定社会环境中的现实的人。哲学基点的这种从抽象的人到具体的人的发展，正是两种哲学范式的根本区别。“对社会主义的人看来，整个所谓世界历史不外是人通过人的劳动而诞生的过程，是自然界对人说来的生成过程，所以关于他通过自身而诞生、关于他的产生过程，他有直观的、无可辩驳的证明。因为人和自然界的实在性，即人对人来说作为自然界的存在以及自然界对人来说作为人的存在，已经成为实际的、可以通过感觉直观的，所以，关于某种异己的存在物、关于凌驾于自然界和人之上的存在物的问题，即包含着对自然界和人的非实在性的承认的问题，实际上已经成为不可能的了。”①

马克思做了一件极其伟大的工作，他拆除了以往的哲学范式的根基，为其建立了新的无可置疑的基点——人的生成过程。他说：“全部历史是为了使‘人’成为感性意识的对象和使‘人作为人’的需要成为‘自然的、感性的’需要而做准备的发展史。历史本身是自然史的即自然成为人这一过程的一个现实部分。自然科学往后将包含关于人的科学，正像关于人的科学包括自然科学一样：这将是一门科学。”②我们现在谈论的“以人为本”并非是凭空而来的，马克思在发现思存范式的问题并达到新哲学范式的时候，就超越了“以物为本”的价值体系，上升到“以人为本”的价值体系，随着社会主义事业的逐步展开，它就会自然而然地上升为社会政治目标，这就好像在动物胚胎里就包含了其全部成长过程一样。

站在这个新的基点上，自然也就抛弃了过去的那些诸如思维与存在、集体与个人的关系等无法回答的虚假问题，发现私有制社会的异化现象，进而提出消灭异化现象的新目标，这才是真正有实际意义的问题。所谓异化现象，也就是人们的实践结果反过来与人们自己作对。其根源就在于私

①马克思恩格斯全集[M].第3卷.北京：人民出版社，2002.第310-311页.
②同上，第308页.

有制价值体系，它把个人与社会、自然割裂开来，误导了人的行为，使人们贪婪愚蠢、危害社会自然，同时也危及自身。马克思对商品拜物教的批判其实也就是对资本主义价值体系的批判，他之所以能够做出这个批判，其原因就在于他发现了以人为本的价值体系，由此出发必然会得出共产主义的结论。超越了私有制所强加的以物为本的价值体系，确立了以人为本的价值体系，马克思也就超越了执着于唯物与唯心的两极对立的第三级范式，进入了人的实践与价值体系关系的第四级范式，与中国哲学处在同一级范式上。正因为中国哲学与马克思主义处在同一个发展水平上，所以，两者一旦相遇，便可有机结合起来，取长补短，互相激励，互相补充。

（四）“建设社会主义核心价值体系”代表了哲学发展的最高成就。

中国人虽然很早就意识到闻道这个目标，但却一直没有找到把它与现实生活过程结合起来的路径。老子撰写了《道德经》，但却并不打算付诸实施；孔夫子“知其不可而为之”，周游列国以图找到能够支持其行道的国君，结果是无功而返；董仲舒在汉武帝的支持下，把儒学与现实政治过程结合了起来，使大道与社会生活的结合向前推进了一步，但仍然没有把大道灌输到社会经济过程中去；此后的程朱理学和陆王心学仍然把闻道局限在个人精神觉醒的范围内，这就决定了他们仍然不可能完成这个任务。中国哲学需要有马克思主义的帮助，才能打破发展困局。人类解放是全人类的共同事业，中国人不能单独地获得解放，所以就必须等到马克思主义传入中国，借助于中国共产党人坚持用马克思主义理想以改造现实生活的过程，大道才能把根深深地扎进现实生活之中，找到实现它的现实路径。

反过来说，也只有得了大本大源的中国人才是马克思的知音，才有能力继承和发展马克思主义。马克思主义在西方并不占主流地位，只能生存在书斋里，所以当代西方社会至今也没有认识到价值体系问题，他们摆脱不了资本主义价值体系的纠缠，甚至想不到要摆脱其纠缠，其反思的能力深入不到价值体系这个层次。只有在我们中国人改造旧世界、实现伟大复兴的历史进程中，马克思主义才能在社会经济政治过程中生根开花，大展身手。也只有中国人的伟大实践才站在人类进化的最前沿，推进人类对自身和社会的认识不断深化，深入研究实践与价值体系的关系。这个由马克思开创的历史进程，最终要由具有优秀文化传统的我们这一代中国人来完成，看来是历史的宿命。

在领导中国革命的过程中，毛泽东写作了《实践论》，研究人的认识与实践的关系，并进一步追问人的正确思想是从哪里来的；他还发现了人的实践过程中的世界观问题，并提出了一个著名论断，“世界观的转变是一个根本的转变”；他还说：“无产阶级和革命人民改造世界的斗争，包括实现下述的任务：改造客观世界，也改造自己的主观世界——改造自己的认识能力，改造主观世界同客观世界的关系。……所谓被改造的客观世界，其中包括了一切反对改造的人们，他们的被改造，须要通过强迫的手段，然后才能进入自觉的阶段。世界到了全世界都自觉地改造自己和改造世界的时候，那就是世界的共产主义时代。”[①]以他的探索为基础，改革开放以来，共产党人对治国理政的目标的认识又经历了一个发展过程，从以经济建设为中心，经过“三个代表”重要思想，发展到现在的以人为本、科学发展观和构建和谐社会，也经过了一个在实践中逐步深入的认识过程，现在又进一步发现了实践过程中的价值体系问题，提出“建设社会主义核心价值体系”，因而就是顺理成章的，代表了哲学发展的最高成就。在这个地方，东西方文化的精华会师了。用福山的话来说，它就是历史的终结，人类意识形态发展的终点；在此基础上，必将产生人类最后一种治理形式。百川东到海，人类文明的各个支流最终都要汇聚在这里。

现在，我们在人类文明的大合唱中演唱的是主旋律，所以就不能邯郸学步地放弃自己所已经达到的哲学高度去迎合西方哲学。尽管我们的哲学还有待进一步与时俱进，那些悠久杰出的智慧还有待发掘与普及，但它比西方哲学高一个档次，这是毫无疑问的。只有在我们所达到的这个基础上进一步开拓创新，才能解答人类所面临的紧迫问题。同时也只有做好了这件事，中国哲学才能真正走向世界，开辟哲学发展新境界。

四、用新的第一原理重建价值体系

由第三级范式向第四级范式的转换是一个思想意识领域里的自觉转换，随之也必然带动整个社会生活方式发生一个根本性的转变。这是人类历史上最伟大的变革，其最终完成必将经历一个漫长的发展过程，各国情况不同，但仍然有一个基本程序，首先要夺取政权，建立公有制，然后才能对社会生活方式进行深入改造，推进社会价值体系的进化。在此过程中有一个隐秘的很难克服的障碍，这就是私有制价值体系会在个人与社会之

[①]毛泽东选集[M].第一卷.北京：人民出版社，1991.第296页.

间形成一个互相制约又互相促进的“超循环”，把人们锁定在既定的生活轨道上，迫使人们把资本主义价值体系作为天经地义的东西接受下来。我们要建设社会主义核心价值体系，就必须突破这个屏障。怎样才能做到这一点呢？我们可以从第三级哲学范式的开创者笛卡尔那里获得启示。

以笛卡尔为开端的近代西方哲学给我们留下的一个有益的成果，那就是一种方法论原则：要寻找一个清楚明白、无可置疑的第一原理，然后运用理性的力量来确立认识对象的次序，并按照这一次序进行推理，逐步上升到对复杂对象的认识，从而建立起一套确实可靠的知识体系。对于马克思主义的理论体系来说，要推翻思存论范式，建设一个新的理论范式，也必须像笛卡尔那样找到一个新的第一原理，把历来信以为真的一切见解统统清理出去，再从根本上重新开始。必须经历这样一个程序，我们才能摆脱低水平价值体系和思存论范式的控制，从混乱与幼稚中走出，把自己提升到正确的立场上，成为和谐社会的积极建设者。

（一）寻找新的第一原理。

哲学范式进化的内在动力，来自人们对第一原理的认识的深化。从笛卡尔的“我思故我在”，经过一系列发展环节，发展到黑格尔的“绝对精神”，再经过费尔巴哈这个环节，直到马克思才发现了“现实的、肉体的、站在坚实的呈圆形的地球上呼出和吸入一切自然力的人”[①]，发现了围绕着人的生活过程所形成的整个经济基础与上层建筑，以及这个庞大的经济基础和上层建筑的历史形成过程“不外是人通过人的劳动而诞生的过程，是自然界对人说来的生成过程”[②]，发现了人的本质特点就在于“人则使自己的生命活动本身变成自己意志的和自己意识的对象。他具有有意识的生命活动。”[③]如果把这些发现概括为一句话，那就是马克思在批判蒲鲁东时所说的：“整个历史也无非是人类本性的不断改变而已。”[④]它在马克思主义的理论体系中具有最基础的意义，因而可以作为新的“第一原理”。

需要说明的是，我们不过是借用笛卡尔的“第一原理”的说法，按照我们现在对哲学体系的认识，这个词是不合适的。马克思主义与以往所理解的理论体系不同，它并非仅仅是一个由许多原理组成的体系，而是一个

[①]马克思恩格斯全集[M]. 第 3 卷. 北京：人民出版社，2002. 第 324 页.
[②]同上，第 310 页.
[③]同上，第 273 页.
[④]马克思恩格斯选集[M]. 第 1 卷. 北京：人民出版社，1995. 第 172 页.

成长中的有机的生命。虽然它一出生时很不完善，但却是与其他理论体系迥然不同的具有进一步发展潜力的体系，在应对各种现实挑战的过程中成长起来，经历了许多不同的阶段；在这些不同的发展阶段中，有个一以贯之的东西，用现代科学的术语来说就是"基因"。与"第一原理"相比，"基因"这个词带来了新的内容，它不是某一个固定的句子，而是散布在整个体系中的每一个细胞中的东西。就如生物学家可以用牛、羊等动物的细胞克隆出一只完整的小牛和小羊一样，马克思的理论体系也是一个有机整体，其中任何一个部分都包含了马克思主义的"基因"，它们都是这个理论体系的有机组成部分。因而人们不管从哪个部分进入这个理论体系，都可以接触到马克思主义的"基因"；认识了这个"基因"，人们便可抓住马克思主义的"灵魂"、"精髓"，在解答现实难题的过程中，进一步发展马克思主义。但如果人们不能认识马克思主义的"基因"，也就没有长出能够看清马克思主义的眼睛，也就难于进入第四级范式。

为了帮助人们认识马克思主义的基因，突破私有制价值体系的束缚，我们就需要继续使用第一原理这个词，并把"整个历史也无非是人类本性的不断改变而已"作为马克思主义的第一原理，在此基础上，我们也可以像笛卡尔那样一步一步地推导出一个新的理论体系。由于我们已经认识到价值体系问题的存在，所以就可以把其中的"本性"替换为"价值体系"；同时我们还注意到价值体系的不断改变过程是有规律的由低级到高级的进化过程，于是就可以把"改变"替换为"进化"，这样一来，这个命题就被修改为："整个历史也无非是人类价值体系的不断进化而已"。这个命题完全符合笛卡尔所说的第一原理的要求。

首先，它是清楚明白、无可置疑的。正如马克思所说，"对社会主义的人来说，整个所谓世界历史不外是人通过人的劳动而诞生的过程，是自然界对人来说的生成过程，所以，关于他通过自身而诞生、关于他的形成过程，他有直观的、无可辩驳的证明。"[①]马克思在这里所说的人的生成过程，也就是价值体系的进化过程。

其次，运用这个第一原理可以解释一切历史现象。生产力和生产关系的发展都是由于价值体系的改变而产生出来的。比如说，资本主义的巨大生产力产生于文艺复兴所唤醒的新的人生目标，服务于这些新的目标，也

[①]马克思恩格斯全集[M].第3卷.北京：人民出版社，2002.第310页.

就产生出与之相应的生产方式。马克思在批判费尔巴哈的直观唯物主义时说:“他没有看到，他周围的感性世界决不是某种开天辟地以来就直接存在的、始终如一的东西，而是工业和社会状况的产物，是历史的产物，是世世代代活动的结果，其中每一代都立足于前一代所达到的基础上，继续发展前一代的工业和交往，并随着需要的改变而改变它的社会制度。”[①]

其三，整个马克思主义的理论大厦就建立在这个基石之上。价值体系的进化过程是一个自然历史过程，最终必然要达到这个核心价值——人的自由全面发展。一旦把人的自由全面发展作为核心价值，人类自然就要建立起与之相应的政治制度，那就是共产主义制度；由于价值体系的进化与社会制度之间的有机联系，为了使新制度成长起来，人们也就要自觉地与传统的价值体系实行最彻底的决裂，建设与新制度相配套的价值体系。这些都是不言而喻、不证自明的。

在确定这个新的第一原理之后，我们可以把它与笛卡尔的“我思故我在”作个比较。两者的共同点在于，它们所说的都是人；认识自我乃是哲学探究的最高目标，两者的区别在于对人的认识的深度有不同，“我思故我在”中的“我”是一个抽象存在，甚至是只有一个思考着的头脑。支撑着这个头脑的身躯，这个身躯的成长过程，支持这个身躯的经济供养系统、政治制度和社会文化环境，还有社会价值体系问题、人类的历史发展过程等，都被抽象掉了，或者说是都没有被注意到，被遮蔽在无意识的黑暗之中。因而在这样一个高度抽象的第一原理的基础上所演绎出来的哲学体系也是贫乏的。“笛卡尔的原则就只能很好地适用于解释机械性，而不适宜于解释别的东西。他对于别的界域的看法（譬如，对于植物性和动物性的解释），就很不充分，因此也就没有趣味。”[②]

与这种贫乏不同，新的第一原理对人的认识达到了前所未有的深度，正如黑格尔所说的那样，“在最新的哲学里所把握着的和所发挥出来的理念将是最发展的、最丰富的、最深邃的。”[③]从“整个历史就是人类价值体系的不断进化过程”出发，便可推导出人与其社会环境的整个联系。价值体系的进化过程并非是发生在孤立的个体身上，也并非是仅仅发生在社会层面上，而是一个在个体与社会的价值体系的互相作用过程中的进化过程。

[①]马克思恩格斯选集[M].第1卷.北京：人民出版社，1995.第76页.
[②]黑格尔.哲学史讲演录[M].第一卷.北京：商务印书馆，1981.第41页.
[③]同上，第45页.

这个进化过程会遇到曲折，也会有个别人以至于整个民族的退化、堕落以至自我毁灭，但作为一个整体的人类却是一个趋向于无限进化的过程，这个过程的最终目标便是培养出自由全面发展的人。只是由于生活的艰难压抑了、遮蔽了这个核心价值，把人们的注意力集中在财富的私人占有上，使人们无暇考虑这个目标。一旦人们认识到了这个目标，就像小河必然要流向大海一样，自然而然地追求这个目标。共产主义的实现之所以是历史必然性，就在于它不过是实现人的自由全面发展的社会组织方式而已。

（二）新的第一原理把人们提升到新的理论高度。

对于哲学家来说，他们的核心价值就是找到第一原理，重建一个能够与现实相吻合并能指导人们合理行动的哲学体系。有些哲学家不像笛卡尔那样自觉地寻找第一原理，于是在他们的体系中存在着两个以上的互相冲突的原理，所以其中就必然存在着混乱；笛卡尔虽然有一个第一原理，但却又过于简陋，由此而建立的哲学与人们的社会生活相去甚远。解决这个矛盾，找到那个与人们的生活常识相吻合并指导人类生活趋向和谐的第一原理，重建一个没有矛盾的理论体系，这是哲学发展的内在动力。哲学的发展过程，便是第一原理不断发展的过程，一个从抽象到具体的过程，“最初期的哲学是最贫乏最抽象的哲学。在这些哲学里面，理念得着最少的规定。”[①]人类思维必须从简单的抽象逐步发展，认识社会生活的各个方面，科学、宗教、经济等各个领域，直至深入到社会生活的根基，发展出一种可以概括社会生活的第一原理。这个从抽象到具体的过程，同时也就是哲学回归常识的过程，泰勒斯在关注天上的星宿时，没注意脚下的土坑，所以就摔了一跤，受到了一位女士的嘲笑。现代人只注意到了发财致富，没有注意到社会和谐和以人为本，所以便导致了经济危机，也摔了很多跟头。人类精神的进化过程必须经历这个成长过程，必须摔很多跟头，经历很多饥荒战乱、流血牺牲，在它们的驱使下，人类才能行动起来，上下求索以寻找新的第一原理，找到那保证人类社会和谐运转的价值体系。

以前的各种哲学没有看到价值体系的存在，价值体系也仍然存在着，它隐藏在无意识的黑暗之中，正因为如此，所以它就能够牢固地控制着人们的头脑，人们要想开悟就很难。实际上，不仅是理论体系有一个第一原理，就是我们每一个人也都有一个第一原理，都有一个在自己看来是不言

[①]黑格尔. 哲学史讲演录[M]. 第一卷. 北京：商务印书馆, 1981. 第 44 页.

而喻的目标。庸人就把物质财富的私人占有作为其核心价值，与之相应的就把“人不为己、天诛地灭”作为第一原理。这个东西是社会制度和文化环境在人们的成长过程中塞到人们的头脑中去的，这使个体价值体系与社会价值体系有机地联系在一起，正是由于这种有机联系，使得一个哪怕是隐居山林的人，也摆脱不了社会价值体系的控制。社会价值体系产生于各个个人的价值体系，是各个个人的价值体系所形成的合力，而它又在各个个人之上获得了独立的生命力，形成了一个“超循环”过程，经历了一系列独特的不以人们的意志为转移的发展阶段。这种自发地形成的社会价值体系，在这些个人看来，就不是他们自身的联合力量，而是某种异己的、在他们之外的权力。关于这种权力的起源和发展趋向，他们毫不知情，当然也就不可能影响或支配这种力量；反过来，这种产生于人类社会的力量却控制着个人的价值体系的形成过程，进而主导着人类社会的历史进程。

所有的人都处于价值体系进化过程的某个点上，在没有注意到价值体系之前，人们也仍然具有某种价值体系，人们下意识地坚持着它，认为那是不言而喻的绝对正确的价值体系。在这种价值体系中，其核心价值往往不是那最重要的终极价值，这就像把地球作为太阳系核心的地心说一样，它无法解释大量的观测现象，难于自圆其说，处于自相矛盾之中。他们没有第一原理的观念，因而也就没有用一个第一原理对自己的思想进行整理，他的头脑里有很多混乱的东西堆积在一起。在这个杂乱无章的堆积物之下，也还是有一个稳定不变的东西，那就是私有制的生活环境在人们还没能自觉思考的时候就塞给人们的价值体系，它处在潜意识之中，与人们的生理需要结合在一起，并把它们作为核心价值。处于这个阶段的人们，其认识和实践都被这个价值体系控制着，所以就会“一叶障目，不见泰山”，凡不利于这个价值体系的信息，统统被它过滤掉，因而他在马克思那里只看到了生产力决定论，因为这个理论为其安于现有的生活方式提供了依据。他在西方的理论中只看到了自由、民主、人权，因为这给其放纵低水平欲望提供了理论依据。他们为什么骂中国优秀文化传统，那是因为中国文化传统要求他们限制其低层次欲望。他们在狂热地坚持资本主义价值体系的同时，口头上却坚决地否认价值体系的存在，这种人必然地具有自我分裂的人格，言行不一，嘴上冠冕堂皇，思想上考虑的却是个人物质利益和低级趣味；嘴上讲的是自由民主，实际上却十分专横。

共产主义也就是要告别庸人所暗中迷恋的那一套价值体系。在此过程中，必然会遇到庸人的坚决反对。庸人没有能力想象那样一个社会，在那里，人们不再是私有者。在他们看来，共产主义就是一个可以无限地满足其在私有制文化环境中形成的各种欲望的制度，只要生产力发展起来，共产主义生产方式就可以自动地实现。堂吉诃德在时代潮流已经变化的情况下仍然坚持其骑士理想，庸人则在社会主义历史条件下仍然坚持私有制的价值体系。在他们看来，这是一个牢不可破的真理：一旦对物质财富实行公有制，就会割断劳动与利益的联系，生产积极性就会丧失。他们所关注的问题是："共产主义第一批新产品分给谁？""如果我活到共产主义，有专机专列可坐吗？我如果想在自己家里养一只大熊猫可以吗？我想在西湖搞一套最高级的别墅可以吗？"

在这些人中间甚至还有一些"马克思主义者"，他们也记住了一些马克思和恩格斯的词句，就像小鸟垒窝一样，他们把一些随便拾取来的思想、观念，用自己的唾液粘在一起，所要表现的仍然是自己的那一套从私有制环境中继承下来的价值体系。他们所建立的哲学体系缺少前后一贯的立场，由此就决定了他们变化无常，但万变不离其宗的是对私有制和雇佣劳动关系的迷信；他们始终不渝地坚持着把物质财富的私人占有作为核心价值的价值体系，这是因为这个下意识地形成的东西始终没有上升到意识层面。他们所做的事情，"实际上不过是对于局限在资产阶级生产关系中的生产当事人的观念，当作教义来加以解释、系统化和辩护。因此我们并不感到奇怪的是，庸俗经济学恰好对于各种经济关系的异化的表现形式——在这种形式下，各种经济关系显然是荒谬的，完全矛盾的；如果事物的表现形式和事物的本质会直接合而为一，一切科学就都成为多余的了——感到很自在，而且各种经济关系的内部联系越是隐蔽，这些关系对普通人的观念越是习以为常，它们对庸俗经济学来说就越显得是不言自明的。"[①]

这种否定价值体系的作用的理论是一种非常有害的理论，它不以人为本，把人贬低为历史规律控制下的一群木偶，这是对包括他们自己在内的人类的蔑视。从实践上来看，它听任旧的价值体系继续控制社会生活过程，不断地自我强化，把资本主义的政治经济制度再生产出来。由于他们和西方人所坚持的是同一种价值体系，所以他们的主张总是和中国人作对，和美国人有一种天然的亲情，屁股总是坐在美国人一边。在这种有意无意地

[①]马克思.资本论[M].北京：人民出版社，2004.第925页.

忽略价值体系建设的理论空谈之下，西方敌对势力所制定的针对社会主义国家的和平演变战略就可以得寸进尺地向前发展。

哲学范式的从第三级范式向第四级范式的进化，与前几个范式转换有很大的不同。它是一个自觉的进化过程，让思维深入自身价值体系的深处，把原来处于无意识状态的东西置于理性的阳光之下。马克思率先开始了这项工作，看到了第三级范式中的那个控制着人们思维和行动的第一原理的荒诞，看到了把财富的私人占有作为核心价值与社会化大生产之间的矛盾，所以便自然而然地提出了新的第一原理。由于这一突破，也就很自然地产生了科学共产主义理论。对于任何想要坚持马克思主义的人来说，当然也必须在第一原理上达到与马克思同样的高度，才能算是掌握了马克思主义的精髓。如果人们认识不到这个新的第一原理，继续被资本主义社会所暗示给他的第一原理控制着，就算是嘴里塞满马克思主义的词句，也仍然不是马克思主义者。人们要想掌握马克思主义，就必须从这个新的第一原理出发，对自己的思想观念进行整理，才能从整体上达到一个新的高度。新的第一原理就像一条登山的小路，沿着这条小路，人们就可以达到哲学认识的新高度，摆脱资本主义价值体系的束缚。在这个新高度上，人们才能一览众山小，坚持和发展马克思主义，并进而找到解答现实难题的钥匙。

是做一个受困于资本主义价值体系的庸人，还是做一个开悟闻道的新人，这是决定着人们选择哪种政治制度的决定因素。只有当人们普遍地做出正确选择的情况下，社会主义制度才能巩固下来，所以就需要有一个普遍的价值体系的转换，从以物为本转换到以人为本，这个价值体系的转换也就是科学家们所说的那种哥白尼式的革命。只有当绝大多数人都达到那个新高度之后，社会主义制度才能稳定下来。价值体系的转变是一个根本的转变，对于个人是这样，对于社会来说也是同样。

（三）把理性之光深入到自身的无意识深处。

在建设社会主义核心价值体系的过程中，我们可以发现私有制价值体系具有惯性。尽管新发现的第一原理具有简单、科学等优点，它仍然难于被某些人接受，他们很难摆脱私有制价值体系的控制，甚至于终其一生都只能生活在它的支配之下；由于这个原因，尽管资本主义的这个体系非常荒谬，这种生产与生活方式的内在矛盾已经充分暴露出来，但旧的价值体系与人们的生产生活过程结合在一起，束缚着人们的头脑，不到万不得已，人们就不愿意改变现有的生活轨道。此即所谓“理有固然，而势不必至。”

要想实际地掀翻资本主义，就必须把新的价值体系灌输到社会生活过程中去，取代旧的价值体系，形成新的“超循环”过程，对社会运行过程来一个脱胎换骨的改造。这无疑是一个异常艰巨的任务。

正是由于上述原因，在社会主义这个历史阶段，存在着两种价值体系的冲突。要建设社会主义核心价值体系，人们必须在自己头脑里先来一个“范式革命”，把自己历来信以为真的一切见解统统清理出去，再从根本上重新开始。这就是毛泽东所说的自我改造。如果不能把思考深入到资本主义价值体系的基础上，认识到其中的谬误，人们便仍然处于资本主义价值体系的控制之下，本能地维护和强化这个价值体系的超循环过程，他们会千方百计地寻找证据来为这个基础进行辩护。许多看起来是以推理为依据的论述，其实不过是合理化了的偏见而已。于是我们便看到有那么一些“马克思主义者”，他们习惯于把马克思的词句拿过来，加以断章取义的肢解，使它与自己“心爱”的结论相一致。许多看起来是荒诞混乱的理论，其背后所隐藏的那个核心价值却是稳定不变的。

由此我们便可深入认识到这样一个认识论的原理，对于马克思主义这样的博大精深的理论体系来说，人们所能认识的程度决定于认识者自身的价值体系的高度。如果达到了相应的高度，得了“大本大源”，就算是没有读过马克思的书，也仍然能够无师自通地与马克思的理论相契合；但如果达不到相应的高度，就算是读了很多马克思的书，也只能是一个徒有其名的“马克思主义者”。当年马克思面对着那些把他的理论简化为“经济决定论”的“青年们”，也只好无奈地说：“我只知道我不是一个马克思主义者。”弗罗伊德的心理学发现了这个奥秘，潜意识控制着人类的行为，正因为人们没有意识到它的存在，所以它就可以牢牢地控制着人们的一言一行。这个潜意识来自于社会经济文化过程，来自于个人价值体系与社会价值体系的互相制约的“超循环”过程。正是由于存在着这样一个私有制价值体系的“超循环”过程，旧制度得以保持强大的惯性，一个王朝被推翻之后，私有制价值体系的“超循环”过程会把一个同样性质的王朝重新建立起来。这是一个自组织过程。

所有坚持资本主义制度的理论体系都仍然陷在私有制价值体系的“超循环”过程之中，他们所坚持的第一原理就是性恶论；而这个性恶论又产生于另一个更被他们视为天经地义、不言而喻的前提——以物质财富的私人占有为核心价值的价值体系。这个核心价值处于人们的思想意识的深处，人们意识不到它的存在，但它却控制着人们的思想。所有被它控制着的思想体系，都必然地带有它所造成的缺陷，都无法超越私有制的狭隘眼界。人们一生下来就生活在这种价值体系的控制之下，从福山的历史终结论，到某些专家的“自我牺牲精神愚蠢论”，其共同的前提和基石都是这个以物质财富的私人占有为核心价值的价值体系。他们要否定共产主义的历史必然性，就必须坚信人性从来如此，或者说以前曾经有某种进化，但到了他们的这种水平就进化到底了，构成历史的最基本的原则和制度不再进步了，历史于是便终结了。毫无疑问，他们的理论有着非常“现实”的依据，按照这种理论来指导人的实践，也就自然而然地坚持着他们奉为天经地义的价值体系，继续强化这种价值体系，把人生与社会锁定在原有的轨道上。正如马克思所说的那样，“他们不能想象有那样一种社会，在那里人们不再是私有者。”如果要想向他们证明共产主义的必然性，他们就会哈哈大笑，此即庄子所说的“夏虫不可语冰”，他们没有能力突破这种价值体系的控制。包括斯密的那只著名的“看不见的手”，也根源于这个价值体系，他认为通过每个人追求个人利益的努力便可自然而然地促进公共利益，实践证明，这是一种幻觉。当然他们自己并没有意识到这一前提，而不过是由于自己的价值体系只能达到这个水平，从而在无意识中坚持着这个前提。整个资本主义制度都建立在这个片面的有缺陷的基础上，只要我们掀翻了这个核心价值，他们的整个理论大厦就倒塌了。

比如罗尔斯的《正义论》，他费尽心力构建的体系最终也没有给人们提供一个关于正义的满意答案，其原因就在于他仍然受困于以物质财富的私人占有为核心价值的价值体系。他的正义观被表述为“所有社会价值——自由和机会、收入和财富、自尊的基础——都要平等地分配”，“让我们假设一个最初的安排，在这一安排中，所有的社会基本善都被平等地分配，每个人都有同样的权利和义务，收入和财富被平等地分享。”[①]这种正义只能存在于书面上，现实却在丛林法则的控制下，按照自己的逻辑向前发展。在这样的基础上，平等分配是不可能实现的幻想。若要实现平等分配的目标，首先要改造私有制，这就是马克思所说的：“哲学家们只是用不同的方式解释世界，问题在于改变世界。”[②]其次是提出新的核心价值，把价值体系的核心从财富的私人占有提升到人的自由全面发展上来；突破了私有制

[①][美]罗尔斯. 正义论[M]. 北京：中国社会科学出版社, 1988. 第 58 页.
[②]马克思恩格斯选集[M]. 第 1 卷. 北京：人民出版社, 1995. 第 57 页.

价值体系的束缚之后，便可看到，“财富的独立的物质形式趋于消灭，财富不过表现为人的活动。凡不是人的活动的结果，不是劳动的结果的东西，都是自然，而作为自然，就不是社会的财富。财物世界的幻影消逝了，这个世界不过表现为不断消失又不断重新产生的人类劳动的客体化。任何持久的财富都只是这个社会劳动的转瞬即逝的物化，是生产过程的结晶化，生产过程的尺度是时间，即运动本身的尺度。”[①]在这个前提下，真正的正义只能是“各尽所能，按需分配”。只要我们把重心移到人的自由全面发展上来，所有由资本主义价值体系造成的难题都将烟消云散，“只要这样按照事物的真实面目及其产生情况来理解事物，任何深奥的哲学问题都可以十分简单地归结为某种经验的事实。”[②]唯有价值体系的成长，人类才能从颠倒迷乱、自相矛盾的状态中解放出来。

理解了这一点，我们也就理解了宗教之所以存在的意义。宗教也要促进人们在价值体系上提升到一个新高度，摆脱动物式本能的控制，但由于人类刚从动物界走出，身上的野性还很强大，理智还很低下，所以就需要用天堂、地狱来恐吓人们，引导人们超越直接的物质需要，遵守智者们所发现的伦理规范。这也是价值体系的建设，即是建设一个以进入天堂和实现来生幸福作为核心价值的价值体系。与马克思主义不同的是，它们把精神上的解脱单纯地看作是一个思想观念领域里的事情，没有考虑经济基础与社会制度领域里的变革，所以其所设定的目标是命中注定地无法实现。待到人类理智发展到一定高度之后，虚幻的天堂和地狱受到质疑，宗教就不再能够满足人类精神成长的需要了，于是就要用新的价值体系来引导人性，于是在西方就出现了文艺复兴以及与之相应的哲学。

但是我们看到，以笛卡尔为开端的研究思存关系的哲学范式没有深入认识价值体系层面的问题。它掀翻了上帝对人的精神的统治，放纵了人的动物式本能的发展，使那种以财富的私人占有为核心价值的价值体系居于社会的主导地位。这个价值体系潜藏于弗洛伊德所说的无意识的黑暗之中，无往而不在地控制着人们的头脑，各种哲学体系均受制于这个价值体系。比如说黑格尔，恩格斯说：“黑格尔是一个德国人，而且和他的同时代人歌德一样，拖着一根庸人的辫子。歌德和黑格尔在各自的领域中都是奥林波

[①]马克思. 剩余价值理论[M]. 第三册. 北京：人民出版社，1975. 第 473 页.
[②]马克思恩格斯选集[M]. 第 1 卷. 北京：人民出版社，1995. 第 76 页.

斯山上的宙斯，但是两人都没有完全摆脱德国庸人的习气。”[①]对于当时流行的关于唯物主义和唯心主义的理解，恩格斯指出：“庸人把唯物主义理解为贪吃、酗酒、娱目、肉欲、虚荣、爱财、吝啬、贪婪、牟利、投机，简言之，即他本人暗中迷恋着的一切龌龊行为。”他们把任何对理想的追求都贴上唯心主义的标签，以为这就算是把它否定了，但是，正如恩格斯所说的那样：“如果一个人只是由于他追求‘理想的意图’并承认‘理想的力量’对他的影响，就成了唯心主义者，那么任何一个发育稍稍正常的人都是天生的唯心主义者了，怎么还会有唯物主义者呢？”[②]

（四）自觉坚持新的第一原理，重建价值体系。

在社会主义历史条件下，旧的价值体系仍然控制着人们的头脑。哲学的进一步发展就是要让理智之光深入到这个无意识的深处，抛弃唯物主义与唯心主义的两极对立的思维方式，深入认识价值体系问题，按照构建和谐社会的需要来重建社会价值体系，把社会价值体系提升到一个新的基础上。过去的哲学家必须远离尘嚣，离群索居，这样才能避免干扰，充分发展其内在的精神世界；现在的哲学家——真正的共产党人则要在改造旧社会的过程中不断地发展其内在的精神世界，这样才能站在价值体系进化的前列，领导社会价值体系的进化，引导社会革命的不断深入。哲学发展的源头活水并不在古代的典籍中，而是在现实生活中，它也无非就是人们的利益以及实现它的正确方式，对它的认识是一个漫长的不断深入的过程，如果人们把对它的认识推进了一步，自然也就推动了哲学的进步。

历史只向人们提出他们能够解决的任务。只有在社会主义这个历史阶段，价值体系问题才能被提出来，这是因为人类需要完成一个价值体系的转换，才能进入共产主义社会。而且也只有在实际地建设社会主义的过程中，人类才能透过思存论范式的迷雾，深入到潜意识之中，深入认识哲学体系的第一原理。价值体系进化的动力就在于第一原理的进化。新发现的第一原理的主要特征就是简单性，在此基础上建立起来的理论体系，便可克服旧理论体系中的自相矛盾与混乱，帮助人们客观准确地认识现实，同时也帮助人们全面认识自身利益，从而保证人们行为的合理性。

站在这个新的第一原理上回顾人类走过的路程，便可很容易地看到，以往的价值体系都是有缺陷的，它们是价值体系进化的一个阶段，与一定

[①]马克思恩格斯选集[M]．第 4 卷．北京：人民出版社，1995．第 218 页．
[②]同上，第 232 页．

的生产和生活方式有机地结合在一起，服务于社会运行的需要。我们还可以很容易地看到，价值体系进化的最终目标，便是最终达到那种完善的价值体系，并在此基础上建立起一种与人的自由全面发展相适应的政治经济制度。只有在这里，我们才能找到共产主义历史必然性的最后证明。

反过来也可以看到，如果一个人认识不到这个第一原理，也就认识不到共产主义的历史必然性。一个理论体系需要有一个第一原理，对于个人的价值体系来说，也是同样道理。许多人之所以自相矛盾、自己折腾自己，其原因就在于其头脑中积累了许多自相矛盾的原理、法则，他要想摆脱这种自相矛盾，就要对这些思想观念进行整理，找到一个无可置疑、不言自明的第一原理，才能达到人格的完美一致，在此基础上，才能正确地认识世界、合理地行动。第一原理的高度，决定个性成长的高度。

人们根据自己的第一原理，总要认同于一定的社会集体和制度。与社会主义制度相适应的只能是以人的自由全面发展为核心价值的人，而不是以财富的私人占有为核心价值的人。如果一个人的第一原理是自相矛盾的和混乱的，他对社会集体或制度的认识也必然是混乱的；如果人们只能接受低水平价值体系，他就只能认同低水平政治制度，无法认同与高水平价值体系相配套的社会制度，在社会主义与资本主义的交锋中，他的第一原理决定了他只能偏好资本主义制度，热衷于剥削掠夺行为，不管他口头上多么热爱“自由、民主、人权”。

认识到个体价值体系也有一个第一原理问题，并知道它也有一个进化过程，人们就应当深入反思自己心灵深处的价值体系问题，按照新发现的第一原理来对其进行整理，使之具有连贯性，把它提升到社会主义核心价值体系的高度，从而认识到自己的真正利益，自觉进行价值体系的建设，在社会主义核心价值体系的建设中发挥积极推动作用。这样的人所能认同的社会制度只能是社会主义，在资本主义制度下，不管是处于剥削者的位置还是处于被剥削的地位，他都会适应不良。他是天生的平等派、民主派，本能地站在被侮辱与被损害的人一边，必然会厌恶一切不平等现象，自然而然地成为剥削压迫制度的敌人。

如果一个人仅仅是因为处于被侮辱和被损害的地位而反抗旧制度，那他的反抗就是不彻底的，其价值体系仍然与旧制度联结在一起。只有在他深入认识了新的第一原理之后，才能从根本上对旧制度心生厌恶。在革命初期，共产党人只能动员那些被侮辱与被损害的人参加革命，在革命的过程中引导他们认识新的第一原理，使之逐步成为自觉的革命者。但如果他们不能接受新的第一原理，即使是革命成功，那也不过是推翻旧的剥削者，然后由自己取而代之罢了，这样一来，他们就会从无产阶级革命的同路人转变到革命的对立面上去。

科学家们发现，个体的成长过程是整个人类进化过程的缩影。不仅在生理成长过程上是缩影，在精神成长过程上也是如此，个体在成长过程中必须把人类精神进化过程重新经历一遍。因而从幼稚走向成熟就是一个必然过程，以前不知道价值体系的存在，更不知道如何进行建设，于是便在低水平价值体系的控制下信马由缰地生活，人的生命过程便被引入歧途，这很可悲，也很危险，正如老子所说的那样："不知常，妄作，凶。"

现在我们知道了价值体系的存在，认识到它还需要建设，于是就要找一个图纸来施工，也就是要为自己找到那终极的第一原理，这就是老子所说的"常道"。在寻找的过程中，人们便会发现，包括自己在内的很多人所执着坚持的第一原理其实是不值得坚持的。只有那新出现的价值——人的自由全面发展——才是需要执着追求的，它就像太阳系中的太阳一样，必须居于各种需要的核心，才能把其他各个层次的需要纳入正轨，形成一个完善的价值体系，引导人类生命过程趋向和谐健康。如果人们都能意识到这个目标，摆脱原有的自负和固执，便可减少许多无谓的争执，社会将自然而然地趋向和谐。

建设社会主义核心价值体系是所有的人都无法逃避的任务，每个人都需要从低水平价值体系的控制下解放出来，把价值体系的选择权掌握在自己手里。这正是佛家所说的开悟、道家和儒家所说的闻道；找到那个终极的不容置疑的第一原理，理清自己的价值体系，这也就是儒家所说的"安身立命"。对每个人来说，这都是一项最重要的利益，同时也是每个人都应享受的自由、民主和人权。

正如《大学》所说的那样，"自天子以至于庶人，壹是皆以修身为本"；对于当代人来说，不管是生知安行，还是学知利行，还是困知勉行，人们都应当闻道勤行，把自己稳定地安放在完善的价值体系上。对于理论研究者以及各级领导者来说，尤其需要率先把自己从自相矛盾中拯救出来，建立起一个协调一致的价值体系，然后才能站在历史前沿，领导社会进步。有了这个基础，我们便可进一步讨论以下各章的内容了。

第三章　社会主义核心价值体系保障人类实现以人为本

哲学范式的演变是最深刻的演变。人类已经完成了从本原论向善恶论，再到思存论范式的演变。从马克思开始，人类踏上了从思存论范式向知行论范式的进化过程，这个进化过程将使人类对自身的认识深入到一个新水平，实现从“以物为本”到“以人为本”的转变，推动人类进入和谐社会。但要使少数先知头脑中发生的这种飞跃发展成为社会集体意志，还需要有一个漫长的过程，还需要经历一系列复杂的程序。所以在马克思那里萌芽的新思想就需要经过160年的成长过程，才被写进中国共产党的文件中，而要使它成为全体社会成员的自觉行动，仍然还需要长期艰苦的努力。对这个已经开始的过程，我们必须深入研究并积极推进。

必须强调的是，没有谁能够站在历史大河的岸边，所有的人都身处社会价值体系演变进化的河流之中。我们都不是带着完备的价值体系来观察世界，而是都处在不完善之中，因而大家都要有一个成长过程，如果有人还处在第三级范式之上，还没有进入第四级范式，那也不必感到羞愧，就像小朋友不必在老人面前羞愧一样。所有的人都要有这样一个成长过程，不过是闻道的先后不同而已。但如果有人至死不悟，一定要带着花岗岩头脑去见上帝，这就很遗憾了。为避免这种人生悲剧，我们必须对自己现有的价值体系持一种怀疑论的态度，摆脱旧的价值体系所强加给人们头脑中的束缚，腾出头脑里的空间，为新价值体系的入住创造条件。

一、从思存论范式向知行论范式的进化过程也即是从“以物为本”进化到“以人为本”

党中央提出的“以人为本”是一个非常重要的理论创新，使中华民族站在了历史发展的制高点上。但是，这个新成果并不是凭空而来的，而是有着其深厚的根源，一是我们中华民族有这样一个优秀传统，二是马克思主义本来就包含了这个主张。它是马克思主义的灵魂和发展动力，马克思之所以能够开始从思存论范式向知行论范式的进化过程，就在于他坚持了以人为本；此后马克思主义的每一次发展创新，也都必须坚持以人为本，从这里汲取发展动力。

我们在第一章已经提到，从价值这个概念到价值体系这个概念，有一个演变过程。在人们思考价值体系之前，经济学家们所研究的是商品的价值。商品的价值是与人的需要联系在一起的。商品之所以具有价值，是因为它能够满足人类的需要。价值产生于人的劳动，服务于人的需要。但在资本主义社会中，这两者是头足倒置的，人们生产商品不是为了满足人的需要，而是为了借助于别人的需要而占有其中的剩余价值。马克思发现了这里面的问题，称之为拜物教，也就是以物为本，把这个颠倒了的东西再颠倒过来，他也就完成了从以物为本到以人为本的过渡。他说："实际上价值只不过是人和人之间的关系、社会关系在物上的表现，它的物的表现，——人们同他们的相互生产活动的关系。"[①]看透这一点之后，"财富的独立的物质形式趋于消灭，财富不过表现为人的活动。凡不是人的活动的结果，不是劳动的结果的东西，都是自然，而作为自然，就不是社会的财富。财物世界的幻影消逝了，这个世界不过表现为不断消失又不断重新产生的人类劳动的客体化。任何持久的财富都只是这个社会劳动的转瞬即逝的物化，是生产过程的结晶化，生产过程的尺度是时间，即运动本身的尺度。"[②]物质财富是人类劳动的不断产生而又不断消亡的过程的结晶化，人是万物的中心。这样一来，马克思就从研究外部世界深入到研究人类自身，完成了从价值到价值体系的转换，这就好像是从认识鸡蛋深入到认识下蛋的母鸡；与之同时，他也完成了从以物为本到以人为本的转换，与前面所说的哲学上的从第三级范式向第四级范式的转换相一致，其意义相当于天文学上的从地心说向日心说的转换。

于是，马克思主义就把人们的注意力便从物质财富的私人占有转移到人的需要上来，从冰山的尖顶往下看到其庞大的水下部分，进而注意到人的需要是一个体系，这个体系所赖以产生的自然基础、社会基础，以及二者的历史发展过程，人们便从研究物的价值进而深入认识人的价值体系。后来有心理学家进一步研究人的需要，他们发现，人的需要是一个体系，如马斯洛就有一个需要层系理论，他把人们所自觉追求的目标体系称为价

[①]马克思. 剩余价值理论[M]. 第三册. 北京：人民出版社，1975. 第159页.
[②]同上，第473页.

值体系，我最早看到的价值体系这个词，就是从马斯洛的著作中看到的。从经济学到心理学，人们的研究对象经历了一个从价值到价值体系的深化，一个从以物为本到以人为本的转化，实现了一个从客体到主体的转换。从总体上来看，人类精神进化必须经历这样的一个步骤。

由于马克思率先完成了从价值到价值体系的转换，所以他便可以从“以人为本”的立场来看资本主义，发现这个社会的颠倒混乱的异化现象，并进而确立共产主义理想。后来的人看到马克思写的《资本论》，就以为他从分析商品价值入手，得出了推翻资本主义的结论，其实马克思的结论是早就设定了的，《资本论》的逻辑不过是表达出来让人们容易理解而已。他的价值体系决定了他的结论，这个价值体系就是以人的自由全面发展为核心的价值体系，这个价值体系超出了资本主义的框架，所以马克思就能看到资本主义灭亡的历史命运。当人们阅读《资本论》时，也就可以潜移默化地接受其中的核心价值体系，跟着马克思的思路，从商品价值的分析入手，步步深入地抓住资本主义运行过程的“超循环”。但如果人们头脑里的原有的价值体系过于强势僵化，被锁定在既定的运行轨道上，那他就接受不了马克思的价值体系，其结果就会是，或者看不明白，看不下去，或者是似是而非地接受其中的一些结论，并不能真正地弄懂。在价值体系这个看起来可以由人们自由支配的问题上，人们其实是最不自由的。

现在我们已经知道了社会主义核心价值体系这个词，就可以回过头来看看它在《资本论》中的存在，虽然它还是在孕育成长的过程中，我们也仍然可以找到从价值到价值体系的发展轨迹。从商品到商品拜物教的分析过程，也就是从对物的价值的分析入手，逐步深入到以财富的私人占有为核心价值的价值体系的发展过程。通过对商品拜物教的分析，马克思深入分析了资本主义生产关系，抓住了它的本质，并完成了对它的超越。这个过程可以分解为以下几步。

第一步，所谓商品拜物教，也就是资本主义价值体系，它是资本主义经济关系的遗传密码。马克思对商品价值进行分析，把它分解为劳动产品和上面承载的价值关系。前者是任何社会的劳动都要有的，后者则是私有制社会所加上去的。“劳动产品一旦采取商品形式就具有的谜一般的性质究竟是从哪里来的呢？”在《资本论》第一卷中，马克思写道：“商品形式和它借以得到表现的劳动产品的价值关系，是同劳动的物理性质以及由此产生的物的关系完全无关的。这只是人们自己的一定的社会关系，但它在人们面前采取了物与物的关系的虚幻形式。因此要找一个比喻，我们就得逃到宗教世界的幻境中去。在那里，人脑的产物表现为赋有生命的、彼此发生关系并同人发生关系的独立存在的东西。在商品世界里，人手的产物也是这样。我把这叫做拜物教。”[①]马克思为了帮助人们理解而采用了拜物教的比喻，但比喻毕竟是比喻，而不是准确的科学的定义。现在我们知道了价值体系，以及资本主义价值体系与社会主义核心价值体系的区别，再来看马克思所谓的商品拜物教，它也无非就是以财富的私人占有为核心价值的价值体系；这就是资本主义生产方式的基因，只有当人们把人生的目标定义为占有物质财富的时候，资本主义生产方式才能运转起来。从这里可以看出，异化与非异化的区别就在于人们的价值体系，是以物为本还是以人为本？是把物看得比人重要呢，还是把人作为核心价值？中国优秀文化传统对异化现象也保持着清醒的认识，引导人们超越物欲情欲的控制，当遇到以人为本和以物为本的冲突时，总是把人放在第一位，把社会集体利益和亲情、友谊放在第一位，把物质财富置于次要地位，在民间也有大量的格言警句，认为它是身外之物，每个人都是“赤条条来去无牵挂”。但我们也看到，真正能够坚持这种价值体系的仅仅是少数智者，绝大多数人摆脱不了商品拜物教的控制。

第二步，资本主义价值体系会不断地自我复制，把资本主义经济关系维持下去。马克思指出了给劳动产品蒙上价值关系的资本主义生产方式会不断地再生产自己。在《资本论》第三卷中，马克思写道：“这些由商品价值的分割带来的产物所以不断地表现为价值形成本身的前提，其秘密简单说来就在于：资本主义的生产方式，和任何别的生产方式一样，不仅不断再生产物质的产品，而且不断再生产社会的经济关系，即再生产物质产品形成上的经济的形式规定性。因此它的结果会不断表现为它的前提，像它的前提会不断表现为它的结果一样。”[②]

在《剩余价值理论》第三册中，马克思进一步分析说：“作为雇佣劳动的劳动和作为资本的劳动条件是同一种关系的表现，不过是从这种关系的不同的两极出发而已。这种资本主义生产的条件，是资本主义生产的经常的结果。这是资本主义生产本身为它自己提供的前提：资本主义生产本身就是它自己的前提，也就是说，一当它发展起来并在与它相适应的关系中

[①]马克思.资本论[M].第一卷.北京：人民出版社,2004.第89页.
[②]马克思.资本论[M].第三卷.北京：人民出版社,2004.第986-987页.

发挥作用时，它就连同它的条件一起被作为前提。但是资本主义生产过程不是一般生产过程；它的各个要素的对抗的社会规定性，只有在过程本身中才能发展和实现，这种规定性是该过程的贯彻始终的特征，并使该过程正好成为这种社会规定的生产方式即资本主义生产过程。”①

“社会生产过程的任何前提同时也是它的结果，而它的任何结果同时又表现为前提。因此，生产过程借以运动的一切生产关系既是它的条件，同样也是它的产物。我们越是在这一过程的实际外部表现上来考察这一过程，它的形态就越是在条件的形式上固定下来，以致这些条件似乎是不取决于它但对它起决定作用的东西，而过程参加者们本身的关系对他们来说表现为物的条件、物的力量、物质规定性，尤其是在资本主义过程中，任何要素，甚至最简单的要素，例如商品，都已经是一种颠倒，并已使人与人之间的关系表现为物的属性，表现为人与这些物的社会属性的关系。”②

马克思指出：“正是同样一些关系——决定资本主义生产的关系——的不断再生产，使它们不仅表现为这一过程的社会形式和结果，而且同时表现为它的经常的前提。但是只有作为这一过程本身不断确定、创造、生产的前提，它们才是这样的前提。因此，这种再生产决不是有意识的，相反，它只是在作为前提和支配生产过程的条件的这些关系的经常存在中表现出来。……由此可见，资本主义生产的当事人是生活在一个由魔法控制的世界里，而他们本身的关系在他们看来是物的属性，是生产的物质要素的属性。”③

正是资本主义生产关系的不断再生产，形成了一个“超循环”。置身于其中的人们就受到它控制，自然而然地形成以物质财富的私人占有为核心价值的价值体系，这也就是马克思所说的拜物教。拜物教之所以能够控制人们的头脑，就在于人们生活于其中而没有意识到它的存在。在这个“以物为本”的价值体系和丛林法则的行为模式控制下，人们不管是对自己还是别人，都无法做到以人为本，于是便会出现诸多畸形人格、人生悲剧；如果听任这种价值体系“超循环”继续运行下去，那些畸形人格和人生悲剧都还将继续下去。

第三步，对商品拜物教的分析也就意味着对商品拜物教的扬弃。理解

①马克思．剩余价值理论[M]．第三册．北京：人民出版社，1975．第 545 页．
②同上，第 564 页．
③同上，第 571 页．

便是克服，马克思研究商品不是为了计算清楚商品的价值量，从而实现一个公平的分配。在《哥达纲领批判》中，他对拉萨尔派的“不折不扣的劳动所得”进行了严厉的批评，其原因就在于这个主张仍然把财富的私人占有作为核心价值。马克思摆脱了这种价值体系的控制，所以便能分析商品拜物教；通过对商品拜物教的分析，自然地也就产生了以人为本的价值体系；或者也可以反过来说，正因为有了以人为本的价值体系，马克思才能深入分析商品拜物教。这里所说的第一步、第二步、第三步，实际上不过是说明问题的步骤，以人为本的价值体系的产生则是起点，在这个起点里就包含了马克思主义的基因，它与资本主义制度是格格不入的，其展开的过程，必然是一个颠覆资本主义制度的过程，必然要指向一个新社会。结论并非仅仅出现于讨论的结尾，它在实际上早就存在于思考问题的起点里，这是一个自成体系的理论体系。马克思虽然没有明确提出建设社会主义核心价值体系的任务，但这个任务早就包含在他的理论体系之中了。

因而马克思研究商品的目的是为了剥掉劳动产品的商品形式。商品具有价值，只是因为它能被私人占有，并且被他人所需要。一件商品的价值量的大小，马克思说是决定于这件商品中所物化的社会必要劳动时间的多少，但这一点很难测量，要想通过这个途径来证明资本家占有工人阶级剩余价值的不合理性，那是很困难的。实际上，价值量的大小取决于交易双方的许多情况，诸如商品的稀缺程度，购买者对这件商品的需要的迫切程度，交易双方的谈判技巧，以及对他人的需要的冷酷程度。这些东西一向被作为背景材料，作为不言而喻的东西，被人们忽略了，人们把注意力集中在商品本身，从商品本身来找价值量的尺度，因而说服力不强。后来有经济学家提出商品的边际价值问题，但由于研究者的屁股坐在资本主义的立场上，所以也还是没有推进这个问题的研究。现在我们应当深入研究这些原来被当成不言而喻的东西。

比如说，在资本家对工人的经济关系中，当资本家足够冷酷时，他才可以作为资本的人格化，尽可能地从工人身上榨取剩余价值。换句话来说，资本作为生产资料不过是他榨取剩余价值的工具。但如果他不冷酷，不把资本作为榨取剩余价值的工具，劳资关系也就瓦解了，剥削与被剥削的关系也就不存在了，人们也就可以在一种新的平等的基础上来组织社会生产过程。这也就是社会主义了，社会主义也无非是一种新的人际关系。

因而，只要人们处于这种冷酷关系之中，或者准确地说是处于丛林法则控制下的时候，人们就会运用各种可能的手段来占有尽可能多的私有财富，通过资本来榨取是一种方式，通过占有土地来收地租也是一种，通过对占有房产来收房租也是一种，如此等等，种类很多，靠山吃山，靠水吃水，拿着公章的吃公章，这被称为权力寻租，其他各行各业也都有自己的潜规则，老师、医生、法官、律师，如此等等的众多职业都可以被用来谋取私有财富，资本家通过占有生产资料和组织生产过程来占有剩余价值不过是其中的一个合法的方式罢了。

所以，只要是生活在资本主义价值体系的“超循环”之中，人们就被决定了必然会具有资本主义价值体系，生存的自然必然性决定了人们必然如此；反过来也可以说，只要人们具有了这种价值体系，彼此之间就一定会出现剥削与被剥削关系。比如现在很流行的“啃老”现象，可以说是下一代对老一代的温柔剥削，他们心安理得地享受老一代人为其提供的财富，可以自立时也不肯自立，其所以能维持这种剥削关系，是因为把两代人联系在一起的血缘关系。再比如现在同样流行的“包二奶”现象，被包者也不过是利用自己的天然财富来剥削有钱的男子。在这种情况下，也存在着“哪里有压迫哪里就有反抗”的规则，曾经有一位官至某市人大常委会主任的人，就采用了爆炸的方式来反抗对其残酷剥削的“二奶”。

因而劳动产品之所以具有商品形式，只不过是因为它们是彼此独立的私人劳动的产品。一旦人们改变了这种劳动方式，不再是彼此独立的私人劳动，而是联合起来的人们的劳动，劳动产品也就不再具有商品的外观了。或者换句话说，如果人们不再坚持私有制价值体系，而是以人的自由全面发展为价值体系，劳动产品上面附着的私有关系的外衣也就随之消失了，就可以实现“各尽所能，按需分配”了。马克思说：“最后，让我们换一个方面，设想一个自由人联合体，他们用公共的生产资料进行劳动，并且自觉地把他们许多个人劳动力当作一个社会劳动力来使用。在那里，鲁滨逊的劳动的一切规定又重演了，不过不是在个人身上，而是在社会范围内重演。鲁滨逊的一切产品只是他个人的产品，因而直接是他的使用物品。这个联合体的总产品是一个社会产品。这个产品的一部分重新用作生产资料。这一部分依旧是社会的。而另一部分则作为生活资料由联合体成员消费。因此，这一部分要在他们之间进行分配。这种分配的方式会随着社会生产机体本身的特殊方式和随着生产者的相应的历史发展程度而改变。仅仅为了同商品生产进行对比，我们假定，每个生产者在生活资料中得到的份额是由他的劳动时间决定的。这样，劳动时间就会起双重作用。劳动时间的社会的有计划的分配，调节着各种劳动职能同各种需要的适当的比例。另一方面，劳动时间又是计量生产者个人在共同劳动中所占份额的尺度，因而也是计量生产者个人在共同产品的个人消费部分中所占份额的尺度。在那里，人们同他们的劳动和劳动产品的社会关系，无论是在生产上还是在分配上，都是简单明了的。”①

“只有当实际日常生活的关系，在人们面前表现为人与人之间和人与自然之间极明白而合理的关系的时候，现实世界的宗教反映才会消失。只有当社会生活过程即物质生产过程的形态，作为自由联合的人的产物，处于人的有意识有计划的控制之下的时候，它才会把自己的神秘的纱幕揭掉。但是，这需要有一定的社会物质基础或一系列物质生存条件，而这些条件本身又是长期的、痛苦的历史发展的自然产物。”②

“资本家只有作为人格化的资本，他才有历史的价值，才有像聪明的利希诺夫斯基所说的‘没有任何日期’的历史存在权。也只有这样，他本身的暂时必然性才包含在资本主义生产方式的暂时必然性中。但既然这样，他的动机，也就不是使用价值和享受，而是交换价值和交换价值的增殖了。作为价值增殖的狂热追求者，他肆无忌惮地迫使人类去为生产而生产，从而去发展社会生产力，去创造生产的物质条件；而只有这样的条件，才能为一个更高级的、以每一个人的全面而自由的发展为基本原则的社会形式建立现实基础。只有作为资本的人格化，资本家才受到尊敬。”③

于是他便可得出这样的结论：“分工和交换是私有财产的形式，这一情况恰恰包含着双重证明：一方面人的生命为了本身的实现曾经需要私有财产；另一方面人的生命现在需要消灭私有财产。”④因而，把以人为本的目标投射到社会形态上，就必然要导致共产主义社会。马克思之所以严厉地批判拉萨尔派的“不折不扣的劳动所得”，就是因为这个说法表明，拉萨尔派仍然没有摆脱资本主义价值体系的控制，没有完成从以物为本到以人为本的转换。

正因为马克思能够完成从以物为本到以人为本的转换，所以才能够分

①马克思.资本论[M].第一卷.北京：人民出版社,2004.第96-97页.
②同上,第97页.
③同上,第683页.
④马克思恩格斯全集[M].第3卷.北京：人民出版社,2002.第357-358页.

析商品拜物教，揭示资本主义的历史暂时性质。这种认识上的深化便意味着精神领域里的一场革命，开辟了社会发展的一个新阶段、新领域。价值体系这个东西并不是以前不存在，而是早已有之，但它处在我们的认识之外。即使人们没有认识它，它也仍然存在着，并在社会生活中发挥着作用，就像地球引力一样。以前在研究商品价值时，人们的注意力集中在客体身上，其实物质财富不过是人类劳动的不断产生而又不断消失的载体而已，人类的活动才是商品价值的内在核心。当人们把注意力集中到人类活动本身的时候，便会进一步发现，在人类活动中有一个重要的因素，那就是价值体系，它是一个发展变化着的东西，马克思曾说："整个历史也无非是人类本性的不断改变而已"，借用他的这个说法，我们可以进一步来说：整个历史也无非是人类价值体系的不断进化过程而已。对价值体系的研究将把人类的目光投向一个辽阔深远的领域，并将给人类历史带来巨大而深刻的变革。它给人们提出了新目标，按照人的自由全面发展的需要来设计社会经济、政治和文化制度。人类不仅创造出物质财富，同时还创造文化，创造出政治制度。以前的制度是自发地形成的，是在人们没有意识到人的自由全面发展目标的情况下形成的，它们不能服务人的需要的自由全面发展；为了实现以人为本的目标，所以就要有一次社会革命，砸烂旧的国家机器，同传统的观念和所有制关系实行最彻底的决裂。

因此，我们现在提出"建设社会主义核心价值体系"，这是社会主义革命深入发展的结果，其理论根源早就暗含在马克思所创立的科学社会主义理论之中了。有了这个新起点，必然要全面地刷新人类的整个知识体系，在哲学上超越思维与存在关系的范式，进入实践与价值体系关系的范式；在经济学上超越资本主义经济关系，导向一种以人为本的社会主义经济制度；在社会管理上则指向和谐社会。这就像植物的种子一样，其成长的过程早就被种子里的基因决定了，不过是把那先定的程序依次展开罢了。

由于所有的人都生活在价值体系进化过程中的一定阶段上，所以葛兰西就说："所有的人都是'哲学家'"，"在职业哲学家、哲学领域里的'专家'与其余的人之间存在着不是'质的'，而仅是'量的'差别。"[①]认识到价值体系问题的存在，人们便可打破价值体系上的独断论，不再把自己的价值体系作为绝对的标准的价值体系，进而认识到自己在价值体系进化

[①] [意]安东尼奥•葛兰西.狱中札记[M].北京：人民出版社，1983.第30页.

过程中所处的位置，并自觉地进行价值体系的建设，自觉地推动社会价值体系的进化过程。共产党人率先认识到这个问题，这正是我们能够代表人民根本利益的理由之所在，同时也是我们的软实力之所在，这是我们的优势。由此我们也可以断言，我们所提出的建设社会主义核心价值体系以及以人为本、科学发展观和构建和谐社会等理论创新表明，我们走在历史的正确道路上，尽管我们落实得还不是太好，存在问题不少，落后的社会价值体系所产生的问题还在纠缠着我们，但我们的方向是正确的，就像小朋友刚会走路一样，有点歪歪扭扭，我相信我们会走得越来越好，越来越自信。新制度的诞生必然伴随着一个普遍的精神觉悟过程，这个过程必然是一个漫长而艰难的过程，“一种历史生产形式的矛盾的发展，是这种形式瓦解和新形式形成的唯一的历史道路。”①

二、确立了社会主义核心价值体系，才能真正做到以人为本

尽管以人为本是哲学创新的起点，是马克思主义的源头活水；但我们也发现：

（一）仅仅知道以人为本，还不能为人类提供终极关怀。

从在思想上认识到要“以人为本”与在实践中实际地做到“以人为本”，这两者之间存在着巨大的差距。仅仅依靠善良并不能把社会事务管好。历史上确实是有那么一些真君子的，比如说刘备，当曹操的大军追来时，他却带着老百姓，扶老携幼慢吞吞地逃，有人建议他扔下百姓不管，他硬是不肯，他说“举大事者必以人为本，今人归我，奈何弃之？”据专家们考证，我们现在所说的“以人为本”，其最早的出处就是刘备。但是，他虽然知道“以人为本”，实际上并没有保护好老百姓，因为他自顾尚且不暇，以至于出现了长坂坡赵子龙救阿斗的著名故事。

前些时在网上看到一篇文章，讲述了中国当今失足女性的境况，列举了她们面临的生存压力、人身伤害、艾滋病等危险，作者很“关爱”很“仁慈”，大发“善心”，想到一个解救她们的“良策”：建立红灯区，给那些可怜的失足女孩们一个安全的安生之地；后来又在网上看到有人主张：“性服务活动应当公开规范管理”。

然而，稍有良知的人都应当知道，这种关怀并不是真正的关怀。对于

①资本论[M]. 第一卷. 北京：人民出版社，2004. 第 562 页.

从事“性产业”的女姓来说，真正的终极的关怀就是彻底地铲除娼妓制度，从根本上消除产生这一现象的社会土壤。这种关怀，中国共产党人在刚建国的时候就提供了。现在有那么一部分人试图把以往已经消灭的丑恶现象恢复起来，另一部分“仁慈”的先生们则又跑出来表现自己的“仁慈”，提议建立红灯区，从而把娼妓现象制度化，进而把那么一批女性牢牢地锁定在那种屈辱不幸的生活轨道上，这就是他们所能提供的“关怀”。我们看到，这两种人的配合很默契，他们是否有一个共同行动的计划呢？局外人无法知道。但我们从大量的历史现象中已经看出来了，这个把社会主义所提供的终极关怀破坏掉的过程是一个“自组织过程”，只要把潘多拉魔盒打开，把资本主义价值体系放出来，让它来主导社会运行过程，所有旧社会的丑恶现象都会应运而生，就像雨后的蘑菇一样，自己会冒出来，用不着谁来组织安排。比如说腐败现象的猖獗、收入差距的拉大、矿难事故的频繁发生、食品安全事故的不断出现，如此等等都是必然要发生的。在我们今年所遇到的灾难中，除了地震以外，其他的一切都根源于这个价值体系。

上面所说的那位“仁慈”的作者，之所以提出“建立红灯区”的倒行逆施的主张，这是因为他们坚持的是资本主义的那一套价值体系。他们很喜欢谈论人权、平等的价值，甚至也不妨把“以人为本”挂在嘴上，但是，由于其价值体系的狭隘片面，决定了他们的“以人为本”是虚伪的。其价值体系的低劣体现在他们的全部主张之中，他们的各种创新举措，都是在资本主义价值体系的方向和轨道上的创新，那个在其潜意识深处的资本主义价值体系就控制着他们的言论和行动，让他们自发地参与到用资本主义价值体系主导社会生活的自组织过程中去，这个过程则自发地把各种不平等现象和社会丑恶现象制造出来，这就使他们处于自相矛盾之中。以上述主张“建立红灯区”的作者为例，他也完全有可能是出于对当今那些“性工作者”的境况的真诚同情，他所提出的办法也非常“现实”，这也就是说，他非常“实事求是”，在现有的情况下，这就是他们所能提供的“关怀”。

要想真正地做到以人为本，我们不仅要有全心全意为人民服务的愿望，还必须具有社会主义核心价值体系。只有自己具有了这种价值体系，才能深刻全面地了解人民群众的需要，从而做到己欲立而立人、己欲达而达人。只有具有了这种价值体系，才能深入认识那控制社会生活的最深刻的力量之所在，从而找到管好社会事务的钥匙。现在看来，以人为本也还仅仅是一个抽象目标，用黑格尔的话来说，它还是一个软弱无力的“应该”，“在这种'应该'里，总是包含有一种软弱性，即某种事情，虽然已被承认为正当的，但自己却又不能使它实现出来。”[①]健康的人类理性趋向于具体的东西，而要达到这种具体，就必须深入认识指导人类行动的价值体系。这个由抽象到具体的过程是一个艰难的求索过程，必须经历一个漫长的历史发展过程。中国人一直走在这个求索的正确道路上，所以我们最终提出了建设社会主义核心价值体系的新目标.它与以人为本实际上是同一个东西，只不过是处在不同的发展阶段罢了，这就像一棵树的成长需要经过幼苗阶段，然后才能达到开花结果阶段一样。

（二）只有具有了社会主义核心价值体系，才能为人类提供终极关怀。

所谓以人为本，就是要仁慈善良，推己及人，这是人的天性；只要人们还没有被丛林法则的社会严重污染，都可以做到。人之初，性本善。许多生活于山野乡村中的野老村妇，反而很好地保持了纯朴善良的天性。另外，在丛林法则控制下的西方人中间，也仍然有人保持着健全的天性。用个时髦的词来说，这个东西是普世价值，就如孟子所说的“食色性也”一样，以人为本也是人的本性。

说以人为本是人的本性，这很容易证明，每个人都是以他自己为本的，每个小朋友都会这么做，这就是以人为本。但这只是起点，随着人的身体成长过程，人们在精神上也有一个成长过程，这个成长有两个维度，一是自身需要的充分而全面的发展，不仅有物质需要、安全需要，还有归属的需要、尊重与爱的需要、自我实现的需要，也在历史进步过程中发展起来；二是这种发展必须是在社会集体中进行，他自己的成长过程与社会集体价值体系的进化过程有机地联系在一起，他要满足自己的需要，就必须满足其他人的需要，如孔子所说的那样，“己欲立而立人，己欲达而达人”；并且还要不断地扩大“立人”、“达人”的社会范围。现代人其实也很注意这两者，有两个词大致地包含了这两个维度，一个是终极关怀，一个是普世价值。

但是，尽管人人都有这个以人为本的潜能，却并不一定人人都能做到。必须是自身得到了充分发展的人，才有能力关怀别人。这就是价值体系的高度问题，只有那些价值体系成长水平较高的人才能提供终极关怀，才能代表普世价值。就如同母亲对于孩子的爱，那是天性，但知道怎样去爱孩

[①][德]黑格尔. 小逻辑[M]. 北京：商务印书馆，1980. 第208页.

子，并真正地培育孩子健康成长，这却要取决于各自价值体系的高度，孟母就知道为了孟轲的成长而三迁，现代的许多母亲却做不到这一点，由于自身价值体系未得到充分发展，她们对孩子的爱反而制约了孩子的成长，造成了很多悲剧。

于是乎，以人为本，加上人们不同的价值体系，就提供了不同水平的关怀。比如说中国古代的领导人也很关心人民群众，但他们的关心不过是把老百姓当牛羊来放牧的，有吃的有安全就行了，贾谊在《过秦论》中说："是以牧民之道，务在安之而已。"那时的职务就叫做"冀州牧"、"徐州牧"之类。刘备也很爱民，也超不出这种价值体系。现代的人们，如萨科齐、小布什，也经常把"人权"挂在嘴上，但在内心里最隐秘的价值体系却是自己的利益和目标，所以"人权"这两个字从他们嘴里说出来就很虚伪。

因而，仅仅知道以人为本还很不够，只有在知道什么是以人为本，同时又知道人的根本利益是什么，在价值体系上由低到高地成长起来，直至具有了社会主义核心价值体系，这才能提供终极关怀。只有达到了这种价值体系的高度，才能使以人为本真正地得到实现。而要想得到这种成长，不仅需要有一个人类文明的进化过程，同时也还需要有个人的努力。就如毛泽东那样，得到了大本大源，也就是说具有了社会主义核心价值体系，所以就能领导人民群众推翻旧制度，彻底地消灭娼妓、吸毒等各种社会丑恶现象，对那些战犯也加以改造，让他们洗心革面，重新做人，这就是老子所说的"圣人常善救人，故无弃人。常善救物，故无弃物。"他所提供的关怀，才是真正的终极关怀。

因而可以说，只有在坚持社会主义核心价值体系的基础上，人们才能真正地坚持以人为本。对于任何人来说，特别是社会管理者来说，只有确立了社会主义核心价值体系，才能真正坚持和实现以人为本，我们这个社会才能为每一位公民提供终极的关怀。只有在这个价值体系真正地在社会生活中乃至公民们的心中建立起来的时候，社会生活才能稳定在一个高层次的文明发展轨道上，以人为本才能真正地得到实现。所以我们说，社会主义核心价值体系保障人类实现以人为本。于是，我们便得出了这样一个公式：以人为本 + 社会主义核心价值体系＝终极关怀。

在那些价值体系成长的程度不高的人中间，当然也有人很坚持以人为本，他们看了很多中学生的励志书，经常地谈论一些"爱"、"价值"、"关怀"、"普世"等词句，激动得热血沸腾，但可惜就是在价值体系上没有成长起来，说到底也仍然是一个可悲的乡愿。只有价值体系上的进化，才能推动个性与社会得到真正进步。只有那些得了大本大源的人，建立了社会主义核心价值体系的人，才能拉高人性的坐标，从而为人性提供终极关怀，为天下人遮荫。

（三）只有确立了社会主义核心价值体系，才能真正做到以人为本。

从“以人为本＋社会主义核心价值体系＝终极关怀”这个新公式出发，我们可以得到许多新东西。

首先，从这个公式出发，我们便可认识到，人应当追求的是终极的价值，终极的关怀，而不是那种低水平的价值和关怀，终极的价值和关怀引导人性进一步进化，低水平的价值和关怀则把人性引入歧途。

这种区别是至关重要的。虽然人性一直在进化着，但许多人们却一直对之视而不见，他们既没有意识到人性进化的目标，更不知道如何才能进化，他们却总以为自己处在进化的终点，自己掌握着终极的真善美的标准，这就使他们处于独断论的迷误之中。

尽管他们可以接受以人为本的口号，但由于价值体系的发展不充分，不知道社会主义核心价值体系，所以他们就不可能对现实有全面正确的认识，也就不可能有正确的行动。他总是把个人的利益与集体的利益对立起来，在追求着人民利益的时候，心里所实际想到的却是个人的利益，于是便口是心非，自相矛盾，不能实现全民的根本利益，在表面上追求着人民利益的行动中，损害着人民的利益，这其中也包括他们自己的利益。搬起石头砸自己的脚，这不仅适用于反动派，也适用于所有价值体系未达到社会主义核心价值体系的人们，即所有未闻道的人们。

这也就是说，并不是只有反动派才搬起石头砸自己的脚，所有的人都有可能这么做。幼稚与无知是人生的起点，所有的人都要从这里出发。区别在于，有的人提升自己的价值体系，达到社会主义核心价值体系的水平，从而不再幼稚无知；而有些人安于幼稚无知，还认为那就是人生的最高境界，所以就要带着花岗岩脑袋去见上帝，摆不脱“捣乱失败，再捣乱再失败，直至灭亡”的人生轨迹。

所有未闻道的人都会搬起石头砸自己的脚，但由于社会是一个整体，当他们砸他们自己的脚时，也同时要砸全体人民的脚。帝国主义的倒行逆施不仅危害着他们自己的利益，而且也危害全世界人民的利益。一个国家的反动派的胡作非为，不仅要危害他们自己的利益，而且要危害全国人民的利益。即使是在一个家庭里，如果出了一个不长进的家伙，那也会连累全家人跟着倒霉，而不仅仅是他自己不幸福。

在历史进程中，没有人是旁观者。当有人搬起石头砸自己的脚的时候，其他人切莫幸灾乐祸。如何走出幼稚状态，这是全体人民都要面对的问题。而要想走出这种状态，这就需要有一个价值体系的进化，首先要把社会主义核心价值体系在自己的内心里建设起来。社会主义核心价值体系的建设不是建设在空虚的“社会”中，而是要建设在每一个人的内心。这是每一个人都应当做好的事情，所有的人都要改造。执政者要帮助每一个人实现闻道、开悟，成为一个清醒自觉的人，从而知道什么是真正的个人利益，有能力实现自己的利益，获得一个奋发有为的不虚此行的人生，这就是他为人民提供的终极关怀。

所谓终极关怀，听起来很有些神秘。但其实并不复杂，也就是把人的事情办好，实现人的自由全面发展，从基本需要开始，到安全需要、归属与爱的需要、尊重的需要，再到自我实现的需要，都能得到正常的实现。当人们意识到自己的全面发展的需要之后，自然就会关心别人的全面发展。如果他自己的价值体系发育不充分，还停留在马斯洛的需要层系理论的较低层次上，那他就理解不了别人的较高层次需要，在这种情况下，他的自信就会限制自身的成长，他对别人的关心就会制约他人的发展。他的行动就只能在一定范围内保持合理性，超出了这个范围，就不再合理，就会危害自身与他人。本事大的人，危害范围大；本事小的人，危害范围小。

从“以人为本＋社会主义核心价值体系＝终极关怀”这个新公式出发，我们便可看到，只有社会价值体系的进化，才能使我们对个人利益有正确的认识，把我们从灾难不幸的纠缠下解放出来，从自相矛盾中解放出来，才能明智合理地行动，实现自己的利益；只有社会价值体系的进化，才能使人们获得净化提升，从动物式的生存状态中解放出来，把人们从贪腐、愚蠢的纠缠中拯救出来；只有社会价值体系的进化，人类文明才能取得实质性的进步，推动个体和社会的发展进入新境界。

如果没有社会价值体系的进化，不管某些个体多么高尚、多么有道德，都无济于事。仅仅知道以人为本，还不能为民众提供终极关怀，单个人的努力在社会价值体系的力量面前是微不足道的。比如对于腐败现象的惩治便是如此，如果没有价值体系的进化，不管人们在预防上想出了什么办法，也不管人们在民主监督上提出了什么新招，都不能解决腐败问题，都只能是“法令滋彰，盗贼多有”。

只有在价值体系上成长到闻道的阶段，人们才能对社会公共事务发表正确的见解。个人利益与集体利益本来就是一个东西，社会必须集体地认识到这一点，才能采取正确合理的集体行动。反过来说，要采取合理的集体行动，就要集体地闻道，这个集体闻道的过程总是从个体开始，然后逐步扩散到集体中去。要保证这个扩散过程顺利进行，就应当让闻道者掌权，自觉地进行价值体系的建设。

领导者的最重要的功能就是建设与守望社会价值体系。即使人们没有意识到这项功能，也仍然在实际上做着这件事情，而在这种无意识的状态下，他也仍然用自己的价值体系影响着他所管理的范围。人们都愿意用自己的价值体系来改造世界，如果人们掌握了权力，都会运用它来改造世界，这是人的本能，没有例外。要想保证权力得到正确运用，就必须把它掌握在闻道者的手中。只有闻道者掌权，才能提供终极关怀。他能唤醒人民群众身上蕴藏的巨大潜力，突破传统习惯的巨大压力，为人性进化撑起一片新天地。尽管他不可能替人民群众把所有的事情办好，但他们可以率先垂范，站在人民群众的前面，启发教育，让人民群众自己教育自己，自己解放自己。此即老子所说的“圣人常善救人，故无弃人”。是把人作为包袱来养，还是把人作为财富来开发，这是两种价值体系的根本区别。只有把人作为财富来开发，自觉推进价值体系的进化，才能为人民群众提供终极关怀，保证社会的和谐。

未闻道者掌权就不能提供终极关怀，就算是很愿意这么做，他们也没有能力做到。他们的价值体系代表不了人民的利益，即使是他们没有意识到自己的价值体系，仍然要用这个价值体系来改造世界、塑造人性，结果是把人民群众禁锢在他们的那种价值体系水平上。越是未闻道的人，就越是缺少自知之明，不知道自己的局限性，总想多管事，但他们管事的结果总是事与愿违，制造的麻烦比干的正事多，总也不能把社会事务管好。期望他们做到这一点，就如同期望公鸡下蛋。西方人所推崇的抽象民主根本就没有考虑价值体系问题，所以就无法提高社会管理的科学化水平。

因而，如果人们仍然停止于“人民”这样的抽象词句，就仍然不能深入到问题的实质，不能找到解决现实难题的办法。尽管有伟人曾经断言，人民是创造历史的根本动力，但我们仍然观察到，对人民来说，人民是靠不住的。只有在人民中出现了闻道者，用社会主义核心价值体系来照亮人民的生活之路，才能把人民引出迷途，把社会导入正轨。因而我们可以说，闻道者掌权就是民主，因为他代表了人民的根本利益，尽管在形式上未采纳其他人的意见。所有成功的正确决策，其奥秘恰恰就在于排除未闻道者的错误意见，防止其破坏性渗入集体意志的形成过程。闻道者掌权，看似不民主，实则是真正的民主，这就是老子所说的“正言若反”。

这里的逻辑是清晰的。因而只有从“以人为本+社会主义核心价值体系=终极关怀”这个新公式出发，才能澄清各种思想混乱，共产党才能掌握主动权，提高执政能力，代表和实现人民的根本利益。

三、从“以物为本”进化为“以人为本”是一个全面的提升

由于自身价值体系的提升，人们才有可能从原有的意识形态中解放出来，看清真实的世界，进而摆脱片面性，合理地行动，实现个人利益和集体利益。个人利益和集体利益本来就是有机地统一在一起，但在私有制意识形态中，人们把它们分解为彼此对立的两个东西，追求着其中的一个而排斥另一个，所以便自相矛盾，所以便不能合理行动。这是我们必须经历而且必须付出巨大努力才能摆脱其控制的一个阶段。

新的价值体系保证了以人为本。达到了这种高度以后，才能出现一个内在和谐的价值体系，那真正重要的核心价值不再处于潜意识之中，人们就不再以低阶价值作为核心价值。如果人们以低阶价值作为核心价值，由此而形成的价值体系便不能包括自己的全面需要，于是就处于自相矛盾之中。在这种有缺陷的价值体系主导下的实践就会导致“异化”现象的产生，人类的行为与人类自身作对，直至自我毁灭。要消灭“异化”现象，也就要从以人为本出发，自然而然地就要关注价值体系问题，并进而建立起以人的自由全面发展为核心价值的价值体系。

价值体系是被人们意识到的需要的体系。这种被意识到的需要就是目标，“人需要有一个目标，人宁可追求虚无也不能无所追求。”[①]这是因为，人的根本特征就是人是有意识的，他的需要不管合理与否，都要经过他的头脑进行整理，成为他的自觉意识，经济的自然必然性、文化传统、个性发展的需要，甚至于本能，都要经过其大脑的加工，成为他的目标。这些被他意识到的目标所形成的体系便是价值体系，其中那个被认为是最重要

[①][德]尼采.论道德的谱系[M].北京：三联书店，1992.第76页.

的目标便是这个价值体系的核心价值。历史的进步过程，也即是人们逐步深入认识自身的需要、实践新的核心价值的过程。由低阶的基本需要到最高阶的人的自由全面发展，人们对核心价值的认识的逐步深入使整个价值体系日益丰富完善，在此过程中便出现了一个以由低到高的价值为核心价值的价值体系系列。

还必须特别强调的是，价值体系并非仅仅存在于人的头脑中，它还存在于社会生活中，控制着人的行为。价值体系与我们通常所说的价值观有区别，人们在谈论价值观时，所指的总是人类个体头脑中的东西，似乎是可以任由自己改变的东西，这种认识忽略了在个体价值观的下面的社会历史内涵。当我们透过个体价值观而进一步看到其下面的社会历史基础之后，其中丰富的内容就不是“价值观”这个词所能包含的了，所以我们就称之为“价值体系”，它是一个可以把社会生活全体内容有机地统一起来的概念，这个新概念标志着人类精神进化的一个新阶段。在得到了对社会价值体系的认识之后，再回头来看个体价值观，也有了新的深入认识，它不过是社会价值体系的缩小版，于是我们就把个体价值观也称为价值体系，为了区别这两者，于是把它们分别称为个体价值体系与社会价值体系。

当一些先进个体在价值体系上觉悟之后，便会遇到社会集体的不觉悟的问题。私有制价值体系是社会生活的序参量，它会在个人价值体系与社会价值体系之间形成一个互相制约又互相促进的“超循环”，锁定社会生活过程，沿着既定的方向发展。个体价值体系的成长过程并非仅仅发生在个体头脑中的过程，而是在社会价值体系的大环境中形成，受其制约。社会价值体系形成于无数个体价值体系的合力，进一步获得了独立的生命，反过来控制着个体价值体系的发展演变，把发展水平参差不齐的个性稳定在大致相同的水平上。因而即使有人认识到这个价值体系的缺陷，也仍然无法超越私有制价值体系的“超循环”。个体的充分发展必须借助于充分发展了的社会价值体系“超循环”的托举，只有在社会集体的进化过程中，个体才能实现自身的自由全面发展。

马克思曾说：“资本主义生产的当事人是生活在一个由魔法控制的世界里，而他们本身的关系在他们看来是物的属性，是生产的物质要素的属性。”[①]现在看来，这个“由魔法控制的世界”也无非就是由资本主义价值体系

[①]马克思.剩余价值理论[M].第三册.北京：人民出版社，1975.第571页.

的“超循环”所控制的世界。它不仅控制着生产的物质过程，把“他们本身的关系”强加在劳动产品身上，使之具有“价值”，同时也控制着每个人的生活过程，用资本主义经济关系来塑造其人格。在这个社会中，虽然人们分裂为彼此对立的阶级，但却处于同一个价值体系水平上。社会价值体系的低水平限制了个性的发展，个性发展的不充分反过来又进一步强化了社会价值体系的低水平，两者互相制约，形成了一个“超循环”。美国人有一个“美国梦”，即一个穷小子可以通过自己的奋斗而成为显赫的政要或大款；正是这种“美国梦”维持资本主义价值体系的“超循环”过程。如果不能打破这个“超循环”并用一个新价值体系的“超循环”来取代它，社会就只能在旧的历史轮回中打转。在这个“超循环”的控制下，人们就必然要处在剥削与被剥削的关系之中，不是你剥削我，就是我剥削你，公平的劳动所得是不可能实现的东西。由于这种行为法则的存在，资本主义就不可能是可持续发展的，必然要导致两极分化、马太效应，这个法则就像神话中的那个魔笛一样，只要它一吹响，人们就要不由自主地跳舞。只要这种价值体系不改变，人们就只能在这个“魔笛”的驱使下为占有财富而“跳舞”，一直不停地跳下去。

在这个“超循环”的控制下，人类社会就是一个混乱的、堕落的、高耗低效的社会，一个毫无清晰整体目标的社会，一个矛盾不断积累、趋向自我毁灭的社会。在这个大趋势之下，单个人的道德无济于事，他只能演好自己在这场历史剧目中的角色，是成为一个资本家还是做一名工人，是当一名黑打手还是成为一名黑窑奴，则纯粹是一种偶然的命运，而作为一个被卷进这个“超循环”的人，人们都被强加了同样的价值体系，这是一种难以逃避的命运。正如马克思所说的那样：“不管个人在主观上怎样超脱各种关系，他在社会意义上总是这些关系的产物。同其他任何观点比起来，我的观点是更不能要个人对这些关系负责的。”[①]而作为一个整体的资本主义社会，则必然地不可能持续发展，“劳动生产力的发展使利润率的下降成为一个规律，这个规律在某一点上和劳动生产力本身的发展发生最强烈的对抗，因而必须不断地通过危机来克服。……资本主义生产不是在需要的满足要求停顿时停顿，而是在利润的生产和实现要求停顿时停顿。”[②]由于这个内在规律，这个制度只能沿着危机——复苏、再危机——再复苏、直

[①]马克思：资本论[M].第一卷.北京：人民出版社，2004.第10页.
[②]马克思：资本论[M].第三卷.北京：人民出版社，2004.第287、289页.

到彻底崩溃的路径向前疯跑。

理解了个体价值体系与社会价值体系之间的有机联系，我们便可深入理解马克思所说的“人的本质”，它是一切社会关系的总和，支配着社会运行过程。它有一套政治经济制度支撑着它。它产生于人的生活过程，但却又比个体强大，控制着个体的行为。人类个体生生死死，来了又去了，而那一套社会政治经济制度却一直持续下去，反过来支配着人们的生命过程，单个人的力量在它面前是微不足道的。比如说腐败现象，人们都知道它是坏东西，过街老鼠人人喊打，但为什么仍然存在并发展着？这就是因为有一种神秘而强大的力量，驱使人们按它的要求行动。再比如公款消费现象，公车私用、公费旅游、公款吃喝等“三公”现象的费用，每年要花费九千亿元。为什么“三公”现象屡禁不止？就是因为在公务员队伍中有一个自发形成的支撑着“三公”现象的价值体系，人们称之为“潜规则”，如果不能改变这个“潜规则”，而是企图采用一些行政措施来制止它，那就不过是扬汤止沸，不能扭转其愈演愈烈的趋势。

生活在这样的“超循环”之中，那是一件很痛苦的事情。我们知道，现代人面临着巨大的生存压力。据 2009 年 12 月 6 日发布的《中国城市白领健康白皮书》披露：中国内地城市白领中有 76%处于亚健康状态，接近六成处于过劳状态，35 岁至 50 岁的高收入人群中，生物年龄平均比实际年龄衰老 10 年，健康状况明显降低。

这一调查报告称，该人群中有八成饮食睡眠不规律，每天感觉比较疲倦；23.7%的人不能保证吃早餐；超过五分之一经常吃快餐，无法保证蔬菜水果的正常摄入；超过 54.4%的人感觉睡觉不足，另外 32.4%的人睡眠质量不高；只有 46%的人偶尔运动。此外还有超过半数的人感到烦躁，二成人心理孤独，七成以上缺乏快乐和满足感。这是一个令人悲哀、恐怖的信息，如果白领阶层也感觉缺乏快乐，那么 80%以上的中低收入的蓝领、平民们的心境更是可想而知了。

资本主义价值体系以及与之相配套的社会生活方式是一种令人痛苦的生活方式，为什么现代人会有这样巨大的生存压力？为什么会有许多人厌世？其原因就在于资本主义价值体系“超循环”，它把人们置于生存竞争的压力之下，逼迫人们按照它所设定的生活方式生活，以生存所需要的物质财富为核心价值，尔虞我诈，勾心斗角，斤斤计较，钻营逢迎，贪污腐败，坑蒙拐骗，这种生活方式是一张无形的巨网，人们无法逃避它的控制。在它的控制下，人们找不到生活的意义，就像丛林中的动物一样，他们把全部精力都集中于捕猎和逃避天敌的追杀，没有机会去享受和谐的人际关系、诗意的栖居和自身的自由全面发展。这种状况与人类的健全天性是相矛盾的，由此而必然造成亿万民众精神郁闷、内心焦躁不安。如果我们一方面听任这张巨网继续控制社会生活过程，另一方面又谈论什么和谐社会，那就是南辕北辙、掩耳盗铃。

所以就有人想逃出这张大网，追求一种新的活法。过去中国有出家人，西方则有修道院，宗教的意义不在于其教义的科学与否，而在于它为人们提供了一种叫做终极关怀的东西，满足了人们的心灵需要，为那些不适应现实生活的人们换一种活法。在现代同样也还有很多天性健全的人，他们也不适应现有生活方式，也需要有一个新的活法，也需要有人为其提供终极关怀。这种终极关怀，过去的那种宗教已经不能提供了，他们需要一种新的方式，一种可以普及的科学合理的生活方式。这就是马克思主义所提供的终极关怀，共产党所应当坚持的那种新的活法，也就是要实践社会主义核心价值体系，像雷锋那样毫不利己，专门利人，把有限的生命投入到无限的为人民服务之中；对这样的人来说，劳动不再是为了生存而不得不从事的活动，而是生命的意义本身。当大家都这样做的时候，人类作为一个集体便可自然而然地从生存的自然必然性的控制下解放出来。新的价值体系即是一种新的生活方式，而要使社会进化到这个境界，都能享受这种生活方式，就需要有共产党的组织领导，共产党的存在价值就在于推动人类进化史上的这个关键的一步。

如果执政的共产党仅仅是在口头上教导人们学雷锋、为人民服务，而在实际上却不给人们提供实践这种活法的机会，继续让生存的自然必然性控制着人们，那就是自相矛盾，那就背离了马克思主义理想。我们观察到，确实有一些共产党人，虽然在名义上也自称是共产党人，但由于价值体系的实际发展水平不高，所以就对西方的那一套价值体系和生活方式很向往，把它作为人生理想。他们不知道什么是价值体系，但却在实际上认同了西方人的那一套价值体系，把它当成天经地义、不言而喻的东西，在自己坚持着这种价值体系的同时，在无意中运用执政权力倡导了这种价值体系，把它强加于人。

资本主义价值体系的运行过程自然而然地要造成两极分化，一部分人高高在上，一部分人垫底；一部分人花天酒地，一部分人衣食无着。一部分人在花天酒地的同时还要享受其高高在上的优越感，组织一些捐赠之类的活动，关怀一下弱势群体，道德上很优越，脸面上很风光；而另一部分人在领受了这种机制所造成的被施舍状态的同时，还要忍受精神上的屈辱。在国际上也是同样，少数发达国家把自己搞得很环保很富裕，其他国家则处于战乱、饥荒、环境恶化的境地。

因而西方人及有些中国人所钟爱的这种生活方式是不平等的，他们所喜欢的是这种生活方式中的高高在上的那一极，于是便把这一极留给自己，以自由、民主、人权的名义把这种生活方式的另一极强加给其他人；他们把好处留给自己，把贫穷强加于人。假如他们中有人不幸也跌入了垫底的那一部分人之中，如海归博士上街乞讨、北大学生上街卖肉，立即就有人大喊大叫，好像发现了新大陆。尽管有大量的人长期乞讨、长期卖肉，那都是理所当然的，在他们看来，为了他们少数人的幸福生活，那些下等人就该这么生活。他们也声称要“为穷人办事”，比如建议富人把在餐馆里吃剩的饭菜放在窗台上，让穷人“随意取用”，为“性工作者”建立“红灯区”，进行疫苗接种，如此等等。

因此，这种由资本主义价值体系所主导的社会运行方式必然会带来两极分化等各种弊端，如果人们一定要把“自由、民主、人权”与这种生活方式捆绑在一起，那就只能使之名誉扫地。在经历了这种生活方式所带来的灾难、痛苦之后，有越来越多的人清醒了过来，厌倦了这种弱肉强食的生活方式。真正的自由、民主、人权必须以一种可以普及的众生平等的生活方式为载体，这就是共产党人所一向坚持的建立在公有制基础上的生活方式。然而在丛林法则盘踞着社会生活过程的前提下，人们别无选择，它像一张巨网，迫使人们适应这种生活方式。于是他们便处于鲁迅所说的那种“梦醒后无路可走”的状态，娜拉出走之后，到哪里去了呢？作为作家的易卜生不用考虑这个问题，但作为执政党的共产党人就必须考虑这个问题，必须为现代的那些“娜拉”们提供庇护，提供终极关怀，创造一种超越丛林法则的新的生活方式，一个不同于“美国梦”的新的人生目标。

与其他政党只能坚持低水平价值体系不同，共产党人处于价值体系的高级水平上，因而能屈能伸，可以适应根据现实需要，放下身段去实践市场经济的那一套低级的价值体系，同时也能够突破现有价值体系的约束，坚持共产党人的价值体系，从而把这种价值体系普及开来。由于资本主义价值体系所导致的人类自我毁灭的危险日益迫近，人类正日益觉醒过来，所以，现在是我们亮出自己的旗帜的时候了，我们应当坚持自己的生活方式，并吸引人民群众共同坚持这种新的活法，过上一种简朴从容的生活。所谓建设社会主义核心价值体系，也即是要建设一种新的生活方式，给那些走投无路的“失败者”一个庇护所，为那些向往新生活的人们提供一种新的生活方式，提供一个可以使人们免于资本主义价值体系控制的地方，一个可以让人们体验到人间友谊真情并充分施展其创造性的地方。

价值体系的这种从“以物为本”到“以人为本”的提升过程，将会对人类的全部知识结构进行提升。就像从猿到人的转变一样，虽然猿类和人类一样有四肢，有五官，但由于价值体系的区别，拉开了猿类与人类的差距，使两者具有了巨大的区别。在进入第四级范式之后，人类就可以在新的基础上重新对前人的精神遗产进行研究，得出新的认识。这些新的认识，经过了一系列发展环节，在经济学上是从商品价值发展到价值体系，从政治学上是从武装革命发展到构建和谐社会，从哲学上来看，是从对思维与存在关系的思辨发展到对实践与价值体系的关系的研究。所有这些问题，最终都指向价值体系问题。

哲学家们所一直追问的本体论问题，即什么是世界本原的问题，现在看来，也无非就是大自然与人类的进化过程。如果再进一步追问这个进化过程的主导因素是什么，那就要找到这个过程中的序参量，对于生物界来说，就是遗传密码，对于人类社会来说，就是价值体系的“超循环”过程。现在我们已经不需要猜测它与经济基础之间的联系，而是认识它在社会生活过程中所发挥的实实在在的作用，这已经不再是那种玄妙的哲学思辨，而是摆在我们面前的简单明白的常识。

但对那些继续滞留在思存论范式中的人们来说，把社会价值体系的“超循环”过程作为社会的本体，这就是唯心主义、唯意志论。而按照他们的思维范式，唯心主义就是个错误，只要贴上这个标签，他们也就很简单地把价值体系问题扔在一边去了。他们不能把认识深入到价值体系层次，也就不能合理行动，不能正确解决现实中的各种难题。于是他们便坚持着那些自以为是的真理，眼睁睁地看着各种社会问题积累起来，找不到出路。其之所以如此，原因有三。

首先，他们没有开悟、闻道，处在独断论的迷雾之中。他们不能超越流行的价值体系的束缚，没有能力把自己提升到新的哲学高度。正因为他们只能以物质财富的占有为核心价值，所以就不能想象人的精神世界也是一个客观存在，为什么贪官们有了很多钱之后仍然还要想办法捞钱，而不可能突然地成为一个清官？为什么所有的反动派都只能捣乱、失败，再捣乱、再失败，而不会幡然醒悟、不再捣乱呢？这是因为他们不能超越生活环境所强加给他们的价值体系。他们只能看到自己的价值体系所限定的东西，不能想象会有那么一个社会，在那里，人们不再被生存的自然必然性控制着，不再以财富的占有为核心价值，而是以人的自由全面发展为核心价值。他们也不能想象会有一种比他们更高级的人类，他的那种低水平的想象力、那种处于他的无意识深处的东西控制着他的行动。他们把物质享受提升到至高无上的程度，不能以自己应当承担的责任为核心价值，而是以自己得到多少物质利益为核心价值，这就限制了他们的社会实践能力，不能正确处理与社会集体和他人的关系，也不会正确处理与自然环境的关系，永远是一个怨气冲天的家伙，不断制造出矛盾、冲突；其价值体系的缺陷使他们成为不和谐的源头。

其次，他们不知道价值体系在认识过程中的作用。这是一个认识论问题，所谓认识论，也就是要研究我们能否认识客观世界。如果局限于对这个问题的古典论述，人们就只能问：是否所有的认识信息都来源于客体，以致如传统经验主义所假定的那样，主体受教于外部事物；或者相反，是否就如各种各样的先验主义或天赋论所坚持的那样，主体一开始就具有一些内部生成的结构，并把这些结构强加于客体。在发现了价值体系之后，情况就变简单了：人作为主体，不是一块简单地反映外部世界的“白板”，而是戴着价值体系的“眼镜”来认识世界，在坚持价值体系的实践中来检验自己的认识的正确性。于是人们对客观世界的正确与否就决定于这个价值体系“眼镜”是否合用，就像人们要到眼镜店去找专业验光师配镜一样，人们也应当对自己的价值体系进行一下检验。是否具有一个适用的价值体系，这非常重要。如果没有合适的价值体系，人们对客观事物的认识就会是扭曲的、模糊的。人们的价值体系随着认识与实践过程深入而不断地丰富完善，就像理论、假说在自然科学发展过程中所起的作用一样。如果人们的价值体系有缺陷，就不能全面客观地认识某些社会现象，他们的实践进一步强化这种价值体系，于是便使他们进入恶性循环。

比如说，如果人们确立了丛林法则的价值体系，那他就会认为人性都是自私的，即使其他人有高尚的行为，也会被他误解。比如南京一位名叫彭宇的青年主动搀扶跌倒在路上的老太太，老太太却反过来一口咬定她就是被彭宇撞倒的，双方对簿公堂，法官“根据社会情理，在高老太的家属到来后，彭宇完全可以在言明事实的情形下，并让其家人送其去医院，然后自行离开，但他并没有这样做，其行为与常理相悖。”于是便认定原告高老太系与被告彭宇相撞后受伤，而非其所称的见义勇为，据此裁定彭宇补偿 45876 元。且不论彭宇案的真相到底是什么，这种判决把法官对“常理”的认识传播开来，把法官自身有缺陷的价值体系强加到社会价值体系之上，不是鼓励人们助人为乐，而是使帮助他人成为一种危险。于是，当南京另一名老汉从公交车后门跌倒在地、爬不起来时，跟在身后的乘客都不敢上前救援，老汉大喊“是我自己跌的，你们不用担心”之后，众乘客才上前救援。此后，我们又一再看到老人倒地、众人围观、无人救助的报道，其原因就在于担心被诬为肇事者而被法律追究责任。这位法官也在进行着价值体系建设，但他建设的不是社会主义核心价值体系，而是颠覆了中华民族的助人为乐的传统美德，毁灭了善良和爱心，强化了“人不为己、天诛地灭”的价值体系，使得社会价值体系趋向于冷漠、堕落，进一步恶化了社会生态环境。

其三，也有人认识到价值体系的存在，但他们把社会价值体系与个人价值体系搅在一起，没有看到社会价值体系的存在，而是肤浅地把它理解为个人的价值观。根据这种肤浅的理解，所谓的价值体系制导社会运行过程，就好像是每一个人的价值体系都可以决定社会存在一样。在对价值体系的作用作了这样荒诞的曲解之后，他们便可轻易地把它扔在一旁。

正是由于上述三个理由，那种低水平的价值体系牢牢地控制着人们的思想和行动，使之无法解脱。

所以我们必须特别强调“社会价值体系”的重要性，它是社会中占主导地位的价值体系，它以政治制度和法律作为自己的骨骼，以经济运行过程作为自己的血肉，各种新思想只有普及开来并渗透到这个核心部位，积淀下来，才能最终稳定下来，它是生生不息的人类文明的最隐秘最稳定的核心。价值体系的进化过程首先萌生于个别杰出个体身上，然后在社会中逐步扩散开来，推动社会整体价值体系的进化。这是一个无形的但却又是非常坚实的存在物，它就像水库的大坝，有人把它称为“文化坝”[①]，人类必须不断地在这道大坝上添土夯实，提升它的高度，人类文明进化的水

---

①[法]莫里斯·迪维尔热. 政治社会学——政治学要素[M]. 北京：华夏出版社，1987. 第 252 页。

位才能不断地提升，稳定在一个较高的水平上，保持社会经济、政治和文化的较高发展水平。我们现在要建设社会主义核心价值体系，即是推动社会价值体系进化到一个新高度，建立起一道高于以往各种文明水平的大坝，当这座大坝稳定地矗立起来之后，社会主义政权的巩固、无产阶级的文化领导权的确立，以及我们所追求的以人为本、科学发展观、构建和谐社会乃至建设和谐世界的目标也就可以自然而然地实现了，马克思的共产主义理想和中国圣贤所提出的大同世界也就可以自然而然地实现了。只有在这时，人才能最终脱离动物界，他真正的历史才算是开始了。建设社会主义核心价值体系，这是对历代圣贤所提出的各种问题的一揽子解决方案，用马克思的话来说，这就是“历史之谜的解答”。

四、坚持“以人为本”，就要用社会主义核心价值体系来引导人性

认识到社会生活中存在着一个价值体系的“超循环”，这对于共产主义事业来说，意义十分重大。在此基础上，我们便对共产主义事业的目标有了一个全新的认识，这就是：打破资本主义价值体系的“超循环”，建立起社会主义核心价值体系的“超循环”。

从这个新认识出发，回头来看共产主义运动的发展过程，也无非就是这个新的价值体系萌芽成长、蔓延发展、上升为统治阶级的意识形态、形成“超循环”的过程。只有当这个“超循环”建立起来并稳定地运行起来之后，社会主义政权才能稳定下来。我们现在要想构建和谐社会、实现科学发展，归根到底是要建立起新价值体系的“超循环”。如果不能建立起这个“超循环”，而是听任资本主义价值体系的“超循环”继续运行下去，就只能是“乱折腾”，科学发展的目标就必然是可望而不可及，悬在每一个人头上的环境危机、资源危机与经济危机只能是越来越加剧；不仅如此，资本主义复辟就将是悬在社会主义政权头上的达摩克利斯之剑，随时都有可能落下来。

由于中国共产党能够坚持人为本，所以就能够自然而然地深入认识到价值体系问题，在改造世界的实践中，也必然要深入认识到价值体系的“超循环”过程，并进而研究如何驾驭这个“超循环”过程，找到解决各种社会难题的钥匙。这是人类进化的正确方向，西方人没有找到这个正确方向，也就找不到正确应对各种难题的钥匙，他们应对危机所采取的措施，只不过是用新的泡沫来掩盖老泡沫，用新麻烦来掩盖老麻烦，这就是中国古人

所说的抱薪救火，所以他们的社会治理就只能是糊弄一天算一天。观察这些现象，我们就涉及到了一个重大的哲学问题：检验真理的标准问题，人的实践与价值体系的关系问题。

人都会犯错误，这是不可避免的事。不管是谁，幼稚片面都是成长的起点，就算是那些已经很老练的人们，要想开拓创新，也必须在实践中摸索经验，也有可能犯错误。但是，犯了错误后，有的人能够找到正确方向最终获得成功，有的人则不能改正，非要带着花冈岩脑袋去见上帝不可，这是什么原因呢？

考察一下人类所犯的错误，可以分为两种。一种是价值体系层次的错误，人们不知道什么是正确的人生目标，没有闻道，追求那种狭隘片面的目标，在这种情况下，他就不可能正确合理地行动。一种是实践操作层次的错误，这种人闻道了，知道什么是正确的人生目标，但在实现这个目标的过程中，不知道如何达到这个目标，需要在实践中摸索，找出规律，最后才能进入自由王国。

因而我们就可以把人分为两类，一类是未闻道者，另一类是闻道者。闻道者在科学合理的价值体系的基础上，可以在实践中总结经验、纠正错误，最终取得成功；实现人民的根本利益，在实现人民根本利益的过程中，实现个人利益，把个人利益与集体利益有机地结合起来了。闻道者所犯的错误，是在价值体系正确的前提下所犯的错误，是可以纠正的，通过总结经验教训，最终是可以找到成功之路，这就是毛泽东所说的“斗争失败，再斗争再失败，直至胜利”。

而未闻道者则由于价值体系上的发育不充分，不可能对客观世界有全面客观的认知，这种根本性的缺陷决定了他的每一言每一行都有缺陷，而且还难于自我纠正。庸人的每一句话都俗气逼人，他的狭隘眼界束缚着其意识，不能正确地认识自身的利益之所在，也不能客观地认识现实环境，结果就不能正确地实践，不能维护自己的利益，搬起石头砸自己的脚，就是有人提醒他，他还是照样要砸。他们处于价值体系的独断论之中，认为自己的价值体系就是终极的全人类的价值，所以就称之为“普世价值”。他们也很奇怪，自由民主与人权为什么不是普世价值呢？他们无法弄懂的是，真正的自由民主人权是一种人格特征，只有闻道的人，具有了社会主义核心价值体系的人才能真正地实现自由民主与人权。闻道的人是天生的平等派，不管是普通民众还是王侯将相，他们都能与之平等相处，尊重其自由和人权；而未闻道的人则经常会要把自己的意志强加于人，他们通常喜欢显示自己高人一等的优越感。他们没有能力把自己所主张的目标实现出来，其实际行动总是在践踏民主自由和人权。一个不闻道的人，终其一生都生活在自相矛盾之中，这是非常可悲的。

不仅反动派们没有闻道，共产党领导的革命队伍中也有大量的人没有闻道。在建党初期，陈独秀、王明等人也想为中国革命作贡献，确实也很有才干，可惜没有闻道，不能找到正确路线，结果就给革命事业造成了重大损失。人们常说“失败是成功之母”，但如果让他们继续领导，他们仍然还要在错误的道路上走下去，不是“左”就是右，过去人们称这种现象为“小资产阶级幼稚病”，实在是找错了原因，如果没有闻道，不管他出身于什么阶级，都一样地找不到正确路线。他们接受不了新的价值体系，面对着他们的花岗岩脑袋，神仙也没有办法。

在社会主义历史阶段，在如何立国，如何革命和建设，如何执政等问题上，也同样会有一个认识和探索过程，在此过程中，犯错误是难免的，但要想认识问题、总结经验教训，就必须有科学合理的价值体系的指导。如果是未闻道的人，他们在面对着同样的问题时，就总结不了经验教训，经历了错误也没用。就像苏联人一样，从赫鲁晓夫开始就误入歧途，在一种错误价值体系的控制下，无法正确地认识现实，也无法找到社会主义革命的正确路线，最终导致亡党亡国的悲剧。《参考消息》转载的一篇俄罗斯人的文章说：“原以为挣脱了布尔什维克的俄罗斯就能跻身最先进国家之列，成为21世纪现代化发展中社会的楷模。根本不是这样！国家变成了窃贼和匪徒的巢穴，道德沦丧，自卑心理严重……”这篇文章还说俄罗斯“未来命运难测”，其实有什么难测的呢？接受了资本主义价值体系，“等待我们国家的只能是悲惨的前景。”[①]

对国家来说，需要坚持正确的价值体系，对任何一个集体、任何一个个人来说，也是同样道理。人们常说性格决定命运，其实更准确地说是价值体系决定命运。一个人如果没有闻道，那他在任何地方都是社会的负担、包袱，在家庭里是家庭的包袱，在社会上是社会的包袱。不仅如此，他们还怀有一腔怨愤，他来到这个世界就是来享受的，而他的欲望总是不满足，总是这山望着那山高，总是超出社会所能容许的限度，所以他们在家庭里

[①]《参考消息》2009年11月16日文章：《俄罗斯如今魅力何在？》.

抱怨家长，在社会上抱怨政府。他的生存离不开社会，却又具有一种反社会的行为方式，只知索取而不知奉献，无所不用其极地扩大自己在社会分配中所占的份额。贪污腐败是一种方式，坑蒙拐骗也是一种方式，拿天价年薪也是一种方式，“啃老”也是一种方式。在一个社会中，如果都是具有这种价值体系的人，这个社会肯定无法维持下去，生之者寡，食之者众，早晚要塌台。在这种价值体系的控制下，人们的聪明才智被发挥到极致，比如美国人变着法的弄出各种衍生工具“骗”世界人的钱，尤其是骗中国人的钱来满足他们的高消费。据说美国的国债加上企业和私人的总负债已达 53 万亿美元，他们只顾自己吃喝玩乐，却让全世界和他们的子孙来埋单，就像某个法国皇帝所说的那样，我死后哪怕它洪水滔天；然而他们没想到自己没能逃掉这笔债，还在他们活着的时候就爆发了金融危机。一个人如果具有了这种不负责任的价值体系，也就为社会增加了一个内耗之源；对他自己来说，这就决定了其生命过程是一场悲剧。一个具有这种价值体系的人一旦从政，就是一个潜在的贪官，如果有捞钱的机会，必然不肯放过。那些贪官们被抓住之后，往往要痛哭流涕地忏悔，但如果他们不能真正在价值体系上来一个转换，这种忏悔仍然还是靠不住。

我们讨论价值体系问题，归根到底是要塑造自己的价值体系，使自己的生命具有尽可能大的意义，这是真正重要的利益。如果孤立地来看一个人的生命过程，从呱呱坠地开始，经历了生老病死以及各种悲欢，在度过一段岁月之后，撒手而去。有相当数量的人，还没来得及弄明白应当如何度过，其仅有一次的生命就已经过去了。人生如梦，转眼就是百年，死生亦大矣，岂不痛哉。追求生命的最大价值，这是人类的永恒需要，人类有可能在一定的时段内浑浑噩噩地生活，但不可能永远浑浑噩噩地生活，所以就会有人率先觉悟过来，追求有尊严的人生，寻找有价值的生活。比如，中国古代就有很多人把立德、立功、立言作为人生的目标，以期实现生命的不朽；这是我们的精神支柱，也是我们中华民族永葆青春活力的动力之源。甚至包括阿 Q 的精神胜利法，其目标也无非是创造出一种价值体系，把自己摆在胜利者的位置上。所以，为了自身的利益，我们应当深入认识价值体系问题，摆脱各种虚幻的转瞬即逝的价值体系的控制，找到那终极的科学合理的价值体系。

这个寻找终极的科学合理的价值体系的工作，是一件非常困难的事情。要在思维中把握具体，是一件十分困难的事情。人们通常处在抽象思维的阶段，注意到客观事物的一些因素，忽略其另一些因素，要从完整的表象中蒸发出一些抽象的规定，然后再把这些抽象规定综合起来，在思维行程中再现事物全貌。但对于社会生活的认识不同于自然科学，观察者不是处于被认识的事物——社会生活过程——之外，而是处于其中，在他能够对这个过程进行客观观察之前，他的价值体系就已经被现实的社会价值体系决定了。社会价值体系的发展水平决定了个体价值体系的发展水平及其人生轨道，决定了人们对社会现象的认识过程。看起来人们在研究着社会现象，搞出一些大前提、小前提，根据推理的规则，最后得出结论，好像是很科学的样子，但这不过是假象，在实际上，他的结论早就被其价值体系的发展水平决定了。他所自认为以推理和逻辑为依据的许多观点，不过是其价值体系的表现而已；在这种价值体系指导下的认识实践，反过来又支持或者说是强化了社会价值体系的主导地位，于是便在社会价值体系与个体价值体系之间形成了一个互相决定互相强化的“超循环”过程。

每一个人都戴着社会环境强加给他的价值体系“眼镜”来观察世界、社会，评价其他人的观察结论。这个“眼镜”也有一个度数高低的问题，这也就是说，所有的人都有一个不断提高自己的价值体系的过程。但是很多人认识不到这个过程，不知道自己戴着价值体系“眼镜”，所以他们就处于价值体系的独断论之中，把自己所达到的价值体系作为检验真理的唯一标准。庄子说过，有真人而后有真知；这也就是我们现在所说的，只有具有了社会主义核心价值体系的人才能正确地认识现实，正确行动。这个理论不赞成把主观与客观相分离的思维模式，而是认为，只有在价值体系的成长过程中，人们才能逐渐地接近或达到对外部世界的客观认识。由此可知，如果人们没有开悟，不具有社会主义核心价值体系，就算是每天把实事求是念上八百遍，也照样做不到实事求是。如果一个人终其一生都没有开悟，那就只能永远生活在错误之中。

由于人们实际上戴着不同的“眼镜”，同时又只能以自己的“眼镜”为标准“眼镜”，所以他们对同样的事物就会有不同的看法，不同的看法之间谁也说服不了谁，就像盲人摸象的寓言所描绘的那样，于是就出现了冲突。人不能跳出其价值体系的高度、用别人的价值体系来观察事物，只有他自己的价值体系的实际成长，才能使其开悟。价值体系的进化不能只争朝夕，只能慢慢来，耐心等待着人们自己解放自己。

人类价值体系的进化过程是一个不断打破自我中心主义的过程，所以就需要对原来信以为真的东西采取一个怀疑论的态度，用现在的话来说就是解放思想，这个过程不断深入，现在要深入到价值体系层次。认识到自己的“眼镜”并不是标准“眼镜”，所以我们就需要保持一种审慎的态度，以一种怀疑的眼光、开放的态度对待自己的知识，在实践中检验自己的认识，从被流俗和本能的控制下解放出来，找到那真正重要的价值，以其为核心重建一个完善的价值体系，从而正确合理地行动。

于是，我们还要对“实践是检验真理的唯一标准”进行深入思考。这个命题从总体上来说是正确的，但经过了30多年的实践，我们发现，对这个命题还要加上一个补充的限制性规定，即能够对实践结果进行检验的只能是闻道者。由于价值体系的狭隘，未闻道的人难于认识和纠正自身的错误，除非他困而学之，认识了大道。

据说苏格拉底把人分为两种：“这个世界上有两种人，一种是快乐的‘猪’，一种是痛苦的人。”他的这种两分法很是愤世嫉俗，而我们把人分为闻道者和未闻道者的两分法就没有这种毛病，所有的人都是平等的，只不过是价值体系的发展程度不同而已，未闻道者也可以成为闻道者，先闻道的人们于是就要承担起一项重要的责任，创造政治、经济、文化条件帮助人们闻道，这样才可以正确处理这两种人之间的矛盾。

共产党就是由闻道者组成的政党。作为执政党，共产党要承担起帮助所有的人闻道的责任，于是就要关心爱护每一位公民，唤醒那存在他们自身内的发展潜能，尽可能充分地实现这些潜能，在此过程中要尽可能地少犯错误，犯了错误则要及时改正，从而把生命过程流淌在正确的人生渠道里。于是就应当做好价值体系的建设，引导人们闻道，生活在社会主义核心价值体系的基础上。这在理论上没有什么疑问，但在实践上却会遇到一个难题，那就是未闻道者缺少自知之明，他们并不认为自己是未闻道者，反过来还想教育闻道者，用自己那种低水平的价值体系来改造社会，把社会改造成一个可以由他们任意掠夺的丛林世界。他们会采用一切手段传播其价值体系，包括电影、书籍、电视、网络，把人们的注意力集中于体育表演、色情书籍、享乐、游戏、犯罪性的电影，以及宗教迷信，集中在低水平需要上。他们只能按照自己所达到的价值体系来行动，要想不让他们这样做是违背自然规律的，这就像人们只能以自己熟悉的语言来思考问题一样。他们一有机会就要表现自己的价值体系，改造社会，包括钻到共产党内来改造共产党，经过这些年的积累，在党内也有很多这样的人，他们在价值体系上仍然站在旧世界的基础上。如果这种趋势得不到及时的控制，其价值体系得不到及时的引导提升，他们将毕生都生活在狭隘片面价值体系的控制下，那是非常可悲的；如果他们进而运用执政权力传播其低水平价值体系，那就不仅要把自己的生命挥霍在错误里，而且还会对社会造成严重危害。

在我国当前的社会生活中，为什么各种矛盾越来越尖锐，违法犯罪行为越来越猖獗？关键在于有相当数量的人们生活在错误价值体系的控制之下。如果听任这种人占据了主导地位，我们这个社会就会被锁定在低水平发展轨道上，眼睁睁地看着自己走向毁灭。这已经不是危言耸听了。为了拯救社会，同时也为了挽救这些人，执政党就要惩前毖后，治病救人，把他们从这种价值体系的控制下解放出来，不让他们在歧途上走得太远，这才是最根本的救助，这就叫做“圣人常善救人，故无弃人”。这才是大仁大义，和西方的那种小仁小义是不同的。比如说，美国曾发生了一起校园枪击案，一名叫赵承熙的韩国留学生在校园里枪杀了32名学生后自杀，美国人将他和其他受害人一块纪念哀悼，以体现对生命的尊重，蜡烛点了33支，石头也摆了33块，这也算是一种人道主义。于是就很使一些中国人感动不已，赞叹不已，觉得美国人多么文明。但究其实，这只不过是小仁小义，也可以说是假仁假义。不从悲剧产生的源头来加以防止，甚至为了军火商的利益，连限枪法案都难以通过，只是在事后悼念上下工夫，表面文章无论做得多么冠冕堂皇，仍然于事无补。就像当年的十字军一样，当他们出现在耶路撒冷的时候，“全体都祈求着、忏悔着、痛彻心肺地伏地痛哭并祷告着，看起来这似乎是很美的一幕。但这只是在一顷刻间如此，在这一顷刻之前，就有好几个月之久在行军进程中到处都表现出粗野、疯狂、凶恶、愚蠢、卑鄙、情欲。”[①]没有闻道的人，对自身行为合理与否缺少认识，其语言和行动经常是癫狂而荒诞的。

[①][德]黑格尔．哲学史讲演录[M]．第三卷．北京：商务印书馆，1981．第325页．

第四章 社会主义核心价值体系保障人类社会的科学发展

现在我们从落实科学发展观的角度来考察社会主义核心价值体系的重要性。十六大以来，党中央敏锐而又准确地把握中国社会发展的脉搏，在新的实践基础上大力推进理论创新，提出了科学发展观这一重大战略思想，在党的十七大上，又把它写入党章。这一重大战略思想是对经济社会发展一般规律认识的深化，是历史进步和社会发展的客观要求。

为了贯彻这一重大战略思想，我们已经开展了学习实践科学发展观的活动，也取得了一定成效，推动了经济社会的科学发展。但总体说来，形势仍然不容乐观，各种背离科学发展的问题仍未缓解，新问题仍然层出不穷。这是什么原因呢？我看原因就在于我们对导致各种背离科学发展的现象的内在根源分析不深，没有深入到价值体系层面找准主要原因。

从价值体系层面进行分析，背离科学发展的原因大致可以概括为以下三条：一是狭隘片面的人生目标，控制着某些干部和民众头脑的仍然是落后的价值体系，以财富的私人占有为核心价值；二是发展的指标体系不全面，支配着社会运行过程的仍然还是GDP等有缺陷的价值体系，误导人们行为；三是对大自然的掠夺式的开发方式。这三条原因最终又归结为一条，没有建立起社会主义核心价值体系的“超循环”，控制着社会运行过程的仍然是一个发育不充分的有缺陷的价值体系，它控制着人们的头脑和行为方式，使我们滑向资本主义轨道。采用这种方法来发展，尽管可以收到短期的一时之效，但却不能长期地保证科学发展；如果不能突破有缺陷的价值体系对我们的头脑和社会生活的控制，不管我们把科学发展观叫得多么响亮，科学发展都将仍然是镜花水月。

每一个时代都有自己的特殊的问题。正如马克思所说的那样：“一个时代的迫切问题，有着和任何在内容上有根据的因而也是合理的问题共同的命运：主要的困难不是答案，而是问题。因此，真正的批判要分析的不是答案，而是问题。……世界史本身，除了用新问题来回答和解决老问题之外，没有别的方法。”[①]不管是为了抵御西方的和平演变战略，还是为了实现科学发展，最后都要把我们的注意力引导到价值体系问题上。在当今时代，中国特色社会主义事业的发展向我们提出了许多重大问题，其中最重要的就是这个价值体系问题。要把科学发展的要求落到实处，我们就必须深入一个层次，抓好社会主义核心价值体系的建设，这样才能一通百通，逐步消除那些背离科学发展的不良倾向，把社会导入科学发展轨道。

一、要实现科学发展，就要打破资本主义价值体系的控制

科学发展观和以人为本一样，是马克思主义的内在规定。在马克思主义刚诞生的时候，就以萌芽的形式包含在马克思的理论体系中了。但在一开始并没有明确地表述为科学发展观,而是以对旧社会的批判表现出来的，这就是对资本主义社会的异化现象的批判。我们现在所遇到的问题，其实也还是异化现象。

马克思早年对异化现象进行了著名的分析。在《1844年经济学哲学手稿》中，马克思认为：资本对工人的奴役，是通过异化劳动完成的。异化劳动包含4个基本特征：首先是工人同自己的劳动产品相异化。工人生产的产品，作为一种异化的存在物同劳动相对立。“工人生产的财富越多，他的产品的力量和数量越大，他就越贫穷。工人创造的商品越多，他就越变成廉价的商品。物的世界的增值同人的世界的贬值成正比。劳动生产的不仅是商品，它生产作为商品的劳动自身和工人，而且是按一般生产商品的比例生产的”；其次是工人同自己的生产活动相异化。工人的劳动不属于他自己，而属于别人；再次是人同自己的类本质相异化；最后是人同人相异化。在资本主义尚处于自由竞争阶段的时候，马克思就已经敏锐地发现并深刻地揭示出工人被奴役被异化的残酷现实，并在此基础上发现了历史之谜的解答，即消灭异化现象，并由此而建立了他的共产主义理想，可以这样说，他的整个理论体系都建立在对异化现象的分析之上。

现在看来，所谓异化现象，也就是“我们本身的产物聚合为一种统治我们、不受我们控制、使我们的愿望不能实现并使我们的打算落空的物质力量”[②]，所谓消灭异化现象，也就是要克服这种力量，建立一个我们能够认识和掌控的世界，这也就是马克思所说的“人化的世界”，这是人类始

[①]马克思恩格斯全集[M].第1卷.北京：人民出版社,1995.第203页.
[②]同上，第85页.

终一贯的目标。包括原始人的图腾崇拜，也就是为了把不能认识和控制的自然力量归之于某个神灵，对其顶礼膜拜，以图取得神灵的好感，使其不再与自己作对。古人祭拜龙王以求雨，与现代人为了办事而拉关系、为了发财而腐蚀官员、为了做官而“跑闹买骗”是一个道理。但这种局部的努力并不能真正消灭异化，只能进一步加剧异化现象。异化现象的根源在于低水平的价值体系，在于人们所追求的是与社会集体利益相对立的个人利益，不能合理地实现自身的利益。由于这个根源没有挖掉，所以，尽管科学技术和生产力日新月异地向前发展，人类认识和控制世界的能力日益强大，但却始终无法消灭异化。包括现在的经济危机、生态恶化和社会动荡，都是异化的表现，其根源就在于社会价值体系的缺陷，它形成了一个“超循环”控制着社会运行过程，由此而造成的各种后果与人们的愿望作对，处于其理性的控制之外。

由此可见，要消灭异化现象，就必须推进社会价值体系的进化，把它提升到社会主义核心价值体系的高度，并用这种新的价值体系重组社会生活。社会主义核心价值体系的提出不仅为人们照亮了人生之路，引导人们从小我趋向于大我，同时也把人类对社会运行规律的认识推进到价值体系层次，引导人类自觉驾驭社会运行过程，按照“美的规律”来重建社会生活过程；这也就是要用那种能够保证人生与社会和谐的价值体系来主导社会运行过程，而不能继续听任那种自相矛盾的把人类社会和自然置于无休无止的冲突之中的价值体系控制人类社会。只有做好了这件事情，我们才能实现马克思所确立的那个目标：消灭异化。

马克思在分析了异化现象之后，就把关于异化现象的理论放在了一旁，实际地投入到消灭异化现象、改造世界的伟大斗争中去了。然而，这是一个漫长的历史过程，需要经历许多阶段。首先，要从最基本的东西做起，那就是要夺取政权，掌握改造世界的工具，然后再建立新的政治经济制度，最后再进一步深入改造社会日常生活，如此步步深入，最终使社会生活彻底革命化。这样一个漫长的过程需要许多人像接力赛一样一棒一棒地传下去，马克思完成了自己的那一棒，列宁和毛泽东也完成了自己的那一棒，列宁的后人没有接着跑下去，把棒跑丢了，现在就剩下中国人接过毛泽东的接力棒继续往前跑。在这个长过程的不同阶段，人们不仅要看到阶段性目标，同时也要知道共产主义理想。正如列宁所说：“真正伟大的革命是从旧事物同改造旧事物的意向和追求新事物（要新得连一丁点旧事物也没有）

的抽象愿望这种矛盾中产生的。”[①]在共产主义事业发展的不同时段，人们对共产主义的理解也在不断深化，曾经有人说它是“土豆烧牛肉”，也曾经有人说它是“楼上楼下，电灯电话”，还有人说它是“物质资料充分涌流”。在我们现在所处的这个历史高度，我们认为它就是“和谐社会”。达到这一认识之后，我们再返回去进一步研究马克思关于异化现象的理论，便会看到，和谐社会实际上就是马克思当年所说的消灭异化现象，这就是共产主义运动的终极目标。如果再往上追溯到人类的起点，我们可以说，这是整个历史的目标，它不仅是马克思的目标，而且也是老子、孔子、佛陀、苏格拉底、柏拉图所追求的目标，是东西方的仁人志士们所共同追求的目标，所以马克思说它是“历史之谜的解答”。

在这个漫长的过程中，人们对世界的认识有一个由浅入深的发展过程，从古希腊哲人寻找世界的本原，到笛卡尔反思人类认识事物的能力，再到马克思找到历史之谜的解答，就是这样一个由浅入深的认识发展过程。从哲学上来看，在笛卡尔把哲学研究的注意力从对作为客体的物的认识转到对主体的认识能力的研究之后，从马克思开始又转向一个新的方向，进一步深入到主体的认识过程的深处，研究人的价值体系在认识和实践过程中的作用；这就打破了人们在价值体系上的独断论，从思维与存在关系哲学范式，进化到认识与实践范式。到了这个历史阶段，哲学就不再是少数哲学家的事业了，而是与每个人的认识与实践过程息息相关。所以毛泽东就主张，把哲学从哲学家的课堂和书本中解放出来，成为人民群众都能掌握的东西，所以他就要求“每一个人都要改造”。这是因为，每一个人都要经历这样一个价值体系的转换过程，才能合理地行动，成为一个合格的现代人。在这样的人格发展水平上，人类社会才能摆脱丛林法则的控制，建立起和谐社会。只有这样，才能最终实现消灭异化的伟大目标。

这个由异化到人化的历史过程，同时也是一个在思维中把握现实世界的过程，一个从分析到综合的过程。原有的世界是外在于人的世界，是一个与人相异化的世界。所谓异化，即是人们自己的行动所带来的结果与人类作对，导致这种结果的原因归根到底是因为人们的价值体系是片面的，有缺陷的，把低层次的价值误当成了核心价值。虽然它是人们所狂热坚持的价值体系，但却处在人们的认识之外；人们要想克服这种异化，就要使

[①]列宁选集[M].第4卷.北京：人民出版社，1995.第793-794页.

自己的思维深入到这个价值体系之内，把它分析为一系列抽象规定，然后再综合起来，在思维行程中导致具体的再现。

在此过程中，人类对自身的价值体系也要经历一个推倒重来的过程，必须推倒旧的价值体系，人们才能深入认识其内部的结构，重建新的价值体系。所以西方便有“上帝死了”的惊呼，必须经历这样的一个过程，才有“上帝”的重生。对于中国来说，也同样必须经历一个“砸烂孔家店”的过程，才能把孔夫子的伟大精神从僵化的形式中解放出来，在新的历史基础上弘扬光大，推动和谐社会的形成。

随着私有制价值体系的被抛弃，与之相配套的原有的国家机器、政治制度也必须被抛弃。这个国家机器、政治制度与人作对，逼迫人们把它扔掉，并按以人为本的要求重建新的国家机器、政治制度。这是无产阶级的历史使命，所以马克思说，工人阶级不能简单地掌握现成的国家机器，必须用新的价值体系来进行社会的自组织过程。

哲学的第三级范式所发挥的作用正是把陶器摔碎的作用，它是达到第四级范式的前置程序。所以在哲学思维的方向上，它以分析为主，在伦理精神上，它把以前一切视为神圣的东西打翻在地。这是一种否定的精神，最终只剩下一个空洞的自我。这个自我，还必须被充实与发展起来，自我超越自我发展，直到出现一种新的自我，新社会的合格成员，以这种新人为建筑材料，人类才能修造出美轮美奂的政治文明大厦，实现社会的科学治理。个人之于社会，就如人身上的细胞与躯体的关系一样，每个细胞都应当是健康的，人才能保持健康。

对于当代中国人来说，整个人类精神的成长过程，我们都必须经过一遍，才能站在历史的制高点上，演奏第一小提琴。所以我们不仅要有一个砸烂孔家店、推翻旧制度的过程，还要有一个补课的过程，把生产力发展起来。所有这些努力，其目标就在于建设一个新世界，产生一种新人，而不是把人的现状绝对化，如果那样的话，在新生产力基础上建立起来的仍然是一个庸人的世界，仍然还是一个与人相异化的世界。在价值体系进化的历史进程中，人们都是走在半路上，但有很多人却误以为到达了终点，于是他们便处在自相矛盾之中，关心着个人利益却不知道如何实现个人利益，就像那种拔着自己的头发要离开地球的人一样，行为很怪诞。在党中央提出“以人为本”后，他们可能在口头上也认可以人为本，但却没有能力把这个新法则贯彻到自己的行动中，其实际所坚持的是以物为本的价值体系，他们的那一套主张在社会生活中不断强化，其结果就是社会越来越不和谐，腐败现象越来越严重。继续这种方向的解放思想，只能是越来越糟糕。

这种以物为本的价值体系就是让细胞癌变的价值体系，如果人们一方面高喊着反腐败，把希望寄托在民主监督三权分立上，另一方面又主张西方的那一套价值体系，那他就是自相矛盾。现在的情况是，不仅是中国人有病，全世界的人都有病；之所以这样说，是因为那没病的健康人还正处在生成的过程之中。要从这个病态世界中培养出不病的人，这是一个艰难的过程，就像昆虫在成长的过程中所必须经历的一个蜕皮的过程一样，那内在的趋向于完美的潜力驱使着人们完成这个过程。反腐败的唯一可能的道路就是坚持社会主义道路，坚持以人为本的价值体系，进一步深挖旧制度的基础，重组社会生活过程，这样才能逐步消灭异化现象。

当我们在自己身上建立起社会主义核心价值体系之后，也就可以按照共产主义的原则来行动，在自身克服异化现象。随着这种人的增加，人类就可以把社会运行过程和强大的科技能力置于理性的控制之下，在社会政治领域进入自由王国。这也就是老子所说的那个程序，从“修之于身”做起，“修之于家”、“修之于乡”，在这个方向上做到极致，也就是把社会主义核心价值体系“修之于天下”，使之渗透到社会生活过程中去，到了这个程度，人类才能最终消灭异化现象。

二、要实现科学发展，就必须始终坚持马克思主义理想

坚持科学发展观，就意味着坚持马克思主义、消灭异化现象、消灭私有制，现在看来，也就是要建立社会主义核心价值体系的“超循环”过程，终结资本主义价值体系对社会运行的控制。

从整个人类进化的长过程来看科学发展观，它也无非是要求把这个进化过程延续下去。而资本主义制度是不管这个延续过程的，它虽然强调发展速度，但不以人为本，而是以剩余价值的占有为目标；它也不注意全面协调可持续，而是只管眼前利益、局部利益，把整体利益交给那只“看不见的手”来协调，实际上就是听天由命。在这种价值体系的主导下，就不可能有科学发展。马克思主义的诞生所针对的就是资本主义制度的弊端，要想做到以人为本和实现全面协调可持续的发展，首先就要消灭私有制，所以《共产党宣言》说：“现代的资产阶级私有制是建立在阶级对立上面、

建立在一些人对另一些人的剥削上面的产品生产和占有的最后而又最完备的表现。从这个意义上说，共产党人可以把自己的理论概括为一句话：消灭私有制。”[①]

当然，私有制的消灭需要经历一个漫长的社会革命与发展过程，要实现科学发展的目标，也同样需要有一个长过程。在此过程中，共产党人一方面要实事求是地研究现实，另一方面必须始终坚持社会主义方向，就像愚公移山一样，坚持不懈地改造旧社会，在保持社会生活延续的前提下推动社会的发展进步。所以，科学发展观只能由坚持马克思主义理想的共产党人提出，而不可能由资产阶级政党提出，这是由马克思主义理论体系的基因所决定的，只要发展到了一定阶段，在这个体系中自然会成长出科学发展观来。马克思批判资本主义制度的时候，心目中有一个理想社会的目标，他在许多地方描述过这个理想，在《资本论》中就有这样一段话：“社会化的人，联合起来的生产者，将合理地调节他们和自然之间的物质变换，把它置于他们的共同控制之下，而不让它作为一种盲目的力量来统治自己；靠消耗最小的力量，在最无愧于和最适合于他们的人类本性的条件下来进行这种物质变换。”[②]虽然这是一个理想，离我们还很遥远，但它对于我们达到科学发展的目标来说，却是必不可少的角色。“真正伟大的革命是从旧事物同改造旧事物的意向和追求新事物（要新得连一丁点旧事物也没有）的抽象愿望这种矛盾中产生的。这种革命来得猛，许多这样的矛盾就会存在愈久。”[③]所以，我们且不可因为它是一种理想而轻视它，正是由于它的存在，我们才能打破对当前事实的消极默认，开拓人类发展新境界。

这就像练书法一样，“取法于上，仅得为中；取法于中，故为其下。”[④]要坚持科学发展观，就必须始终坚持马克思主义的发展方向，即坚持马克思主义理想。当年老一辈共产党人需要理想，我们现在同样需要理想，在整个共产主义运动过程中，都要坚持这个理想。如果人们以西方的社会发展模式为发展目标，想要实现科学发展就是缘木求鱼，因为它们西方模式自身还处于重重矛盾之中。我们现在要想实现科学发展，就必须以马克思主义理想为目标模式，这是一个很长的过程，必须按照这样的程序来进行：

[①]马克思恩格斯选集[M].第1卷.北京：人民出版社，1995.第286页.
[②]资本论[M].第三卷.北京：人民出版社，2004.第928页.
[③]列宁选集[M].第4卷.北京：人民出版社，1995.第793-794页.
[④][唐]李世民.帝范[M].

第一步，建立社会主义政权，把执政权力掌握在自己手上，并建立生产资料公有制；

第二步，发展生产力，为人民群众的精神觉醒创造物质基础；

第三步，建立起社会主义核心价值体系的“超循环”过程，打破资本主义价值体系对社会生活的控制，用它来重组社会生活，进而消灭异化现象，消灭阶级分化，实现科学发展。

这是一个漫长的过程，在所有的三个阶段中，都必须坚持马克思主义理想，才能保持社会进步的动力。当接力棒传到我们手上的时候，已经来到了第三步，已经提出了科学发展的目标，这是前两个阶段所没有提出来的目标，但却又是它们的继续与发展。

这些年来，我们党提出了中国特色社会主义理论，把马克思列宁主义的基本原理同当代中国实践和时代特征相结合，引导着我国社会主义现代化事业不断前进。但也有那么一些人不能全面正确理解，他们不管姓社姓资，先发展起来再说。但是，实践证明，不问姓社姓资是不行的，科学发展观的提出把这个问题重新提到了我们面前。这也就是价值体系的选择、发展路径的选择，不仅是在社会层面上的选择，同时也是每一个人都要面对的选择。沿着正确的路径，就会越走越顺，如果是沿着错误的路径，则会越走越难走。

价值体系的建设问题实际上是一个发展路径的选择问题。当把社会主义核心价值体系建设起来形成稳定运行的“超循环”过程的时候，科学发展就可以自然而然地实现。社会主义才可以达到无为而治的境界，最终稳定下来。价值体系建设是一个深层次的任务，如果我们认识不到并完不成这个任务，就会遇到社会发展的各种问题，诸如腐败现象的猖獗、收入分配差距的不断拉大、生态环境的日益恶化问题，这些问题迫使我们认识到科学发展的要求。如果就事论事地处理这些问题，就很难解决这个问题，甚至是南辕北辙。

问题和解决问题的手段同时产生。所以，在提出科学发展观的同时，党中央又提出了建设社会主义核心价值的任务，这两者之间存在着有机联系，要坚持科学发展观，就必须建设社会主义核心价值体系。包括以人为本、和谐社会，也是如此，它们与科学发展观不过是同一个整体的不同方面而已，作为社会的整体发展目标，寄托了全人类的理想，代表了人类的未来。但它们不能自动实现，价值体系才是自变量，必须是在社会主义核心价值体系的主导下，以人为本、科学发展与和谐社会才能得到实现。理解了这个有机联系，我们就可以创造性地解答现实难题。对于我们这个时代来说，价值体系的建设就是最紧迫的问题；只有深入认识和驾驭社会价值体系的演变过程，我们才能找到解答当今时代紧迫问题的正确答案。

我们这些年来一直在强调要“两手抓”，“两手都要硬”，但是两个文明建设“一手硬、一手软”的问题，一直没有解决好。邓小平同志在总结十年改革时就说过，“我们最大的失误是在教育方面，思想政治工作薄弱了”。又过了二十年，这种薄弱依然存在，面貌依旧，而且愈演愈烈。“合抱之木，生于毫末；九层之台，起于累土；千里之行，始于足下”，对这些问题，必须防微杜渐，在它刚一露头时就及时应对，而我们在实际上却缺少有效措施，关于精神文明建设、党建工作的文件下发了不少，决议也做出很多，但都没有从根本上解决问题。

有很多人期待着生产力发展起来后，这些问题会自然而然地得到解决。但是，社会自身的逻辑并不以我们的意志为转移，毛泽东说，扫帚不到灰尘照例不会自己跑掉。旧社会的那一套价值体系就像癌细胞会自动成长一样，自发地把旧社会的一切腐朽落后的东西复制出来。在这个过程中，社会秩序便每况愈下，愚蠢与丑恶现象不断成长，登峰造极。贪官们胆量越来越大，攫取的非法所得数额越来越大，其无耻的程度越来越嚣张，这都是自然而然的事情。就如定时炸弹一样，当前我们所遇到的层出不穷的恶性事件，就是它在嘀嗒作响。

所以我们就有必要追问一下，为什么上述问题总也解决不了呢？这说明我们所发的那些文件、决议没有抓住根本，知其然而不知其所以然。社会生活过程的根本是什么？那就是人，所以我们要以人为本。但仅仅知道以人为本还不行，还应当进一步追问人的根本又是什么，为什么有的人会成为坏蛋而有的人成为好人？马克思曾说“人的根本就是人本身”，在经历了一百多年的共产主义运动，特别是中国共产党执政60余年的探索之后，我们对“人的根本”有了深入的认识，人的根本就是价值体系。价值体系的高度限定个性的发展程度，限定文明的高度。一个好的健康向上的价值体系引导人们服务社会，成就个人的完美人格，从引导社会趋向于和谐；一个低水平的价值体系则引导人们与社会对立，把人们引向堕落，从而引导社会背离和谐，背离科学发展，走向自我毁灭。

市场经济所坚持或者说所暗含的那一套价值体系是一个发育不充分的

因而有缺陷的价值体系，它以物质财富的私人占有为核心价值，通过对个人物质利益的追求，极大地激发了社会的活力，促进了经济社会的发展。然而这并不是它的全部内容，它还包含着另一面，那就是它不以人为本，它驱使着人们为了个人物质利益而铤而走险，不顾他人利益，不顾社会集体利益，甚至在个人利益中也只顾其中的一部分，还有更重要的利益也被忽略了。这不是一种全面的价值体系，其中的缺陷必然要表现在社会生活的各个方面，制造出层出不穷的矛盾冲突，让我们穷于应付。在这种情况下，要想以人为本和实现科学发展，就是不可能的。如果我们把社会集体看作人的躯体、把人看作这个躯体上的细胞的话，那么这种以物质财富的私人占有为核心价值的人就是癌细胞；如果一个社会集体全由这样的人组成，这个社会集体也就会像那癌细胞已经扩散的患者一样，前景堪忧。

由此可见，生态环境问题并非仅仅是自然界的问题，而是人类的问题，是因为人的价值体系出了问题。要坚持科学发展观，价值体系的建设至关重要。学习实践科学发展观的核心就在于建设社会主义核心价值体系，执政党必须自觉地抓好价值体系的建设。我们之所以在精神文明建设上出不了成果，就是因为思想认识还不到位，还是一个软弱无力的“应该”，不知道如何抓好价值体系的建设。但即使是一个不关心价值体系的人，也仍然在坚持着自己的价值体系，并努力用自己的价值体系来影响他人。价值体系的建设是每一个人每时每刻都在进行着的工作，在无意识的情况下，人们往往是在建设那种糟糕的价值体系。不管人们在口头上多么善于掩饰，其实际所达到的价值体系的高低水平是遮掩不住的，总是要通过其实际行动表现出来，影响其他人，从而也就在建设着社会价值体系。

所以，我们有必要重申邓小平所作的这个总结：“十年最大的失误是教育，这里我主要是讲思想政治教育，不单纯是对学校、青年学生，是泛指对人民的教育。”[①]现在看来，他所指出的失误实际上是没有抓好社会主义核心价值体系的建设。在两种价值体系的拉锯战中，“对于社会主义思想体系的任何轻视和任何脱离，都意味着资产阶级思想体系的加强。”[②]由于资本主义价值体系的不断强化，一方面会带来生产力的发展，另一方面也会带来了社会风气的下滑、腐败现象的蔓延、生态环境的恶化、收入分配的两极分化，这些都是必然现象。如果我们不能切实抓好社会主义核心价值

[①]邓小平文选[M]．第三卷．北京：人民出版社，1993．第 306 页．

[②]列宁选集[M]．第 1 卷．北京：人民出版社，1995．第 327 页．

体系的建设，上述趋势必然会继续下去。

社会生活中存在着一个“路径依赖”问题。正如遗传密码在动植物成长过程中所起的作用一样，价值体系是社会意识形态的核心，它规定着社会运行的规范、目标，潜移默化地支配着每一个人的价值观念的形成过程，从而也制导着社会系统的发展方向。只要这种价值体系在社会系统中的支配地位没有改变，社会就会像地球沿着固定的轨道运行一样，始终保持在同一个发展层次上，一次又一次地崩溃，然后是一次又一次地在废墟中重新组织起来，周而复始地循环下去。西方资本主义在经历了一次又一次的经济危机之后，又重新复苏，我国封建社会更是经历了许多朝代的更替；如果没有一个新的价值体系取代私有制价值体系，社会就依然被“锁定”在原来的运行轨道上。

佛经中有一个“盲人摸象”的寓言，实际上，这些年来，理论家和政治家们也在“摸象”，他们围着摸的那头“大象”就是社会生活中的这个“路径依赖”，一个是社会主义核心价值体系控制的“路径依赖”，另一个是资本主义价值体系控制的“路径依赖”，为了简化起见，我们称为“和谐路径”和“丛林路径”。社会主义核心价值体系所控制的路径是进化的路径，成长的路径，虽然其功效并没有充分展示出来，但是资本主义价值体系所控制的路径是退化毁灭的路径。因而就有一个路径的选择问题摆在我们面前，是让资本主义价值体系的“路径依赖”继续控制社会生活呢，还是打破它并让新的价值体系的“路径依赖”主导社会生活？这是一个很严重的问题，比哈姆雷特所问的“是生存，还是毁灭”更严重，因为它不是个人命运的选择，而是人类命运的选择。

我们要想做出正确的选择，自身先要解决价值体系问题，先要超越旧的价值体系。庸人无法提出这个问题，因为他无法想象会有那么一个社会，在那里生活的人们不再是他这样的庸人。他生活在“丛林路径”中很自在，很舒服。但对于真正的共产党人来说，他就不能安于这种庸人的生活。曾经有那么一段时间，某些共产党人也很想安于这种生活，但“丛林路径”所带来的问题迫使他们正视问题的存在，苏联的崩溃和在中国出现的各种问题，迫使共产党人寻找原因和答案，这个寻找过程把共产党人引到超越“丛林路径”和建立“和谐路径”的路上来了。我们推翻了旧制度，但还没有彻底清除与旧制度相适应的价值体系，它还在我们的周围“散发着臭气”，只要有适当的机会，就会自我复制、自我强化起来，使新制度回到旧制度的运行轨道上去。我们必须打破旧的价值体系自我强化的过程，代之以共产党人的价值体系的自我强化过程，才能把新制度“锁定”在新的轨道上；这种价值体系的转换必须是全面的深入的，发生在全体社会成员身上的转变，而不能仅仅是领导人的价值体系的转换，正如卢梭所说，“唯有慢慢诞生的风尚才最后构成那个穹窿顶上的不可动摇的拱心石。”[①]

科学发展观的提出，则明确地把这个问题提到了人们的日程表上。这个目标和富裕不一样，富裕是可以单个人实现的目标，但科学发展则不是单个人可以实现的目标，它要求人们从集体利益的角度来思考问题，它只能是共建共享的目标。而要共建共享，人民群众就要知道用力的方向，而在目前的这种“丛林路径”之下，人们被这个东西控制着，找不到自己的正确方向，生存的自然必然性控制着人们，他们必须适应这个大趋势，否则就要被抛出生活过程。在存在着“丛林路径”的情况下，基尼系数的扩大、违法犯罪现象的增长、恶性事故的频发、黄赌毒等社会丑恶现象的蔓延都是自然而然地要出现的，它们是一个统一的整体的有机的组成部分，这个“丛林路径”就是各种背离科学发展的现象的总根源。如果人们看不见社会生活中的这个“路径依赖”问题，那他对背离科学发展现象的批评都不过是一种道德的义愤；如果人们没有闻道，他所提出的对策都只能是隔靴搔痒、盲人摸象，都只能是遵循着“丛林路径”，推动着以资本主义价值体系来制导社会生活的自组织过程。要想落实科学发展观，就不能听凭“丛林路径”继续控制社会生活过程。

只有正确地提出问题，才能找到问题的答案。我们现在已经正确地提出了问题，科学发展观也已经成为全党和全国人民的共识，深入研究当前所面临的难题并找到答案，从“丛林路径”转换到“和谐路径”上来，就只是一个时间问题了。社会生活也与我们的身体一样，如果我们照顾不好它，它就会采用一些特殊的方式迫使我们注意它。

我们怎样才能从“丛林路径”转换到“和谐路径”上来？人类的价值体系的进化过程是一个自然历史过程。回首这个过程，我们发现，人类在社会价值体系的进化过程中一直处于听天由命地境地，只有在建设社会主义的伟大事业中，人类才能对价值体系在历史上的各种表现进行总结，并把对它的自觉调控提上人类的课程表。同时也只有在建设社会主义核心价

[①][法]卢梭. 社会契约论[M]. 北京：商务印书馆，1994. 第74页.

值体系的过程中，人类才终于跨进了科学发展的大门。历史的机遇把各种有利条件汇聚在中国人身上，中国共产党是执政党，继承了中国的优秀文化传统和马克思主义理想；改革开放以来，创造了高度发达的物质文明。在面临着是科学发展还是走向毁灭的严峻选择时，中国共产党人有条件做出正确选择，为人类文明的延续探索出一条新路来。我们不仅要知其然，还要知其所以然，把价值体系建设切实地抓起来，彻底结束“一手硬、一手软”的状态。

首先，对各种社会难题的根源的追踪，最终都要追溯到价值体系问题上来。在当今社会中存在着两种不同的价值体系：资本主义价值体系和社会主义核心价值体系。与这两种价值体系相配套的，存在着两种行为法则：丛林法则与和谐法则。资本主义的价值体系以财富的私人占有为核心价值，这种价值是排他性的，所以奉行这种价值体系的人自然就处于生存竞争之中，就要遵守着丛林法则。与之相对应的，和谐法则是与社会主义核心价值体系相配套的行为准则，这种价值体系是以人的自由全面发展为核心价值的价值体系，这种核心价值只能集体共享、共同实现，所以奉行这个核心价值的人自然就能够与社会和自然保持和谐，就有可能遵守和谐法则；而且也只有在越来越多的人们实践和谐法则时，社会才能自然而然地趋向于和谐。人类从坚持丛林法则到坚持和谐法则的转换，是从动物状态过渡到真正人的生存状态的提升。

其次，人类面临着自我毁灭的危险。心理学家们发现，在人性的深处潜藏着趋向堕落和趋向完善的两种倾向。与之相对应的，在人类集体中也一直存在着趋向于毁灭和趋向于发展进步的两种力量。在当前这个时代，资本主义和修正主义代表着人性中潜藏着的倒退与毁灭的倾向，两者在本质上是一致的，它们都不能摆脱资本主义价值体系的控制；只有那些坚持着社会主义核心价值体系的人，才能代表历史前进方向和人民的根本利益。少数服从多数的决策机制并不能保证人类行为的合理性，这就需要制定新的决策机制，即保证价值体系先进性的决策机制。但如何判断价值体系的先进性，这仍然需要依据少数服从多数原则，为此就应当保证多数人具有新的价值体系，使这种价值体系在社会生活中真正地占据统治地位。为了防止被资本主义价值体系控制的人挟暴力以干扰历史进步方向，具有新的价值体系的人们还必须牢牢掌握国家机器。

其三，人类如要继续生存下去，就必须来一个价值体系的转换。不管是资本主义还是社会主义，人类都必须组织起来，才能继续生存下去，才能保持其较高的文明水平。人类组织的社会化程度的提高，需要有社会主义的价值体系与之相配套，才能长期维持下去，社会化大生产以及全球化的大趋势都要求人类抛弃丛林法则，建设社会主义核心价值体系。由于西方国家无法挣脱资本主义制度，无法抛弃丛林法则，所以它们就无法解决以人为本、科学发展的问题，也无法构建和谐社会。因而并不是别的什么人在反对全球化，而是资本主义自己在反对着全球化，因为它们不是通过全球化来传播福祉，而是通过它来传播其“软实力”，并同时进行掠夺、传播灾难。这种由资本主义价值体系所主导的全球化进程已经难以为继了。人类要想走出危机，只有一种选择：根据社会化组织程度越来越高的这样一个发展趋势的需要，建立起与之相应的高水平的价值体系，努力推进那种由社会主义核心价值体系所主导的全球化进程。

其四，只有一种能够有计划地生产和分配的自觉的社会生产组织，才能在社会关系方面把人从其余的动物中提升出来，推动历史进入新境界。在建立了社会主义制度之后，我们便可以进一步运用执政权力为人们的精神飞跃创造经济、政治、文化的条件，打破旧的价值体系对人们头脑的控制，人们的精神进化反过来又进一步推动社会主义制度的发展完善。社会主义制度的发展完善与人性的提升相辅相成，人性的进化是社会制度进化的根本动力，共产党的执政能力的核心就在于引导人性进化的能力。社会主义因而就必须为人们提供更高的人生理想，建设新的价值体系；如果我们继续听任丛林法则对人民的误导，自然就会把资本主义社会的各种丑恶现象引到我们的社会中来。在人性堕落的过程中，社会主义的优越性就发挥不出来，无数先烈用鲜血和生命换来的社会主义制度反而会成为弊端，趋向崩解。共产党作为社会主义社会的执政党，必须把建设社会主义核心价值体系作为执政的首要任务来抓，必须研究人民群众接受这个价值体系所需要的政治、经济和文化条件，并切实创造这些条件，围绕着这项任务的实现来组织社会生活，使这个价值体系渗透到社会运行过程中去，渗透到全体社会成员的内心深处。以这种新的价值体系为“序参量”来重组社会生活，也就是运用“美的规律”来构建和谐社会。人类为什么需要孔子、马克思？就是因为他们为人类指明了真善美的目标，引导人类价值体系的不断进化，从而也就可以按照美的规律来建设世界。

只有在价值体系的层次上提出问题，自觉地运用执政权力来建设社会主义核心价值体系，我们才能打破僵局，走出困境，物质文明、政治文明和精神文明建设才能科学发展，人与自然才能保持和谐。

三、各种背离科学发展的现象之根源在于价值体系的迷失

科学发展观的核心是以人为本，是什么原因使我们实现不了以人为本呢？那就是异化现象的继续存在。科学发展观的基本要求是全面协调可持续，是什么原因使我们实现不了这个基本要求呢？那就是收入分配的不断拉大的差距。科学发展的根本方法是统筹兼顾，是什么原因使我们实现不了统筹兼顾，以致各种不平衡的矛盾越来越尖锐呢？那就是对资本主义价值体系的危害认识不清，虽然也在口头上坚持中国特色社会主义方向，但在价值体系上却迷失了方向。这种迷失表现在如下几个方面。

（一）个体价值体系的缺陷。

社会主义核心价值体系的建设的最终目标是培养全面发展的社会主义公民。评估一个文明的优劣，不在于它是否能修建宏伟壮丽的建筑物，也不在于它是否能创造精致实用的科学技术，更不在于它能否创造巨大的GDP数字，而在于这个文明能培养出什么样的人。社会整体所能达到的文明高度，取决于其个体的文明程度。一个社会要想实现科学发展，其个体也必须科学发展。前面说过，要坚持科学发展观，就要坚持马克思主义理想，这种坚持并非仅仅是共产党坚持，而是要求全体社会成员都来坚持，这当然只能是一个奋斗目标，是一个两种价值体系争夺人民群众的拉锯战。单个人坚持什么理想是微不足道的，但无数个体所形成的合力却是决定历史进程的决定力量，所以要真正坚持社会主义道路，就要始终不渝地坚持社会主义理想。实质上，并不存在关于历史发展方向的“客观的”预言，所有的预言都包含着预言者的价值体系，相信某一种预言也就是接受其中的价值体系，就要在这种价值体系的主导下行动起来。当一种预言在社会集体中蔓延开来的时候，这本身就是这一预言得以实现的决定因素。此即心理学所说的皮格马利翁效应。

如何保持社会的科学发展，老子很早就思考了这个问题，他说：“天之道损有余而补不足”，“人之道损不足以奉有余”，那些能够按照自然规律来约束自身需要的人，便是根据“天之道”来生活的人。但在私有制社会中，人们不能按“天之道”行事，“损不足以奉有余”就是一个导致两极分化的机制，是一个正反馈的循环，这就是人们通常所说的马太效应，富有的人

越来越富有，贫穷的人则越来越贫穷。由于这种机制的存在，政府再大的投资，最终都会落入少数人的腰包，进一步拉大贫富差距。不解决贫富差距扩大的机制原因，想试图用经济手段解决当前的经济危机，都将无济于事。收入分配差距的扩大将一直持续下去，社会经济过程无法正常运转，也就不可能有什么科学发展。这种趋势发展下去，直到难以为继的程度，必然会来到一个临界点，在封建社会是发生农民起义，在资本主义制度下则是出现经济危机，原有的秩序被强制性地打乱，重新洗牌，然后再从头开始新一轮的治乱循环，“损不足以奉有余”的机制再重新起动。要想改变这种治乱循环，就必须建设社会主义核心价值体系，把人们所坚持的“人之道”替换为“天之道”。

在社会制度与人的发展水平之间，存在着一种有机的联系。协同学的创始人哈肯做了这样一个类比:“在无生命自然界中，例如在水的液相或固相中，各个分子相互间有一定方式的排列关系，而这种关系又转而决定水或冰的宏观状态。人类社会成员的行为方式在不同的政府形式中也是不同的。”[①]更准确地说，在不同的社会制度下，人类社会成员的行为方式是不同的。处于进化过程中的社会系统，它的宏观状态如经济、文化、政治的发展状况造就了社会成员的发展的环境和条件，制约着每一社会成员的发展水平。反过来，人类社会成员的发展水平和行为方式又决定了相互联系的方式，决定了社会的宏观状态，并且面对宏观环境的变化则改变自己的行为方式，影响和改变宏观环境，为自身的进化创造宏观条件。

当代自然科学关于复杂性问题的研究取得了很大进展，出现了以耗散结构论、协同学为代表的新理论，使我们对社会组织的形成过程有了更深入更准确的理解。按照这种理论，“凡在出现生命的各种组织层次上的系统，对于要在周围环境中无限期地存在下去而言，……只有能进化出一种复制或再生产自身结构的能力才行。使用 H·马图拉纳在六十年代引入的一个术语，我们可以把这类相对高组织层次上的系统称作是自创生的。确实，细胞、器官、生物体，以及生物体组成的群体和社会都是自创生系统；它们自己更新自己，自己修复自己，并且自己复制自己或自己生产自己。”[②]根据这种理论，社会组织的发展演变也是一个自组织过程，可以通过自己

[①] [德]赫尔曼·哈肯. 协同学——大自然构成的奥秘[M]. 上海：上海译文出版社，1995. 第 168 页.
[②] [美]拉兹洛. 进化——广义综合理论[M]. 北京：社会科学文献出版社，1988. 第 45 页.

内部各部分之间的相互作用而自发地形成有序结构。社会是由处在特定关系中的人组成的系统，是人的行动和相互作用的结果，“虽然个人的行为举止部分受到有意设立的规章制度的指导，但最终形成的秩序却是自然而然的，更像是一个有机体，而不像是一个组织。”①

我们党已经把“促进人的全面发展”写进了党章，所以我们就必须弄清楚什么是人的全面发展，才能落实到位。人的全面发展并非仅仅是个体所拥有的各种才能，它是集体的目标，要让每个人的天赋都得到充分发展，才能形成一个百花争艳的局面。要达到这个局面，其基本前提是超越私有制的价值体系，一方面社会要保护、鼓励人性的自由发展，另一方面，个体又要自觉地以人的全面发展为核心价值，成为社会主义社会的合格公民，在自觉服务社会公共利益中实现生命的最大价值。在此基础上，人们个体才能的充分发展便可以互相补充，共同促进社会公共利益。所谓的多元化，并不是放纵私有制价值体系，而是在坚持社会主义核心价值体系的主导地位的基础上，使人们各自的天赋才能都得到充分自由的发展。我们不能要求所有的人都达到社会主义核心价值体系，不管在什么时候，都仍然有人达不到这个水平，但是我们必须把这些人的危害约束在最低限度，形成一个鼓励人们健康向上的社会气候。只有当大多数人达到了这个新水平上，才能实现个人的消费与劳动之间的平衡，个体才能的充分自由的发展就会造福整个社会，人们便可共享由于社会分工所带来的额外好处，社会才能保持健康，保障每个人的生存需要，从而进一步促进人的自由全面发展。在这样的基础上，才能实现科学发展。

如果背离了这个方向，以生存的自然必然性的强制压力来迫使人们以财富的私人占有为核心价值，培养出力图少劳多得、贪得无厌的人，那就不可能有什么科学发展。一个目光短浅、贪图安逸的人不可能获得一个充实有价值的人生。对于一个国家民族来说，也是同样道理。如果整个民族目光短浅，得过且过，或者自我放纵、横行无忌，那就必然会遇到很多麻烦，诸如某些欧洲国家的债务危机，也无非因为它们的病态的高福利制度。据说希腊公务员到四十岁就可退休，这些畸形的制度，使欧洲各国普遍透支了将来。要想科学发展，还是要记住老祖宗留下的教导：“生财有大道，生之者众，食之者寡，为之者疾，用之者舒，则财恒足矣。”背离了这个大

①[美]拉兹洛.进化——广义综合理论[M].北京：社会科学文献出版社，1988.第91页.

道，不管是哪个企业、哪个国家，都不可能正常运转下去。就是有各种巧取豪夺的手段的资本主义的企业和国家，也不可能长期持续下去。

最近这场席卷全球的金融危机就是由于华尔街的贪婪所造成的。由于AIG(American International Group美国国际集团——全球市值最大的保险公司)濒临破产，美国政府对其实施了1800亿美元的援助。让人没有想到的是，AIG转过身就拿出了其中的2.18亿美元，为73名公司高管发放了奖金。其中5名高管的奖金数超过400万美元，其余人的奖金数均超过100万美元。AIG高管的贪婪和腐败受到美国民众的愤怒讨伐，也让世人对“美式价值观”有了进一步的认识。明明是私分了政府的救助公款，AIG首席执行官在国会听证会上仍然理直气壮地说:“公司与员工之间过去制定的奖金协议应该得到遵守”。美国人不仅在自己国家内部贪婪，而且更擅长于向外部掠夺，“从20世纪60年代起，美国经济便开始逐步被金融寡头所掌控，美国从此走向衰退，从一个奋发向上、不断开拓的创新型国家变为一个唯利是图的贪婪国家，人人都指望不费力气就可以发家致富，靠剪‘外国羊毛’——剥削别国为生。为此，美国不断把自己的危机转嫁与人。”[①]坚持这种价值观的人，就像人体中只知自我膨胀的癌细胞，当一个社会肌体全由持这种价值观的癌细胞组成的时候，也就是一个癌细胞已经扩散的社会，在这样的社会中不可能有什么科学发展。

从我们自己的情况来看，这些年来的思想政治教育被削弱淡化，传统美德被淡忘，流行的是“性恶论”，倡导的是能挣会花，在这种情况下，想要实现科学发展，岂不是南辕北辙，缘木求鱼。有那么一些人，不知这里的利害，主动地要求与世界接轨，把“美式价值观”接了进来。凌志军在2003年初推出的《变化——1990—2002年中国实录》一书，记录下了这种变化，书中写道，在1992年以后，在中国，“一个最深沉的变化已经发生，无论是官员还是百姓，‘主义’的力量已无法继续主宰他们的精神世界，起而代之的是‘一夜暴富的梦想’。”[②]“是与非、善与恶、美与丑，已经出现颠倒过来的迹象。”[③]“人的发财欲望和想象力、公款和银行里的钱就像自家的、欺骗、轻信、操纵媒体、追赶风潮、制度与道德全都没有约束力、

[①]《中国青年报》2009年7月24日：对拉鲁什的专访.

[②]凌志军.变化——1990—2002年中国实录[M].北京:中国社会科学出版社,2003.第163页.

[③]同上,第123页.

法律也无可奈何……”[1]这个潮流带来了 GDP 的快速增长，但要想实现科学发展，那就很困难；过去所倡导的价值体系被削弱淡化，“忠孝节义”受到了批判，“三老四严”、“一不怕苦二不怕死”都受到质疑，“自力更生，艰苦奋斗”精神被抛弃，西方资本主义社会的“经济人”假设堂而皇之地招摇过市，潘多拉魔盒就被打开了，公有制企业的运行困难与改制转型就是一个自然而然的过程；党员干部队伍中出现腐败现象，也是一个自然而然的过程。如果听任这种趋势继续下去，社会生活只能每况愈下，要想实现科学发展，那就只能是南辕北辙。

即使仅仅从个人身心健康的角度来看，也应当进行价值体系的建设。现代人面临着巨大的生存压力，激烈的竞争，让每个人的心弦绷得紧紧的；无论穷人或富人，都同样是终日充满焦虑；沸腾的欲壑、狂躁的心绪、恶劣的环境、多害的饮食，让国人的疾病花样百出，不胜枚举。少数处于绝望中的人们铤而走险，疯狂地报复社会，一点小冲突就会引发一系列连锁反应，以至于酿成前所未闻的凶杀案件。这些都是社会“精神危机”的表现，在这样的基础上，也不可能有什么科学发展。

此外，在这种民众利益彼此对立、一盘散沙的状态中，必然会产生出特殊利益集团。美国马里兰大学讲座教授奥尔森在 1982 年出版了《国家的兴起和衰落》，这本书的要点是，“任何一个国家，只要有足够长时间的政治稳定，就会出现特殊利益集团。它们会变得越来越明白、成熟、有技巧，对这个国家最重要的公共政策会越来越知道该怎样操纵，由于他们的技巧越来越娴熟，因而获得的利益也就越来越持续、越多。最终慢慢导致这个国家的经济、社会、行政、法律等方面的体制、政策、组织，变成最符合特殊利益集团的安排，使得该国发展的新动力越来越被抑制，各个部门越来越僵化，这必然导致国家的衰落。”[2]这种利益集团的出现是私有制社会的必然产物，在各个追求个人物质利益的互相敌对的个体中，人们必然要纠结起来，形成利益共同体，在美国就有军工集团和金融集团绑架了美国政府，在中国也同样存在着一个由贪腐官员、奸商和精英知识分子构成的“铁三角”，他们甚至与黑社会纠结在一起，威胁社会公共利益。在这种特殊利益集团不断发展坐大的情况下，社会就不可能有什么科学发展。比如

[1]同上，第 189 页.

[2]这段资料采自互联网：美国马里兰大学讲座教授奥尔森（Mancur Olson）的 The Rise and Decline of Nations，《国家的兴起和衰落》，1982 年出版.

重庆重拳打黑，其声势之浩大、成果之丰硕引起国内外广泛好评，但重庆市委书记薄熙来却向公众道出初衷：“打黑不是我们要主动而为，而是黑恶势力逼得我们没办法。”正所谓树欲静而风不止，共产党的领导权要想与资本主义价值体系保持和谐，那是不可能的。

（二）社会价值体系的缺陷。

我们要摆脱西方发展模式的控制，走自己的路，首先就要摆脱以物为本的价值体系。西方人并没有明确地说要以物为本，但他们的 GDP 崇拜与以人为本有内在的冲突，就像“特洛伊木马”一样，在 GDP 中暗含着以物为本的价值体系。

文艺复兴以来，西方人据说是重新发现了“人”，突破了中世纪神学政治对人性的控制。这是一个历史进步，但我们现在可以看到，他们所发现的这个“人”是不完善的，完全处于动物式的情欲物欲的控制之下。以这种人性为基础，西方世界形成了一套以物质财富的占有为核心价值的价值体系，这种价值体系有一套衡量社会发展的 GDP 指标，以及与之相配套的行为法则——丛林法则。这种价值体系有它的优点，那就是可以调动人们追求财富的积极性，从而极大地发展人类的物质生产力，同时也有其弊端，它在疯狂地追逐物质财富的同时，也制造灾难，破坏环境。当今世界的各种危机，其根源都在于这种价值体系。

自 1848 年鸦片战争以来，中华文明与西方文明碰撞，中国人逐步地接受西方人的价值体系。特别是改革开放以来，我们也采用 GDP 指标来评价社会经济发展过程，生产力发展得很快，翻两番和建设小康社会的各项指标实现得很迅速。不知不觉中，中国还成了美国的最大的债权国。在享受了这种价值体系所创造的发展成果的同时，我们也引进了它的弊端，环境污染、收入分配差距持续拉大，社会矛盾也日益尖锐起来。

实践证明，GDP 不能作为经济社会发展的核心价值；把它作为核心价值，必然会带来一系列严重后果。首先，GDP 作为判断宏观经济形势的核心指标，与所有统计指标一样具有局限性，生态环境、就业形势、收入分配状况等内容都很难从中体现。在 GDP 大棒指挥下，一些干部难免“一叶障目，不见泰山”，只有拉动 GDP 的工作才干，只有增长 GDP 的项目才上，不愿做一些无关数据却关乎民生的事情，以至于在经济繁荣的表象下，人民群众并没有得到多少真正的实惠。其次，一些地方官员为了在干部选拔中获得竞争优势，在统计数据上弄虚作假，通过“注水”营造出好看的数据，以提升本地的GDP排名位次。这种“官出数字、数字出官”的现象，不仅损害地方党委政府的公信力，还会直接导致对当地经济走势的盲目乐观，从而影响到决策层的施政行为。

近年来，淡化GDP的呼声日渐高涨。但要真正地摆脱GDP的控制，那就还是要超越资本主义的那一套价值体系。马克思以对异化现象的分析批判了资本主义，他之所以能进行这样的批判，是因为他带来了一种新的价值体系，不再以财富的占有作为唯一的目标，而是以一种新的目标作为核心，这就是人的自由全面发展。这种以人为本的价值体系也正是我们现在所要坚持的社会主义核心价值体系。这种新的价值体系不是凭空而来的，而是在资本主义价值体系的基础上发展起来的，或者说，资本主义价值体系虽然是以物为核心，但那只是因为人们没有认识到真正的核心，这就好像太阳系的核心本来就是太阳，就算是人们误以为地球是核心，太阳也还仍然在那里处于核心地位。在人们以地球为核心来观察天象时，就会遇到许多问题不好解释，于是哥白尼把这个核心从地球移到太阳上，一切矛盾都迎刃而解了。马克思在社会价值体系上所做的也就是哥白尼在天文学上所作的事情，把核心移动了一下，从局限于对物的追求提升到对人的自由全面发展的追求上。理论上的这样一个革命，开拓了人类价值体系进化的新境界，运用这个认识来指导实践，于是就结束了对物的追逐和对人的忽视而造成痉挛、颠倒、异化，人们的身心趋向于和谐，人与人之间的关系也趋向于和谐，人与自然的关系也将相应地趋向于和谐。

党中央提出的科学发展观正是这样一个社会价值体系的转换，打破了对GDP的迷信，从以物为本转换为以人为本，以人民群众生活水平的提高为核心价值。经济发展问题并非仅仅是经济领域里的问题，而是一个包括政治与文化在内的综合性问题。首先要有一个引导人性健康全面发展文化环境，然后还要形成一个既有集中又有民主、既有纪律又有自由、既有统一意志又有个人心情舒畅的生动活泼的政治局面，这样才能把所有社会成员凝聚起来共同应对各种挑战，保持人类与自然之间的物质变换过程的正常进行。科学发展观坚持了马克思所开创的方向，必将推动人类经济社会发展实现一个伟大飞跃。

（三）对环境问题的麻木不仁。

当今世界面临着许多复杂问题，其中之一就是迫在眉睫的环境危机。很早就有罗马俱乐部的专家们大声疾呼，但是到现在才提上各国首脑的议程。为阻止地球气温的继续升高，在哥本哈根召开了联合国气候大会，在经过漫长的谈判之后，结果是仅仅通过了一个不具法律约束力的协议。由此我们可以看到当今人类的可悲：

一是冷酷。地球是人类的唯一的家园，人类必须与之和谐相处，但当代人却肆无忌惮地破坏环境，不惜自我毁灭，就像一群贪婪的寄生虫。市场经济所内涵的那一套价值体系可以激发社会的活力，推动生产力的发展，这是其有用的一面，但在另一方面，它不能保证以人为本和实现科学发展。在它的驱使下，人类对地球资源的掠夺和对生态环境的破坏愈演愈烈，已经超越了地球的再生能力。虽然有大量的有识之士在呼吁，但各国政要仍然要维持现有的经济秩序，把迫在眉睫的危险置之脑后，依然在通向自我毁灭的路上飞跑。

二是麻木。大家都觉得问题很严重，但又都期待着别人采取行动，结果是眼睁睁地看着灾难降临到自己头上。当整个人类社会仍然以消费主义为时尚的时候，温室气体的排放就会一直增加下去，环境污染、能源短缺问题也将继续发展下去，对人类的生存构成严峻挑战。从大自然的进化过程来看，凡是没有天敌的生物，往往会由于无节制的发展而自我毁灭；当今人类没有天敌，若不能自我克制，也必然要自取灭亡。处在一个较低的价值体系发展水平上，人们就会被“锁定”在某个狭隘的目标上，他的感知能力、实践能力和审美情趣都指向这个目标，形成一个“路径依赖”，难于解脱。当今人类无节制地追求物质消费，地球资源和生态环境不可能满足人类这种不断更新的“物质极大丰富”的欲望，迟早要碰到地球生态环境的底限。

现在看来，挽救人类自我毁灭的希望寄托在中国人身上。我们中国人已经把科学发展列为国家治理的目标，提出了科学发展观的要求，要落实这个目标，就必须深入研究深层次的价值体系问题，打破市场法则所设定的“丛林路径”，让社会主义核心价值体系主导社会生活过程。我们要想减少碳排放量，那就必须约束自己的碳排放行为，采用一种低碳生活方式。采用这种新的生活方式，就必须在价值体系上来一个转换，由原来的无节制的追求生活高消费，转变到以尽量减少碳排放的和谐共生为核心价值。应当像马克思所说的那样，按照美的规律来建设整个世界，包括大自然、人类社会，当然也要用美的规律来塑造自身。我们要以人为本，就必须有一个引导人健康全面发展的价值体系；要构建和谐社会，必须培育那种能引导社会走向和谐的价值体系；要坚持科学发展观，就必须建立一个科学合理地评价经济发展水平、官员政绩的价值体系。

由于我们还没有建设起一个保证科学发展的价值体系，所以各种背离科学发展的现象依然存在，并越来越严重。在高度评价改革开放三十多年的成绩的同时，也必须研究一下改革开放过程中所伴生的各种背离科学发展现象的根源，对症下药，在价值体系层面制订治疗方案，自觉推进价值体系的进化，这样才能保证我国改革开放政策继续下去。

全球气候变化、环境保护、公共卫生安全、能源资源安全、粮食安全等全球性的议题，都超越了资本主义制度的应变能力。人类为应对这些问题，最终将不得不开始价值体系的进化。实现这个伟大的历史飞跃，需要在全人类的共同努力。作为万物之灵的人类，其优势就在于能够根据现实需要而与时俱进，自觉地进行价值体系的转换。当今人类所面临的各种危机正是推进人类完成价值体系进化的动力；是自我毁灭还是放弃资本主义价值体系，整个人类都面临着选择，我们相信，生存的需要将迫使人类做出正确选择。正如里夫金等人所说："万事如意之时，谁也不会想去改变他们的生活方式——除非他们疯了。"[①]历史正有条不紊地实现自己的目标，虽然有很多人还看不明白。

四、建设社会主义核心价值体系，把社会导入科学发展轨道

（一）科学发展是社会运行的高层次目标。

从价值体系进化论的观点来看科学发展，下面两个看法应当是不言而喻的：

1、社会是一个有机整体，科学发展的目标与以人为本和构建和谐社会有机地统一在一起，它并非仅仅是经济发展目标，同时也是社会政治、文化发展的目标，不可能脱离其他目标而单独实现。

2、科学发展的目标在社会政治目标中位于较高的级次。就像自我实现在个体价值体系中处于较高的级次一样，科学发展在社会政治目标体系中，也处于较高的级次，需要经历漫长的发展过程，才能认识这个目标。

由于上述原因，只有在建设中国特色社会主义的过程中，我们才能提出科学发展这个目标，同时也只有在社会主义制度不断完善进步的过程中，

---

①[美]杰里米·里夫金、特德·霍华德..熵：一种新的世界观[M].上海：上海译文出版社，1987.第57页.

在不断推进社会主义核心价值体系建设的过程中，我们才能最终实现这个目标。

几千年来，人类一直在寻找进入理想社会目标的道路，这同时也是人类关于理想社会目标的从抽象到具体、从片面到全面、逐步清晰起来的过程。马克思在《政治经济学批判》导言中说："具体之所以具体，因为它是许多规定的综合，因而是多样性的统一。因此它在思维中表现为综合的过程，表现为结果，而不是表现为起点，虽然它是现实中的起点，因而也是直观和表象的起点。在第一条道路上，完整的表象蒸发为抽象的规定；在第二条道路上，抽象的规定在思维行程中导致具体的再现。"[①]对社会发展目标的认识遵循着同样的规律，首先得出一些关于理想社会的抽象规定，然后在思维中把这些规定综合起来，形成关于理想社会的具体形象，然后再进一步把它运用于现实政治实践过程，构建理想社会。

这个过程很漫长，在西方有柏拉图和亚里士多德开其先河，在中国则从《尚书》开始，老子、孔子等诸子百家提出了各自的主张，就像盲人摸象的寓言所描述的那样，由于社会政治过程这头大象太大太复杂，人们各自摸到的只是其中的一部分，如柏拉图提出"哲学王"的主张，老子提出"无为而治"的主张，孔子提出"为政以德"的主张，墨子提出"兼爱尚贤，强本节用"的主张，法家提出法治是"为治之本"的主张，如此等等。这些主张也都暗含着科学发展的要求；但由于时代局限性，科学发展的要求没有得到清晰的表述；这些学说都摸到了大象的一个部分，但又都具有片面性，没有抓住价值体系这个关键，都是在那种自发形成的价值体系控制着社会运行过程的基础上折腾，各种主义和理论都不过是在"热锅"上跳舞，不知道如何把锅下的火撤掉。

而在政治实践中，占主导地位的却是没有理想却拥有骑兵、大炮、金钱与阴谋的野心家。在这种情况下，几千年来，政治领域始终是最肮脏与血腥的领域，陷在这种肮脏与血腥的旋涡中，人们就无暇提出科学发展观这种较高级的政治目标。包括标榜着自由、民主、人权的当代资本主义政治，也仍然摆脱不了这种命运。尽管西方人也创造了一些政治经验，诸如采用"三权分立"来对权力进行制约，相对于以前的制度来说有其进步意义；但由于其价值体系的发育不全，不管他们如何折腾，都无法实现科学

[①]马克思恩格斯选集[M]. 第 2 卷. 北京：人民出版社, 1995. 第 18 页.

发展，当然也提不出科学发展的目标。同时也由于西方人囿于井蛙之见，以为他们那一套市场经济加大选的政治模式就是关于理想制度的最后答案，到处推销，甚至以武力和欺诈等各种手段把它强加于人，不仅不能解决现实问题，反而到处制造问题，推动人类自我毁灭过程的不断加速。《参考消息》上有文章说："西方关于全球性挑战的所有分析中，都假定自己是解决全球主要问题的根源。然而事实上，西方同时也是这些问题的最主要根源。"①

在西方人探索的过程中，中国人则从另外一个方向进行了探索。我们有五千多年的连续的文明史，从秦始皇统一中国、建立大一统的中央政权开始，如何保持国家政权的稳定就成了政治家们关注的中心。汉武帝实行了"罢黜百家，独尊儒术"的政策，把儒家学说作为全国上下共同遵守的价值体系，完成了中国的文化统一。此后还有唐宗宋祖等伟大的政治家，积累了博大精深的政治经验。但是几千年来，中国社会一直处在周而复始的治乱循环过程中，也和西方一样陷在肮脏与血腥的政治斗争中，在这种情况下，人们自然就不可能提出科学发展的目标。直到新中国建立之后，才有了摆脱这种状态的历史机遇。中国共产党的领导人坚持崇高理想，领导中国人民推翻了三座大山，彻底清理了旧社会遗留下的污泥浊水，使中国的社会政治过程实现了一个伟大的飞跃，在这个基础上，我们才能摆脱周期性的治乱循环，提出科学发展这一目标。

特别重要的是，中华民族不仅积累了丰富的政治经验，而且还面临着极其尖锐复杂的现实问题，它迫使我们行动起来，寻找实现科学发展的道路。危机是进化的诱因，近代以来，中国人身处三座大山的残酷压迫之下，面临亡国灭种的危机，从而不得不寻找新的出路；在尝试了很多办法并且此路不通的情况下，才最终走上了社会主义道路。社会主义制度的建立也还不是最后的答案，仍然还有许多复杂的难题迫使我们进一步以一种开放的心态，博采众长，努力建设或者说是进一步丰富中国特色社会主义理论。在经历了执政60余年的艰难探索之后，中国共产党人终于抓住了保持社会政治稳定的核心问题，抓住了主要矛盾，找到了价值体系这个社会运行过程的密码，提出了建设社会主义核心价值体系的目标，从而也就找到了实现科学发展的路径。

① 《参考消息》2008年6月23日第3版文章：《西方已成为全球主要危险之源》.

（二）社会主义制度应当尽快发育出一套保证科学发展的价值体系。

中国共产党经过执政60余年的实践，形成了关于中国特色社会主义的理论体系，其中包含了一整套社会发展目标，如发展生产力、坚持四项基本原则、坚持改革开放，以及以人为本、科学发展观、构建和谐社会、建设和谐世界等。但是，仅仅把这些抽象规定抽象出来，还只是完成了第一条道路。要建设一个理想的政治体制，还必须踏上第二条道路，“抽象的规定在思维的行程中导致具体的再现”。对于执政的共产党人来说，我们还必须知道如何把这些规定贯彻到社会生活中去，实实在在地造福人民群众。

因而，我们不能像资产阶级那样，只知道“自由、民主、人权”等抽象目标，而不知道如何实现这些目标；他们只能知其然而不知其所以然，正如黑格尔所批评的那样，这些目标只是一个软弱无力的“应该”，没有能力落实到社会生活中去。其之所以如此，根源在于价值体系的发育不成熟与社会发展的低水平，这两者是互相配套的。处在这种价值体系发育水平上的人容纳不下以人为本、科学发展与构建和谐社会的目标，只能以抽象的“自由、民主、人权”来包装其丛林法则的行为模式，他们不是“有诸己而后求诸人，无诸己而后非诸人”，而是采用双重标准，用那些自己尚且不能实现的目标来批评别人。由于价值体系的发育不全，他们就不可能实现科学发展，同样也没有能力实现“自由、民主、人权”。他们不仅自相矛盾，而且还是导致社会矛盾的根源。

我们现在认识到，各种社会目标，要想得以实现，就必须建立与之相配套的价值体系。比如说，我国经济之所以能够连续保持较高的增长速度，就是因为我们有一套价值体系作保障，一是在社会层面上，鼓励人们“富起来”，二是在干部管理上，把生产力的发展与干部的任用结合起来。通过这样一种价值体系把人们对人生价值的追求与生产力的增长结合起来，把人民群众追求物质财富的积极性调动起来，生产力自然就会高速发展起来。正所谓“成也萧何，败也萧何”，这样一个有利于发展生产力的价值体系，同时也是带来诸多背离科学发展的问题的根源。

总结经验教训，我们就要对现有的这种能够带来经济增长却又带来诸多问题的价值体系进行修改完善。我们比资产阶级高明的地方在于，我们位于新的历史发展高度，有一套新的社会政治制度，在此基础上就能够提出科学发展观的目标；而且进一步认识到价值体系在社会生活中的作用，并且日渐自觉地建设起一套保证科学发展观得以实现的价值体系。

我们现在的社会管理工作还面临着另外一个问题，那就是经济社会运行过程高度复杂，评价其运行状态的指标体系也高度复杂，其中还有相当一部分是自相矛盾的，在这种情况下，如果每一个目标都要建立起相应的包括制度激励在内的价值体系，这就会使社会价值体系异常复杂，从而使社会管理工作异常繁剧。要想发展生产力就必须建立起一套价值体系，要想搞好精神文明建设是这样，我们还要调控物价、打压房价，我们还要维护社会稳定，如此等等的各项工作都是硬任务，都需要布置安排、制定目标责任制，然后还要检查落实。所以，我们现在的社会管理机构过于庞大，这是有理由的。与过去封建社会时地方官只管断案和收粮相比，现在的社会管理工作非常复杂，这种趋势发展下去，势必会难以为继，无须有来自外部的威胁和天灾的袭击，仅仅是社会管理工作的日益繁杂和社会管理队伍的日益膨胀，就会把社会自身压垮。

要解决上述问题，我们就必须在社会价值体系上实现一个由繁到简的升华，发展出一个可以把一切目标都囊括于其中的价值体系，形成一支有别于斯密的“看不见的手”，把人们的积极性和进取精神调动起来，同时又它们纳入科学发展轨道，自然而然地促进社会公共利益。只有这样，才能大大简化社会管理工作，从而减少人力、财力、物力的不必要的耗费，这对于社会的科学发展来说，也是必不可少的内容。社会价值体系的进化也遵循科学理论进步的规律，这是一个由繁到简的过程。我们可以比较一下为了解释天象而加了一个又一个本轮的地心说与哥白尼的日心说，比较一下牛顿物理学与爱因斯坦的理论，我们便可知道，新诞生的理论的主要特点就是简单性，它们消除了被它们取代的理论中存在的严重混乱和困惑。大道至简，在价值体系的进化过程中，新出现的价值体系必须简洁实用，这样它才能被大众接受。一种理论如果很复杂，那就表明它仍然没有达到“闻道”的程度。

我们之所以要建设的社会主义核心价值体系，目的就在于解决上述问题，创造出一支新的“看不见的手”，既引导个性的健康发展，又促进社会的科学发展。它并非仅仅是人们头脑中的价值体系，而是支配着现实的经济社会过程的序参量，一整套政治经济制度和奖惩激励措施。我们必须强调，新的“看不见的手”并不是由学者在书斋里创造出来的，而是在人们普遍地超越私有制价值体系的基础上自动形成的，这是一个自组织过程。只有在社会主义制度的前提下，在共产党的领导下，才能做好这件事情。

社会政治经济制度必然包含一种价值体系，二者互相支撑。一种价值体系，不管它设计得多么合理完美，如果没有社会政治经济制度的支持，就只能是空想的乌托邦；同样，一种新的政治经济制度，如果没有新的价值体系的支撑，也是没有生命力的，迟早要趋于崩溃。尽快地发育出这样一个价值体系，这是社会主义成长过程中的必然环节，这就像小公鸡一样，它必须长出鸡冠，才像一只公鸡的样子。

（三）只有闻道者才能正确地提出问题，找到现实难题的解答。

在当今世界上，由于占主导地位的私有制价值体系的狭隘无能，给社会生活造成了巨大混乱，经济危机、环境灾难、社会腐败以及战争、动乱等，威胁着人类自身的生存。当初苏联东欧社会主义阵营解体时，有人把西方的社会制度称作“人类意识形态发展的终点”、“人类最后一种统治形式”。但出乎许多人的意料，美国主宰的单极世界不过是昙花一现。在军事上深陷伊拉克、阿富汗两个泥潭；在经济上受到金融危机的重创并导致严重的信任危机。现在整个世界面临着大危机，资本主义制度所造成的巨大灾难彻底地暴露它的腐朽落后，原来的生活轨道再也不能继续下去了。这正是人民群众觉悟的机遇，也正是新的价值体系成长壮大的机遇，所以有越来越多的人认识到价值体系的重要性。比如《参考消息》上就有文章说：“美国的金融规范、管理和判断力全面崩溃，麦道夫事件只是冰山一角。正因为如此，我们需要的不仅是金融救援；而且还需要道德救援。我们需要重新建立市场、道德与管理之间的核心平衡。我不想扼杀推动资本主义发展所必不可少的动物精神，但我也不想被它们吞噬掉。”[①]

要想摆脱困境，实现科学发展，就要找到正确的提问题的方式。用毛泽东的话来说，就是要找到主要矛盾。就算人们怀有良好的动机，如果没有抓住主要矛盾，也仍然找不到解决现实问题的办法。因为这种提出问题的方式限制了人们的选择，不管他是否愿意全心全意为人民服务，都找不到现实难题的正确解答。正确地提出问题是正确解答问题的一半，不能正确地提出问题，就找不到问题的正确答案。

比如说在金融危机中，美国人要做的选择题就是要不要拿出7000亿资金进行救助。布什总统认为应当这么做，他警告美国人说，如果国会不做出迅速的反应，美国将陷入“一场长期而痛苦的衰退。”保尔森也认为必须

[①]《参考消息》2008年12月19日第3版文章：《托马斯·弗里德曼撰文称：美国应对金融危机需要道德救援》.

这么做，为了让国会通过这个计划，他还做了一个单腿跪地的动作，恳求议长佩洛西。但是，在这个救不救市的选择题中，没有正确的解答，救市也只能让危机缓和一下，不救则立即倒下，但不管怎样，病根是除不掉的。

再比如，有很多人所习惯的提问题的方式是“是民主还是专制”，好像只要实行他们所说的“民主”，就可以解决各种难题，这也不是正确提出问题的方式。这种提问题的方式把民众和领导对立起来，在这个非此即彼的选择中主张民主。但是，在领导者与人民之间，有谁是天然的正确意见的代表者呢？只有闻道者才能正确地提出问题，找到解决问题的答案。如果没有闻道，不管是领导还是民众，都不代表正确意见。在这个选择题中，没有抓住主要矛盾，因而就没有正确选项。如果没有闻道者出现，不管是按人民说的办，还是按领导者说的办，都不能找到正确答案。正确的提出问题的方式是，是按闻道者说的办还是按未闻道者说的办？

回头再看美国人关于要不要救市的争论，不管是上届总统布什还是现任总统奥巴马，有哪一个人闻道了？所以美国人民很有理由悲观地认为国家走在错误路线上，“全国民众都陷入对于金融市场动荡和像雷曼兄弟之类华尔街标志性企业倒闭的深度不安情绪中，同时他们对政府制定的可能成为美国历史上代价最昂贵的救援计划充满了怀疑和愤怒。”只有价值体系的进化，才能给社会生活带来实质性的进步。如果没有人立志于闻道，没有人愿意从修之于身做起，直至修之于天下，那就无法把社会生活引上正轨。在这种情况下，不管人们如何互相抱怨，互相攻击，不管人们如何钟爱民主程序，社会依然要在自我毁灭的路上向前狂奔。

时代前进了，面对新形势，我们应当跳出原来的思维范式，在新范式的基础上，找到主要矛盾，提出新的问题。生产力的发展曾经是社会主要矛盾，但不能永远是主要矛盾。一个矛盾解决了，新的矛盾又会冒出来，如此不断深入，直到把两种价值体系的冲突呈现在我们面前。这就是当今时代的主要矛盾，面对这一主要矛盾，问题的正确提法是如何对社会价值体系进行引导调控，让社会主义核心价值体系占居主导地位。只有这样，社会生活才可以走上科学发展的正轨，日渐完善，日趋和谐，最终达到老子所说的无为而治的境界。如果人没有闻道，那就不管是他处在领导的位置还是处在人民的位置，也不管他的人数是多还是少，其主张都不具有天然合理的依据，其所作所为都只能是“折腾”。如果有人不想“折腾”，那就要努力闻道，这是任何人都可以做的事情，不管他是领导者还是人民中的一员。

闻道至关重要，对个人来说，迈出这一步，便可一通百通，人生之路越走越宽。对社会来说也是如此，也必须闻道，让社会主义核心价值体系居于支配地位，也可一通百通，蒸蒸日上，越来越稳定和谐。所谓以人为本，并非仅仅是为人们提供各种生活资料，使全体人民学有所教、劳有所得、病有所医、老有所养、住有所居，关注人民的生存需要；这些都是必须的，但这只是其中的一方面，更重要的是另一方面，抓好价值体系建设，把社会主义核心价值体系灌输到人民群众中去，用一套科学合理的价值体系来引导人性，唤醒其内在潜力，激昂奋发地投入到创造性劳动中去，自己动手解决生存发展中的各种问题。只有在这样的基础上，才能打破旧的价值体系的“超循环”过程并代之以新价值体系的“超循环”过程，才能把社会主义与市场经济有机地结合起来，形成中国特色社会主义。

当然，能不能认识到价值体系的重要性，这是一回事；能不能实际地建设新的价值体系，则是另一回事；能不能始终一贯地坚持这种价值体系，则又是一回事。在我们这样一个大国，在全球化的时代背景之下，如何建设社会主义核心价值体系，还是一个很复杂的课题，还需要漫长的探索，但这个大方向是正确的，我们必须始终坚持下去。在建设中国特色社会主义的过程中，共产党必须始终坚持社会主义核心价值体系，特别是那些建言者、决策者，他们是否闻道了，是否能够始终坚持社会主义核心价值体系，这是至关重要的。

现在，党中央所提出的一系列大政方针维护了中华民族的整体利益，深得民心，并且提出了建设社会主义核心价值体系的目标，抓住了根本。价值体系的转换将使人的生命完成一个质的飞跃，实现一个点石成金的转化，从一个寄生在社会肌体上只知索取和抱怨的人，转变为一个积极进取的有益于社会的人，转变为一个高尚的人、纯粹的人、一个脱离了低级趣味的人、一个有益于人民的人。所谓建设社会主义核心价值体系，也就是促进人们完成这种生命过程中的质的飞跃，用佛教的话来说，这是一件普渡众生、功德无量的善政。虽然我们面临的问题很多，形势很严峻，但是我们相信，只要建设好社会主义核心价值体系，让闻道者在社会中比比皆是，实现科学发展的目标就指日可待。

第五章　社会主义核心价值体系引导人类构建和谐社会

价值体系的进化是人类社会进步的根本动力，我们的各种社会发展目标，要想得到实现，都必须在社会价值体系的进化上找到根据。如果人们一方面追求着某种目标，同时又在实际上倡导与这个目标相矛盾的价值体系，那就是自相矛盾、南辕北辙。

这些年来，有那么一些人就喜欢拿着西方的那一套政治理论来往我们的现实政治生活中套，形成了习惯，以至于这一套东西在他们头脑中形成了一种新的迷信：凡是西方的政治模式便是好东西，凡是有助于市场法则的都应大加鼓励。这些年来，某些人就是按照这一套价值体系来出主意、制定方案的，这样一来，就把社会主义中国改得越来越像资本主义了，贪污腐败、黄赌毒、黑社会、收入分配拉大、环境恶化等问题，就像雨后的蘑菇一样，都冒出来了。于是乎，在他们身上就形成了这样一种尖锐的自相矛盾的现象：一方面激烈地批评中国社会中的各种缺点问题，另一方面又迫不及待地把西方的丛林法则引入中国，使中国社会中的各种问题更加尖锐、内耗更加剧烈。

我们要构建和谐社会，就必须打破这种新的“两个凡是”，在价值体系问题上也要有一个思想解放。我们必须认识到，如果不能自觉地建设一个高于西方文明的新价值体系，那么，不管我们把构建和谐社会的目标强调得多么响，上述问题仍将继续发展下去，和谐社会仍然要离我们渐行渐远。这是因为，资本主义价值体系、丛林法则并非是西方的专利，它不过是动物式的本能而已，它在我们这个社会中同样存在，而且先入为主地控制着社会运行过程。它就是一个不断地把内耗制造出来的价值体系，一个没有闻道的人就是一个内耗的策源地，就算他很想和谐，也没有能力和谐。如果听任这种人自发地大批地经常地每日每时地产生出来，必然要把人类文明毁掉。

和谐社会就是能够把内耗降到最低的社会。我们要构建和谐社会，就必须控制和减少社会内耗；而要控制和减少内耗，就必须控制那制造内耗的丛林法则，把它从人的内心里赶出去，这就需要有比它更有吸引力的价值体系占领原来由它盘踞的地盘，培育一种保障和谐社会的目标实现的价值体系。只有当丛林法则在社会生活中越来越弱化、社会主义核心价值体系越来越强化并占据压倒优势的时候，各种内耗自然而然地就会逐步减少，社会生活就会自然而然地趋向于和谐。

一、社会系统与其他任何系统一样存在着内耗

世界上任何系统都是由若干个相互联系着的部分组成的，系统的整体功能并不是各部分功能的简单相加，它有可能大于部分之和，也有可能小于部分之和。如果一个系统内各元素之间的协同作用发挥得好，有序化和组织化程度很高，那么各个元素之间就会互相促进、相互增益，共同为加强系统的整体功能而努力，充分发挥系统的物质变换与能量转换的效率，从而产生出大于孤立部分简单相加之和的附加量。反之，如果系统的各元素之间缺乏以至丧失协同作用，不断搞磨擦、闹分裂，打内战，使各种有用力量互相抑制和抵消，使内部紊乱无序，降低系统的物质变换和能量转换的效率，于是便产生内耗，使整体小于部分之和。人类社会系统作为各种系统中的一种，也同样存在着内耗。从家庭中的争吵到国际冲突，诸如以色列和巴勒斯坦的互相报复、美国与伊拉克的冲突，统统都是人类社会的内耗。

内耗存在于一切事物之中，贯穿于事物过程的始末，它只有大小之分，而不存在有无的问题。首先，任何系统的运动过程都包含着无序的热运动和有序的定向运动。一切物质系统都是有序和无序的对立统一体，我们既可以从有序的角度去描述它的组织程度，也可以从无序的角度去描述它的紊乱程度。其次，有序和无序不可分割地同处于一切系统中，两者相互作用，并在一定条件下互相转化，从而使系统由无序向有序或由有序向无序转化发展。有序化的系统结构在其演化过程中，也都必然要伴随着一定的无序运动的产生，完美的没有内耗的运动是不存在的。例如，在生命系统中，人类的自组织能力堪称最高，但其肌肉运动将食物化学能转变为机械能的转化效率也只有80%，其余20%的热量被白白地内耗掉了。对于人类社会来说也是同样，不存在没有内耗的社会组织，就算是以团结和纪律著称的工人阶级政党，也同样存在着经常的反复发作的内部冲突。

一个系统的内耗小，其外部功能就强；内耗大，外部功能就弱。比如普通光源是向四面八方发光，光源中的发光原子各自独立发光，步调混乱不齐，光的相位和方向都无规律，内耗很大，因此光的相干长度和亮度都很小；而以受激发射方式形成的激光，使发光原子变成了同相震荡，光的相位和方向整齐划一，内耗很小，大量光子集中在一个极小的空间范围内朝一个方向射出，光束的发散度极小，能量密度极高，因此同普通单色光相比，它的光波长度比放大10万倍以上，亮度可提高几百亿倍。对于人类社会来说，也是同样道理。人类社会的发展是通过有意识、有目的的人的活动而得以实现的，历史正是无数矛盾着的力量相互作用而产生的一个总的结果，总的合力。在一个社会集体中，如果有一个价值体系——即一套包括目标、规范、奖惩措施在内的制度，我们也可称之为竞争机制——把大多数人的意志统一到同一方向发挥作用时，其合力就大，内耗就小；如霍去病率一支骑兵千里奔袭，直捣匈奴王庭，再如红军飞夺泸定桥，就是因为形成了一个能够把内耗降到最低的社会组织，从而完成了按常理所无法完成的任务。但如果一个社会组织的竞争机制把人们分解开来，各自向相反的方向发挥作用，便会互相抵消，内耗就大。如果一个系统内部的各成员成天拉山头、搞宗派，互相拆台和扯皮，则势必削弱该单位的整体功能，降低工作效率。在这样的社会环境中，即使一个责任感、事业心很强的人，也很难实现其目标。这样的社会系统甚至会成为一盘散沙，轻易地被其他人数虽少但却协调一致的敌对社会系统打败。

不同的竞争机制之间有优劣之分，单就某一种竞争机制来说，其优劣也不是绝对的。以资本主义竞争机制为例，它会造成社会财富的巨大破坏，但它也有积极的方面，通过各个人对物质财富的追求而实现了生产力的巨大发展。社会系统的构成元素是有意识、有能动性的人，其活力就在于人们的创造性和主动性，而竞争机制则是激发人们的创造性和主动性的有力杠杆。没有一套竞争机制，便会扼杀人们的积极主动性，诱发社会系统的惰性，增强各元素之间的相互抑制作用。事实上，我们讲的和谐，是竞争基础上的协同，是积极的协同；通过建立一种引导人们积极向上的竞争规则，使人们各不相同的天赋与才能都得到充分发挥，便可使社会系统生机勃勃，充满活力，形成和谐社会，保障全体社会成员的正常需要的满足。此即所谓“各尽所能，各取所需”。

由此可见，和谐并不是要人们避免任何矛盾或竞争。参与矛盾和竞争的力量都具有方向性，有的力量发挥的是正向作用，把社会推向和谐稳定进步，使系统转化为有序，产生一个新的更稳定的结构系统。这种力量是事物进化的动力，是消除内耗因素的一种有力手段。有的力量发挥的是负向作用，它破坏了系统的有序演化，使系统的稳定结构趋于瓦解，它所产生的是负向作用。按照心理学家弗洛姆的说法，在人的性格的深处，存在着两种倾向，一种是成长综合症，一种是衰败综合症，这两种倾向的强弱对比决定了一个人的行动。“某些人没有选择善的自由，因为他们的性格结构失去了按照善而行动的能力。某些人失去了选择恶的能力，恰恰是因为他们的性格结构失去了对恶的渴求。”[①]对于社会集体来说，也是同样道理，在一个社会系统中，当正向力量占了优势的时候，系统便可趋向于稳定和谐，当负向力量占了优势的时候，系统便会内耗加剧，使系统趋向瓦解，这便是中国古人所说的“正胜邪则病退、邪胜正则病进”。因而我们不能简单地把任何矛盾都看成是事物发展的动力，那些瓦解系统的有序结构和削弱系统功能的力量，不仅不是事物发展的动力，反而是惰力、阻力和破坏力，加剧系统的内耗。在任何系统中都会有这样的力量，系统要想保持稳定，就必须有更强大的正向力量来抑制它，否则的话，系统的内耗不断增大，其瓦解崩溃的命运也就是可以预料的事情了。

二、丛林法则是社会内耗的主要根源

事物的进化和发展过程，实质上是内耗增减的比较和选择过程。一切生命系统、技术系统、经济系统和社会系统的更迭与发展，都是为减少内耗而进行竞争的结果。内耗较小的生命物种在生存竞争中保存下来，内耗较大的物种则被淘汰。技术设备的每一次更新，都是内耗相对小的取代那些内耗相对大的。在经济活动中，那些低耗高效的企业不断地发展壮大，而那些高耗低效的企业则会破产倒闭。社会形态的更迭也是如此。社会的主要功能是从事物质财富的生产，合理地实现人与自然之间的物质变换。一个高级的社会形态之所以取代低级的社会形态，就是因为高级的社会形态协同作用强，和谐程度高，内耗相对小，从而社会不和谐因素降到最低，把管理成本降到最低，以最节省的方式实现人与自然之间的物质变换。

从历史的演进过程来看，内耗随着人类社会的由低向高的发展而日趋

[①] [美]弗洛姆. 人心——人的善恶天性[M]. 福州：福建人民出版社，1988. 第 123 页.

减少，由此可以说内耗的高低是社会进步程度的重要标志。原始社会的内耗是很大的。那些膜拜自然、以血缘关系和神权统治来维系社会秩序的部落集团，其有序和组织化程度极低。生产力水平的低下和狭隘愚昧经常导致社会内部的自相残杀，造成社会分崩离析，这也是原始社会长期停滞和最终瓦解的原因之一。国家的出现强化了社会内部的协同作用，提高了社会系统的有序化和组织化。但是私有制又使人们的利益互相对立和冲突，在奴隶社会和封建社会，内部联系极其有限，其有序组织程度也很低，常常出现割据战乱直至土崩瓦解。进入资本主义社会后，商品经济的发展大大加强了社会系统的内部联系，提高了有序和组织程度。然而，资本主义私有制并没有改变人们的利益对立的现实，损人利己的竞争，市场经济的自发性和盲目性，导致整个社会经济无序化，这种内耗积聚到一定程度，便会爆发经济危机，造成巨大的破坏和浪费。

从上述情况中可以得出这样的结论，在私有制这个范围内找不到解决内耗的办法，人与人之间、阶级与阶级之间、国家与国家之间都是彼此对立的关系；按照丛林法则来处理这些关系，只能使矛盾越来越尖锐，内耗越来越大，直至使社会分崩离析。正如《群氓之族》一书所说："人类社会的这种割裂，不仅寻常可见而且自古已然，只不过于今尤烈，形成一种讽刺、痛苦而又危险的吊诡：人类的科技越来越全球化，政治却越来越部落化；人类的传播系统越来越普及化，对于该传播哪些东西却知道得越来越少；人类离其他的行星越来越近，对自己这颗行星上的同类却越来越不能容忍；活在分裂之中，人类越来越得不到尊严，却越来越趋向于分裂。面对世界资源与权力的前所未有的激烈争夺，人类社会正把自己撕裂，撕裂成越来越小的碎片。"[①]

换句话来说，导致人类社会出现内耗的原因很复杂，但在目前看来，其主要根源在于私有制的那一套价值体系控制了社会生活过程。给人类社会生活造成内耗与恐惧、绝望并进而推动人类社会趋向于毁灭的力量不是来自于别的什么地方，恰恰是来自于人类自身。这就是资本主义价值体系所造成的巨大的荒诞。罗马俱乐部的创立者奥锐里欧•贝恰先生说："我们在考虑有关自己及其世界以及人在其中的地位问题时，依据的是落后于时代的错误概念。它使得人们按照支离破碎的、与现实的世界相互争斗的做

[①][美]伊罗生.群氓之族，群体认同与政治变迁[M].桂林：广西大学出版社，2008.第17页.

法来思考和行动。这完全是一个讽刺。因为人类给地球上各种事物造成愈来愈多的损害，使其改变了形态，而其表面的目的是为了更好地满足人的需要与欠缺。现在总的趋向是，各个人的动荡不安和紧张感已扩大到地区和社会，日积月累，又重新返回到我们各个人身上。”[①]人类就像幼儿一样，搞不清“我想要”与“我需要”的区别，为了“我想要”的目标而巧取豪夺，大打出手，造成了无休无止的冲突。从每天的新闻报道中可以看到，由于现代科技的巨大进步，这些冲突一旦爆发，就是血腥的、超大规模的、史无前例的。

由此可见，以财富的私人占有为核心价值的那一套价值体系就是社会内耗的根源。由于财富的私人占有权是排他的，而不是共享的，所以处在这个价值体系上的人们不可能和谐相处。美国人麦迪逊所遇到的人全都处于这种价值体系水平上，所以他便得出了这样的结论：“人类相互敌视的倾向如此强烈，以致在没有任何物质诱因存在的场合，最琐屑和最荒谬的差异也已足以点燃他们的不和激情，激发出最暴烈的冲突。”[②]从人际关系来看是如此，从国际关系来看也是同样，苏联解体为独联体之后，西方国家仍然与之处在矛盾冲突之中，北约依然要东扩，步步紧逼；现在已经有着同样的价值体系了，为什么还要冲突，这就是因为他们所坚持的价值体系就是社会冲突之源，苏联的解体并不能消除冲突，只不过是使冲突降低到一个层次，从原来的价值与利益的混合型冲突降低到纯粹的利益冲突。

我们还可以由此而发现一个规律：随着资本主义价值体系的日益强化的过程，社会内耗便日益加剧，直至分崩离析。一旦大家都各顾各的个人奋斗，整个社会就会成为一盘散沙，在这种价值体系控制下的社会不能可持续发展，更不能和谐发展。旧中国几千年来发生了一次又一次的政治危机，西方资本主义社会几百年来也经历了一次又一次的经济危机，一种是通过政治暴力，一种是通过经济手段，表现形式不同，其实质却是一致的，那就是丛林法则，剥夺和奴役别人。由于在经历了一次崩溃之后，没有产生别的价值体系来取代旧的价值体系，所以社会就仍然要按旧的价值体系重新整合起来，仍然在原有的轨道上运行起来，矛盾又一次逐步积累起来，

[①][日]池田大作，[意]奥锐里欧•贝恰．二十一世纪的警钟[M]．北京：中国国际广播出版社，1988．第157页．

[②]转引自[美]詹姆斯·麦格雷戈·伯恩斯．领袖论[M]．北京：中国社会科学出版社，1996．第188页．

走向下一次崩溃。这一次全世界都遇到了经济危机，于是主要国家的领导一块开会研究应对方案，但这些方案都不能改变其价值体系的缺陷，所以，这些方案都不是治本之策，只能是扬汤止沸，甚至是进一步加剧危机。而要改变价值体系，在西方资本主义的制度框架之中是不可想象的，于是他们就只能眼睁睁地看着自己走向灭顶之灾。

有人认为西方的民主制度很优秀，其理由是它能保持长期稳定，即使有社会动荡，也不过是更换一下政府，对整个社会没什么影响。与之相对比，某些社会主义国家的政治体制由于结构高度复杂，很容易出现社会动荡，导致整个国家覆灭。根据优胜劣汰的原理，他们得出一个结论：西方政治体制优越于社会主义政治体制。

但是，我们还必须注意到这样一个规律，在进化的过程中，越是低级的生命就越具有顽强的生命力，越是高级的生命就越是脆弱。比如说，病毒和细菌具有顽强的生命力，以白喉杆菌为例，它在病人用过的物体上能生存数周，不怕干、不怕晒、不怕冷，在儿童的读物、玩具、手绢、毛巾和餐具内皆能生存。病毒和细菌还具有巨大的破坏力，比如艾滋病毒，一旦感染上人，人体里有几百亿个细胞都会遭受它的“无情屠杀”；相比于人类这样的高级生命，低级生物具有很强的再生能力，比如蚂蝗、蚯蚓，被砍成几段都不死，再生出新的个体，而人类就不具有这种能力。我们能否因此就认为这些低级生命就优于人类，进而把它们的生存状态作为发展的目标呢？

对于任何一个具有健全理智的人来说，都必然希望进化到生命的高级阶段，而不希望停止于低级阶段上。生命只有一次，珍爱生命的人都希望生命具有最大的价值，都会追求一种高级的生命状态，而不会甘于成为一个细菌或蚯蚓。

对于政治体制来说，也是同样道理，社会主义的政治体制比西方政治体制的优越之处就在于，它是一个保障闻道者掌权的体制，因而就能够把社会稳定在一个高级价值体系的发展水平上，虽然它很脆弱，但却是人类进化的高级阶段，使人类摆脱丛林法则的控制，摆脱内耗与生存竞争的压力，进入和谐发展的新境界，因而是值得追求的。人类应当自觉推进价值体系的进化过程，所以就应当自觉推进政治体制的进化，把它稳定在高级阶段上，而不是向西方政治模式退化，这就像人类不能向细菌或蚯蚓退化一样。

价值体系的进化过程是政治体制进化的内在动力。在这个从资本主义价值体系向社会主义价值体系进化的过程中，新的价值体系必然要有一个由少数人向多数人普及的过程。只有在这个普及的过程中，才能逐步地由少数人做主转变到多数人做主，所以，民主的实现必然地是一个渐进的过程。民主形式必须能够保证闻道者掌权，从而保证价值体系的进化过程正常进行。如果不能保证这一点，仅仅是为民主而民主，那就意味着放纵资本主义价值体系和丛林法则，其结果必然是人类的自我毁灭。

当今人类社会的各种内耗，其原因都可以归之于政治经济制度的缺陷。但如果要对社会制度中的缺陷进行改革时，我们就会进一步发现，这种缺陷又产生于人性的发育不全，也即是价值体系的缺陷。这种制度把生存的巨大压力强加给人们，迫使人们遵守丛林法则，形成一种固定的行为模式，反过来又进一步把这种有缺陷的经济政治制度维持下去。在现实生活中，我们可以每时每刻地观察到，那种坚持着资本主义价值体系的人，也即是价值体系发育不成熟的人，他们就是不和谐之源。有很多矛盾冲突，其起因并不是由于穷得揭不开锅，而是一些原本可以一笑置之的小问题，结果却由于人们价值体系的不成熟、性格中的缺陷而引起冲突，经过一系列连锁反应，最终被放大为难于平息的大冲突。

这样一种人，实际上是处于人格成长过程的初级阶段。这样的人从身体上说是成熟的，但从心理上来说却发育不全。他们从来也没有改变过他们从孩提时代就形成的态度，做起事来仍然像害怕被打屁股一样。成熟的人能够以现实的态度认识世界；不成熟的人就做不到这一点，总有很多偏见、欲望扭曲其对现实的认识，他摆脱不了自我中心主义，根据自己的愿望来认识现实。对于这样的人来说，就是事实摆在眼前，他们也照样视而不见。成熟的人能够正确处理人际冲突，使人际关系趋向和谐；不成熟的人就做不到这一点，他们就像是一件不合格的乐器，在乐队演奏过程中只能制造噪音。在他们看来，这个世界是个危险的地方，充满了威胁、屈辱和冷漠，他们各自孤零零地面对这个世界，于是便以充满敌意的态度来思考和行动，从而进一步强化这个世界与自己的对立，形成恶性循环。价值体系发育不全的人，其认识能力、实践能力、审美情趣都受到限制，看不清现实，不知自己的真正利益是什么，不能合理地行动，也不知追求和谐，坚守着丛林法则的他们进而构建出一个真正的丛林世界。

不成熟的人以物质财富的占有为核心价值，他们本能地具有剥削倾向、囤积倾向。毛泽东在青年时代所写的《心之力》中描述了这种人，“逐物欲而迷心，循末节而忘真，醉娱乐轻国志，谋小私绝大利，”只要能够发财致富，他们可以“认蛮夷做乃父，拜魔盗为师尊”。对他们来说，从别人那里夺过来的东西，总要比自己生产出来的要好，在他们的眼里，所有的人都不过是供他们盘剥的对象，包括自己的亲人，其座右铭是“偷来的水果最甜”。在这种价值体系的支配下，“虽有科技带来物质之充足，仍难满人欲之巨壑，各派皆为私利而竞相奔走，人人皆被牵入滚滚洪流。”

不成熟的人缺少正确评价他人和社会现象的能力。他们缺少良知，缺少责任感和正义感，没有对美和崇高的尊重，却有一张刻薄的嘴，不管别人为他做了多么了不起的工作，他们都不会感到满意。他们内心中没有爱、同情心，所以也就没有能力理解别人的爱与同情心，他们只能按照自己的想象力来理解别人。所以他们对雷锋精神就很不满意，对毛泽东也不满意，甚至破口大骂，尽管毛泽东为中国人民做了那么多事情。

不成熟的人既没有内在约束，也不知道头顶三尺有神灵，所以便为所欲为，得陇望蜀，所以就很容易成为骗子、贪污犯、越轨者、卖国贼。在社会中充斥着这种人的情况下，要想形成一个和谐社会那就是不可能的；在地球上充斥着这种人的情况下，要想建设和谐世界，也是不可能的。有一个不成熟的人折腾，就要有一大批成熟的人为之处理善后事宜，付出巨大的社会成本。一个不成熟的人就会制造出一大堆麻烦，抓一个小偷要花很多钱，还有关押、教育、挽救等相当大量的后续工作；抓一个贪污犯呢，那就更复杂，他贪的每一笔钱背后都给社会带来巨大损失。然而，相比较于小布什的折腾，这种折腾还是小折腾，他所发动的伊拉克战争耗费了几千亿美元，还有大量的伊拉克平民和美国军人付出了生命的代价，可到后来人们才得知：发动战争的理由竟然是假的。

不成熟的人软弱依赖，不知道自力更生，这就决定了他们永远是怨气冲天的家伙。国家、社会、家长、领导对他再好也没有用，他照样不满意。这种对别人永不满足的家伙，自己却大事做不来，小事又不做，成事不足，败事有余。就像处于叛逆期的青少年一样，他们是天生的反对派，谁当领导就和谁对着干。干活的人不管怎么做都不对，动嘴的人随便怎么说都有理。由于他们的折腾，大家都不肯去做干活的人，都愿意去做动嘴的人，于是社会运转就遇到困难，和谐就成了遥远的甚至不可能的事情。由这种人组成的社会群体必然是一盘散沙，很容易成为异族侵凌的对象。

不成熟的人言行不一，自相矛盾。他们嘴上说得冠冕堂皇，实际做的却是另一套，其原因就在于他们没有把大道修之于身，只是记住了抽象的道德原则，诸如自由、民主、人权等等。他们向往着这些东西，却不知道如何实现这些东西；他们坚持着低水平的产生问题的价值体系，却又幻想着不要那些问题，这便是古人所说的南辕北辙。这种自相矛盾是当今时代的普遍现象，比如说美国人的“反恐”为什么越反越恐，其经济刺激措施为什么越救越糟，其原因就在于他们所坚持的价值体系就是制造恐怖分子和经济危机的根源；再比如当今社会普遍存在的贪污腐化现象，很多人也在口头上深恶痛绝，但由于他们所坚持的价值体系就是各种腐败现象的根源，因而他们想达到的目标与其行动的实际效果是对立的。他们以反贪腐的名义要民主，上台之后却搞了更大的贪腐。

越是不成熟的人就越是缺少自知之明，就越是喜欢当官。我们很少听说有哪个地方竞选某个职务时找不到候选人，再小的官也有人争着当，再危险的职务也有人争着干，就算是在阿富汗、伊拉克那样的国家，照样有人去竞选总统。在这种不成熟的人们争着竞选官员的情况下，各种反腐败措施都不过是折腾。不管用什么办法，这些不成熟的人总是有些特殊能耐使自己如愿以偿地当选，所以私有制产生以来，大都是不成熟的人当政。他们不知道最需要干的是什么，不识大体，不能把主要精力用在管好社会事务上，总有一些莫名其妙的东西把他们从最重要的事情上引开。与其说是有许多原因妨碍他们履行职责，不如说他们从来没有达到能够正确履行职责的水平。如果当政者达到了这种水平，其他人就会一齐起哄，把他轰下去，不到山穷水尽的时候，人们就想不起他。就算是当年的红军，也只是在打了败仗、走投无路之际，才想到请毛泽东出来收拾残局。等到共产党打下天下，幼稚派们又感觉到自己的本事大起来了，他们要轮流坐庄，实行一人一票的民主，要按照他们那一套幼稚的思路来治国，把原来的游戏规则恢复起来，继续玩争权夺利的游戏。

人类要想摆脱这种宿命，就必须成熟起来。要想不折腾，也必须成熟起来；要想消灭贪污腐败现象，也还是先要成熟起来。所谓成熟起来，也就是在价值体系上成熟起来，摆脱以财富的私人占有为核心价值的价值体系，摆脱拜物教的控制，建立起社会主义核心价值体系。我们要想减少人类社会的冲突，就必须把人类整体地提升到新的价值体系水平上。换言之，人类要想构建和谐社会，实现可持续的发展，保持生态平衡，就必须发展出一种取代丛林法则的高级价值体系，并且要构建一个与新的价值体系相适应的政治制度。如果没有价值体系的进化，就算是把实事求是成天挂在嘴上，人们也照样做不到实事求是，以人为本、科学发展与和谐社会等目标也是如此，必须有一个价值体系的进化，才能保证它们的实现。

经过漫长的探索，人类中终于诞生了马克思主义，找到了社会主义制度。社会主义制度的优越性就在于它为社会主义核心价值体系的成长创造了制度的保障，从而引导社会趋向和谐，正如十六届六中全会所指出的那样，和谐是社会主义的本质属性，其首当其冲的任务也就是摆脱资本主义价值体系所造成的恐惧、绝望和无家可归的失落彷徨，挽救人类自我毁灭的命运。社会主义社会的建立使全体人民在根本利益一致的基础上形成了相互合作关系；社会主义市场经济的发展将国民经济各方面联结为一个可控的有机整体；物质文明、政治文明和精神文明的协调发展使社会主义社会有序化和组织化达到前所未有的高度。只有沿着社会主义方向，人类才有可能从生存的自然必然性的奴役下解放出来，以人的自由全面发展为核心，建立一套新的价值体系，从而引导人们充分发展个人的天赋才能，提高人类驾驭自然的能力，促进社会整体利益的进一步改善；这反过来又进一步为个性的自由全面发展创造有利的环境，在个性的充分发展与社会进步之间形成良性循环。这就是社会主义制度的优越性之所在。

和谐是社会主义的本质属性，但在相当长的时间内并未得到人们的充分认识，刚从私有制社会脱胎出来的社会主义社会仍然存在大量内耗。国家、集体和个人三者的利益还有矛盾，管理体制中还存在诸多弊端等。执政党的执政理念和能力也需要在实践中逐步完善提高，有时也会出现失误；人民群众中间虽然如毛泽东所说的那样蕴藏着极大的社会主义积极性，但同时也还存在着愚昧自私软弱散慢等各种缺点。特别需要强调的是，社会主义核心价值体系还没有建立起来，私有制的那一套价值体系仍然在社会生活中发挥着作用，有相当数量的人在生存的自然必然性的控制下，汲汲于个人利益，由此而形成的社会分配机制决定了社会收入的两极分化的发展趋势，这种趋势经常地每日每时地自发地和大批地制造出内耗。在这种价值体系的误导下，人们虽然关心自己的利益，但却看不清什么是自己的利益；在狭隘愚蠢的目标的控制下，他们彼此之间尖锐对立；哪怕是一点小火星，也会通过层层加码的反应而引发一场燎原大火。不仅在社会层面是这样，就算是在由亲情血缘关系维系的家庭中，情况也是如此。

对于我们来说，我们也必须看到，社会主义制度的建立并非就可以自动地实现价值体系的转换，它只不过是为改造这一价值体系而提供了一个制度基础。有了这个基础，我们还必须在社会价值体系的破旧立新上做大量艰苦细致的具体工作，才能把社会主义核心价值体系建设起来。只有在社会主义核心价值体系日益强化并在社会生活中占居主导地位的情况下，和谐这一社会主义的本质特征才能逐步地呈现出来。

三、阶级斗争与价值冲突的关系

价值冲突高于阶级斗争。在社会主义这个历史阶段存在着阶级斗争，这是毫无疑问的。但是我们应当强调的是，阶级斗争和无产阶级专政理论也应当与时俱进，进入两种价值体系的冲突的历史阶段了。我们很容易看到，具有不同价值体系的人们，对阶级斗争问题的看法不一样，有些人认为存在着阶级斗争，有些人则主张阶级斗争熄灭论。但很奇怪的是，恰恰是那些主张阶级斗争熄灭论的人，正是那些咄咄逼人地向社会主义政权进攻的人。这充分地表明了这些人的自相矛盾，或者说是缺少自知之明。

从上述事实中，我们还可看到，现在的阶级斗争不同于过去的阶级斗争。价值体系的高下并不与人们的阶级地位直接相关，有些富人会为富不仁，钱越多便越贪婪，但也有富人由于良好的教育而更易于开悟；穷人会因其地位的低下而对丛林法则产生反抗的意识，但也有穷人更深地受困于丛林法则。因而，具有新的价值体系的人并不一定要产生于某个阶级。这样一来，两种价值体系的斗争的阶级阵线并不是很分明，极少数反对社会主义的精英与黄赌毒和黑社会结合起来，党内的腐败现象与党外的敌对势力互相呼应，一部分人使党组织腐败变质，另一部分人则在外部来把它打倒。从苏联的崩溃过程可以看到，来自不同阶层的人们联合起来，来自国内的敌对势力与来自外部的敌对势力联合了起来，共同完成了埋葬社会主义的过程。在这种情况下，如果仅仅从人的阶级地位出发，我们很难把“谁是我们的敌人、谁是我们的朋友”这一首要问题理清。

但是，我们可以进一步追问，是一种什么东西把处在不同社会地位和不同国家的人们结合起来共同反对社会主义事业呢？显然这已经不是过去的那种共同的阶级利益，因为有那么一些人积极投入到这场斗争中去，并没有得到什么好处，他们不过是为人作嫁，后来有些精英很后悔，比如索尔仁尼琴。他们之所以联合在一起，只是因为他们有着共同的价值体系；

他们都没有完成价值体系的转换，甚至不知道有价值体系存在，被资本主义社会环境所强加的价值体系牢牢地控制着。

这些年来，在我们国内一直有那么一些人，在思想上感情上不喜欢社会主义制度，敌视党的领导，对西方资本主义的那一套制度和生活方式顶礼膜拜，总想推翻社会主义制度，复辟资本主义，只要一有机会就要兴风作浪，出来表演一番。同时也由于社会主义社会刚从旧制度中脱胎出来，还存在着旧社会的污泥浊水，旧的经济政治文化过程潜移默化地影响着人们的价值体系的形成过程，有相当数量的人，包括某些共产党人自己，也还没有真正告别旧的价值体系，对资本主义的那一套价值体系具有天然的亲和力，在改革开放过程中，西方的那一套放纵情欲物欲的生活方式，很对他们的口味，于是便无视社会公正原则，肆无忌惮地侵害社会整体利益，侵害群众利益，于是乎，违法犯罪活动和腐败现象便猖獗起来，他们所坚持的并不是什么新东西，也无非是丛林法则罢了。

现在据说有一个由贪腐官员、奸商和精英知识分子组成的“铁三角”，把他们连接起来的是什么？我看正是他们所共同具有的低水平的价值体系。那些盘踞舆论阵地摇唇鼓舌的精英们，自以为是通过推理论证的许多论点，实际上不过是披上理论外衣的资产阶级偏见；他们不知道什么是价值体系，但也正是因为如此，他们被那种最糟糕的价值体系控制着。他们觉察不到自己的浅陋无知与自相矛盾，狂妄地否定马克思主义，否定我国优秀文化传统。从这种价值体系出发，他们无法想象一种不是由他们这种人组成的社会是个什么样子，他们心目中的理想制度只能是资本主义制度，对社会主义制度的巨大优越性永远地视而不见，而资本主义的弊端，尽管几百年来已经有了大量的揭露，在我们周围也已经得到了充分表现，他们仍然是一概视而不见。

同样道理，把国内外阶级敌人联结起来的同样是共同的价值体系。西方资产阶级一向不喜欢中国走社会主义道路，一直想让中国人民接受他们的价值体系，跟在他们的后面，成为他们的附属物，成为他们掠夺资源的基地和倾倒废料的垃圾场。在使用武力达不到目的的情况下，他们转而使用和平演变战略，以资本主义的经济模式、文化传统、生活方式来影响我们国家的第三代、第四代人，为达此目的，他们异乎寻常地热心，通过各种渠道进行思想文化渗透，把他们那一套价值体系贴上“普世价值”的标签，力图把中国的发展方向引到他们所希望的方向上去。

总之，由于共同的价值体系，国内外的敌对势力很自然地走到了一起，不约而同地追求着一个目标，那就是颠覆社会主义制度。他们并没有一个统一的方案，但却配合默契，形成了一个有利于资本主义价值体系成长的社会环境，把丛林法则潜移默化地塞到人们头脑中去。在这样的环境中，谁要是谈论道德修养，便被讥为陈腐说教，谁若大公无私、舍己为人，便被视为不正常；谁若谈论共产主义理想，便会立即成为孤家寡人。相反，会贪污会腐败会来事的人则成了英雄，被捧为精英。如此是非颠倒、善恶不辨，给了人们特别是青年一代错误的价值导向，使他们不知不觉地形成了扭曲的价值体系，这种价值体系在应用于社会生活过程中的时候，还会进一步自我强化。在这种世风日下、道德败坏的恶性循环中，人们就算是有了新的价值体系，也必须韬光养晦。处于价值体系高位的人可以宽容理解处于低位的人，而后者却难于宽容理解前者；在一个腐败成风的官场中，一个有志于清廉的人，即使做得到也绝不可以在同僚面前自称清廉。木秀于林，风必摧之；行高于众，人必非之。生存的自然必然性迫使人们屈从于现实的社会价值体系，由此而进一步强化它，形成恶性循环。

在这种私有制价值体系形成恶性循环的过程中，社会主义政权的垮台就不过是一个时间问题。在这样的气候中，社会主义制度和共产党的领导就会受到怀疑、指责，被认为是弊端，被削弱、淡化，被改革。这些本来是无数先烈流血牺牲奋斗得来的伟大成果，来之不易，应当受到珍惜，但是由于价值体系的发育不全，人们不知道它的珍贵。本来应当是人们提高自身价值体系以适应先进的社会主义制度，但他们却非要改革先进的社会主义制度，以适应其低水平价值体系。

在这个恶性循环过程中，某些人很反对马克思主义的阶级斗争理论。回过头再来思考一下，这些人对社会主义的攻击难道不正是阶级斗争吗？共产党人要想改造旧世界，就必然会面对旧世界的顽强反抗。它和原来的阶级斗争不一样，斗争的一方由不知社会发展方向、只知私利同时又由于无知而不能维护和代表个人利益的人们组成，其中绝大多数是普通民众，因而是人民内部矛盾,在共产党人的积极引导和帮助教育下可以明白过来。但也有一小部分人明白不过来，他们没有能力把混进共产党内的腐败分子与共产党区别开来，不知投鼠忌器，以反腐败的名义狂热地反对代表着全体民众利益和历史进步方向的共产党人。这是愚蠢与明智之间的斗争，是追求着自我毁灭的人与维护人类进化方向的人们之间的斗争。

共产党人与这一小部分人之间的斗争就是不同价值体系之间的斗争。共产党人所发动的伟大革命，其目的归根到底也不过是为了用新的价值体系来改造社会。某些人为什么反对共产党的领导，其目的也同样是要坚持旧的价值体系。价值冲突高于阶级斗争，阶级冲突是坚持着同一种价值体系的两个阶级之间的斗争，如地主与农民之间的斗争，资本家与工人之间的斗争，彼此之间具有同样价值体系，穷小子拼命工作的目标也还是要当地主或资本家；那些高喊着民主自由口号反贪腐的人，上台之后却搞起了更严重的贪腐。包括共产党人所发动的推翻旧制度的革命，许多人参加它的目的不是为了推翻旧制度，而只不过是把剥削与贪腐的权力掌握在自己手上。正如鲁迅所说的那样：奴才做了主子并不是为了废去“老爷”的称呼，他的摆架子，他的装腔作势，恐怕要比他原来的主子还十足，还可笑。而真正的共产党人则与他们不同，他们具有了新的价值体系，不仅要推翻骑在人民头上的“老爷”，而且要建立一个没有“老爷”的新制度，这就与那些只想把原来的“老爷”拉下来由自己取而代之的人们产生价值冲突，于是便在党内出现了很多次路线斗争。

阶级分化现象只能通过社会价值体系的提升来消灭。由于价值冲突高于阶级斗争，所以，阶级分化现象不能通过一个阶级对另一个阶级的消灭来消灭，而只能通过社会价值体系的提升来消灭；只有明白了这个道理，我们才可以找到消灭阶级的路径。消灭阶级是社会主义革命的一个重要目标，怎样实现这个目标呢？很多思维幼稚的人们所采用的一种方法，就是企图把对方消灭掉。他们相信，资产阶级离开无产阶级也可以单独存在，左派离开了右派也可以单独存在，人民离开了领导者也可以单独存在。比如说，蒋介石就按着这个思路来施政，制定了“宁可错杀三千，不可放过一个”的政策，对共产党痛下杀手，“剿匪”的结果是越剿越多，他自己反而被“共匪”撵到台湾岛上去了。

甚至包括无产阶级，原来也是这么想的，《国际歌》上就这么唱：“最可恨那些毒蛇猛兽，吃尽了我们的血肉，一旦把它们消灭干净，鲜红的太阳照遍全球。”在无产阶级革命过程中，也确实消灭了许多反动派，后来斯大林搞了肃反，也杀了很多人。这都有其不得已之理由，但仅靠这一手并不能解决问题，当原有的反动派被消灭之后，从共产党内部又分化出一部分人来履行资产阶级的职责。无产阶级不能孤立地存在，必须有资产阶级与其相伴，由于无产阶级对这个新生的资产阶级缺乏警惕，它就从内部把苏联的社会主义制度推翻了。

于是我们发现，无产阶级和资产阶级的分化处于同一种关系之中，谁也离不开谁。两者的关系是相辅相成的关系，既存在着对立冲突，同时又密切相联，就像南极和北极一样，有谁能把其中的一极拿掉只保留另一极？人们不可能只留下资产阶级也不可能只留下工人阶级建立起由一个阶级构成的社会，谁如果想做到这一点，那就是企图拔着自己的头发以离开地球。马克思在《1844 年经济学哲学手稿》对此进行了阐述："通过异化劳动，人不仅生产出他对作为异己的、敌对的力量的生产对象和生产行为的关系，而且还生产出他人对他的生产和他的产品的关系，以及他对这些人的关系。正像他把他自己的生产变成自己的非现实化，变成对自己的惩罚一样，正像他丧失掉自己的产品并使它变成不属于他的产品一样，它也生产出不生产的人对生产和产品的支配。正像他使他自己的活动同自身相异化一样，他也使与他相异的人占有非自身的活动。"

"通过异化的、外化的劳动，工人生产出一个对劳动生疏的，站在劳动之外的人对这个劳动的关系。工人对劳动的关系，生产出资本家——或者不管人们给劳动的主人起个什么别的名字——对这个劳动的关系。"

"尽管私有财产表现为外化劳动的根据和原因，但确切地说，它是外化劳动的后果，正像神原先不是人类理智迷误的原因，而是人类理智迷误的结果一样。后来。这种关系就变成相互作用的关系。"[①]

由于上述原因，要消灭资产阶级，必须消灭产生上述关系的价值体系，它就是剥削压迫制度的根源之所在。中国共产党在改造旧制度方面下了大工夫，消灭了资产阶级，没有雇工剥削现象了。但由于没有解决剥削制度的根源，这种不要资产阶级的状况难于维持下去，有很多现实的原因迫使我们搞改革，改革之初我们很担心会产生新的资产阶级，但后来却越来越胆大，资产阶级越来越多，以至于现在出现了这种情况，所有的国有企业都要进行改革，非要找一个资产阶级来管着才能运行下去。

在私有制价值体系继续存在的情况下，人们必然要分化为无产阶级和资产阶级。现在 GDP 增长很快，但是随着财富的增长的过程，无产阶级却越来越多了，失业者越来越多，乞丐也越来越多，上不起学看不起病的越来越多。先富起来的人们起初告诉人们，"等我们富裕以后，这些问题自然

[①]马克思恩格斯全集[M].第 3 卷.北京：人民出版社，2002.第 276-277 页.

会解决的。”后来则又说，“为了达到改革的目标，必须牺牲一代人，这一代人就是3000万老工人。8亿多农民和下岗工人是中国巨大的财富，没有他们的辛苦哪有少数人的享乐，他们的存在和维持现在的状态是很有必要的。”这实际上也就是认为，先富起来的人们，必须通过制造越来越多的穷人来保持自己的富裕。

理论与现实充分地表明，阶级分化是同一种关系中的对立两极，资产阶级和无产阶级都不可能离开对方而单独存在。不但如此，现实中还存在着诸多两极对立，如左派与右派，领导者与人民。对立的双方有机地联系着，谁也离不开谁，于是就维持着这种不是冤家不聚头的关系，成天吵吵闹闹，很不和谐，要想构建和谐社会，就要解决这种两极对立的问题。

通过把对方消灭的方法不能解决两极对立问题，就像不能把北极去掉，仅仅留下一个南极一样。这个说法，当然会让资产阶级感到愉快，他们希望的就是使这种两极对立的关系永世长存。而对于无产阶级来说，要认为资产阶级要永远存在，自己永远受其剥削，那也是不能接受的。所以，社会主义国家的执政党必须找到这个消灭阶级分化的办法，不然的话，这种分化的存在与发展必然导致资本主义生产关系以及政治制度的自组织过程，这也就是说，必然会出现资本主义复辟。

要消灭阶级分化现象，就要提升社会价值体系。我们中国人对此早就有了深入的思考，老子说：“有无相生，难易相成，长短相形，高下相倾，音声相和，前后相随，恒也。”这就是告诉我们不要企图把对立双方的一方拿掉，那是徒劳的。他所提供的办法是倡导大道，也就是我们现在所说的建设新的价值体系，把民众引导到正确的目标上来；这种办法与严刑峻法的办法不同，后者不能真正解决问题，“法令滋彰，盗贼多有”，“民不畏死，奈何以死惧之？”只有引导人们开悟闻道，才能点铁成金，化腐朽为神奇，使原本潜藏在平庸的生命之中的巨大潜力爆发出来，这样就可以“常善救人，故无弃人。常善救物，故无弃物。”

然而，一旦人们要想进行这种价值体系的引导工作，就会遇到价值冲突。价值冲突，用老子的话来说，便是上士与下士的斗争。上士关心着所有的人，包括下士在内，他们希望所有的人都能够闻道，都能不虚此生；而下士则大笑之，反对之，不仅自己要悖道而行、走向毁灭，还要拉着所有的人一块走向毁灭，并坚持认为这就是他们的自由民主权利。两种价值体系势同冰炭，同处必争。当下士压倒了上士，在社会中占据了支配地位之后，阶级斗争便会日益尖锐，社会便日益混乱，进入恶性循环的轨道；在中国两千多年的历史中，一直是由下士们占据主导地位，只有在上士们组织起来、建立了政党、掌握了执政权力、之后，才占据了主导地位，中国人才具有了摆脱恶性循环的机遇。但越是在这种最后的关头，就越是遇到下士们的最疯狂的反抗，当前各种矛盾冲突的下面，其实质就是两种价值体系的冲突。

在这种冲突中，坚守着社会主义核心价值体系的共产党人，代表着人类的整体利益，代表着历史进步的方向，代表着智慧与勇敢、公理与正义，占有着绝对的道义上的优势。共产党人应当理直气壮地抓好价值体系的建设，正确处理价值冲突，把冲突控制在人民内部矛盾的范围内。一方面，要为人民群众的价值体系的进化创造经济的和政治的条件，另一方面要开展积极的思想斗争，采用"团结——批评——团结"的公式，引导人民群众自己教育自己，自己解放自己，引导所有的人开悟闻道。

毛泽东得了大本大源，所以就很具有老子的智慧，他并不对资产阶级痛下杀手，把蒋介石赶到台湾后，并不急于解放台湾，给他留一小片立足之地。对资产阶级也采用公私合营的政策，转化为自食其力的劳动者。在人民内部采用"团结——批评——团结"的方法，对历次运动中发现的反动派，他制定了"一个不杀大部不抓"的政策。他有一颗菩萨心，所以便带出一支仁义之师，开辟了历史发展新境界。由于他对社会和人生有很高的目标，所以就对党员干部队伍严格要求，反复教导人们："每一个人都要改造"，这其实就是要求每一个人都要建设社会主义核心价值体系。但遗憾的是，其中的深刻智慧并不为时人所认识，赞成的不多，反对的不少；在经历改革开放三十年的实践之后，我们才正式把价值体系的建设提上日程。

但要想搞好价值体系的建设，仅有执政党确立这个目标还不够，还应当让它普及开来，成为全社会的共同目标。不仅是领导者要确立这个目标，人民群众也要认识这个目标。如果是剃头挑子一头热，那就构建不了和谐社会。但要使两头都热起来，那就很难。价值体系不成熟的人也要用其低水平价值体系来改造世界，改革开放事业为这种价值体系提供了表现机会，他们就得寸进尺，进一步主张所谓的"政改"，其实质是让共产党下台。他们坚持着那种两极对立、非此即彼的思维模式，用民主与专制的矛盾来解释现实，结果就使共产党的领导与民意处于尖锐对立之中。如果我们不能从这种思维模式中解放出来，矛盾就只能是越来越尖锐，其最终结果只能是中华民族的自我毁灭。

这种两极对立、株守一隅的思维方式是一种不成熟、片面性的思维方式；在这种思维方式的控制下，人们看不清自己的利益，所追求的是那种与集体利益相脱离相对立的个人利益，这使人们不能合理地行动，给自己、给社会制造出诸多灾难。那些狂热地主张民主的人们把党的领导与民意对立起来，强调民意的天然合理性，其实质也无非是要用他自己的价值体系来改造社会。由于其价值体系的不成熟，决定了他的“民主”的无法实现。就算是他有了民主权利，也没有能力正确应用。民主不仅是法律规定的权利，同时也是个性成长到一定水平后才能达到的一种境界。这两者相辅相成，共同推动着民主进程的进步。追求着民主的人们，如果没有内在的自我提升，只知向外索求，那便是缘木求鱼。

我们这些年来一直强调要解放思想，解放了这么些年，现在应当触及那个最重要最紧迫的解放了，这就是要从这种片面性的思维方式中解放出来。但是，思维方式不能孤立地进化，真善美是有机地统一在一起的，正确的认识必然导致正确的行动，推动人生与社会运行过程趋向和谐。要想进入这个进化道路，就要从两极对立的思维方式中解放出来，首先要解决立场问题，不再站在两极对立的一极上，而是要站在把两极统一起来的那个位置上；不是仅仅代表资产阶级，也不是仅仅代表无产阶级，而是要代表全体人民的利益。这就是说，要从小我中解放出来，站在全体人民的立场上来说话。这也就是现在所说的以人为本，有了这个起点，才有可能正确地认识现实，实践科学发展观，达到构建和谐社会的目标。如果找不到这个路径，人们就不能正确认识现实，也不可能推动社会科学发展，与真善美背道而驰，距离和谐社会的目标越来越远，形成一种“路径依赖”，难于得到解脱。所以，最重要的事情是找到正确路径，其起点就在于人们心中的那一点觉悟，这就是闻道，就是建设社会主义核心价值体系。

所有的人都要自觉推进价值体系的进化。共产党人的奋斗并不仅仅是为了解放无产阶级，而是为了解放全人类，既包括无产阶级，同时也包括资产阶级。要达到这个目标，就不仅要消灭原有的资产阶级，而是要进一步消灭资产阶级所代表的整个旧制度，消灭两极分化所赖以产生的经济基础，消灭私有制；否则的话，原有的资产阶级被消灭之后，从无产阶级中还会分化出一个新的资产阶级来，把两极分化的经济政治制度延续下去。所以马克思说:“如果说无产阶级在反对资产阶级的斗争中一定要联合为阶级，如果说它通过革命使自己成为统治阶级，并以统治阶级的资格用暴力消灭旧的生产关系，那么它在消灭这种生产关系的同时，也就消灭了阶级对立的存在条件，消灭了阶级本身的存在条件，从而消灭了它自己这个阶级的统治。”[①]

这个消灭阶级对立的存在条件的过程是一个很艰难很漫长的过程，其中最困难的就是对人的改造。现在看来，无产阶级所面对的敌对势力不是某个特定的群体，而是人性的初级阶段，处于这个阶段的人自然而然地支持资本主义政治制度，自发地产生出资本主义和资产阶级。这是每一个人都必须经历的阶段，只有尽快地成长起来，超越私有制所设定的那种以比他人多占有财富为荣的价值体系，发展出以追求平等为荣的价值体系，人们也就可以从一个狭隘片面的人成长为一个明智高尚的人。这是所有的人都应当达到的境界，但由于资本主义制度文化环境的屏蔽，有相当数量的人们不知道这个目标，把物质财富的私人占有作为核心价值。资本主义制度就是通过这种对人的价值体系的控制而维持自身，社会主义革命所以就必须针锋相对，唤醒人心中的潜能，启发民众追求更高的人生价值，这才是革命的根本目标。所谓“人的改造”，其实质是价值体系的进化，社会主义的根本目标也无非是创造出有利于人性健康成长的政治经济和文化环境，促进价值体系的进化。

马克思早已认识到这个道理，他说：“无论为了使这种共产主义意识普遍地产生还是为了实现事业本身，使人们普遍地发生变化是必需的，这种变化只有在实际运动中，在革命中才有可能实现；因此，革命之所以必需，不仅是因为没有任何其他的办法能够推翻统治阶级，而且还因为推翻统治阶级的那个阶级，只有在革命中才能抛掉自己身上的一切陈旧的肮脏东西，才能成为社会的新基础。”[②]但遗憾的是，他的话并没有引起人们包括很多“马克思主义者”的重视，苏联人没有抛掉这些陈旧的肮脏东西，他们所建立的社会主义政权就没有稳定的基础，所以就必然要土崩瓦解。

毛泽东达到了马克思的高度，他关注了共产主义运动中的这个核心问题。在领导中国革命的过程中，他不仅要面对外部拿枪的敌人，还必须面对革命队伍内部的各种问题。为了搞好这支队伍的价值体系建设，他付出了长期而艰难的努力。老子说，自胜者强。毛泽东领导的革命队伍之所以

[①]马克思恩格斯选集[M].第1卷.北京：人民出版社，1995.第294页.
[②]同上，第91页.

能够从无到有，夺取政权，关键在于毛泽东唤醒了这支队伍中的人们身上蕴藏的巨大潜力。夺取政权之后，中国共产党自然就需要进一步推进这一趋势，并把它扩展开来，不仅要教育革命队伍中的人，而且要教育全社会所有的人，都在价值体系上来一个转变，都能使自身潜力得到自由全面的发展。他有一句名言："世界观的转变是一个根本的转变。"他还说："所有的人都要改造，包括我，也包括你们。"只有认识到价值体系进化的历史进程，我们才能理解其中的深刻意义。

"自我改造"是很简单的一句话，但却很不受人欢迎。大家都不愿意改造自我，都认为自己带着现成的完善的价值体系，理直气壮地要来改造社会。包括势不两立的敌对阶级，在这一点上却是共同的。无产阶级要用自己的价值体系来改造世界，资产阶级也要用自己的价值体系来改造世界。想要改造别人而不愿意被别人改造，这是人的本能。所以我们就要警惕，不能让这种本能把自己引入歧途，而应当是自觉追求闻道开悟的目标，努力使自己具有值得推广的价值体系，然后再理直气壮地运用它来改造世界，自觉推进社会价值体系的进化。

四、社会主义核心价值体系开拓了政治学理论新境界

对这个问题，我们可以分为以下几层意思来说。

第一，人类必须组织起来，以社会集体为单位来应对各种问题和挑战。只有在社会集体的进步中，个体才能获得较为充分的发展；历史进步过程实际上是社会组织化的范围不断扩大、内部协调化水平不断提高的过程。理想的政治制度，也就是那种把社会组织化程度扩展到最大，同时把内耗减到最小的社会，这种社会便可保证其社会成员都能得到自由全面发展，这对于所有的政治家来说，都应当是一个自觉追求的目标。

随着生产力的发展，人流、信息流、物质流的交流范围的不断扩大，超越原有的边界，于是便依次出现从氏族社会、民族国家到超民族国家的不同层次的社会政治组织，社会组织化的水平不断提高，这个过程仍在继续，下一步要出现的就是以地球为一个单位的社会政治组织；全球化是历史发展的必然趋势，这是大家都公认的；与经济过程的全球化进程相比，社会内部有机联系的水平却没有与之相匹配，这一点正在成为人类政治文明进化的瓶颈。

第二，要提高社会的有机联系的水平，就必须有一个价值体系的进化

过程。我们可以观察到这样一个规律，伴随着社会政治组织的不断扩大，还存在着一个价值体系的不断进化的趋势。为减少内耗，提高内部协调化的水平，组织成员的价值体系也要不断提高，从最初的以血缘为纽带的家庭到现代的国家，依次通过神话、宗教、风俗习惯、道德和法律规章制度来约束人们的行为，认识到个人利益与集体利益之间的有机联系，自觉推动集体利益的实现。

随着社会组织的扩大，人们的价值体系也必须不断进化。这不仅是社会进步的规律，对于政治家来说，则是一个必须遵守的法则。能否自觉进行价值体系的建设，这是评价政治家是否称职的一个标准。比如说，秦朝建立起大一统的帝国，但它没有搞好价值体系的建设，仍然坚持商鞅制定那一套奖励耕战的法律制度，没有与时俱进地找到与大一统的帝国相匹配的价值体系，所以便二世而亡。汉朝继承了秦朝的一统天下，在管理这个政治实体的过程中，发现了建设价值体系的必要，采用了“罢黜百家，独尊儒术”的政策，所以就维持了较长的时间。从中国历史来看，尽管决定朝代兴衰的有诸多因素，但我们仍然可以大致地发现，凡是注重“治心”的朝代，都延续了较长的时间，不注重“治心”的朝代，则往往是短命的。以元朝为例来说，历史上有一个“宋人替元人治心”的说法，也就是说，元朝统治者不重视“治心”，嗜好于武力征服，尽管建立了中国历史上疆域最广阔的王朝，却仍然是短命的王朝。再比如苏联没有认真地进行社会主义核心价值体系的建设，虽然也曾是与美国争霸的强国，却仅仅维持了70余年便轰然倒塌。

还可以用我们身边的事例来说明。为什么会有越来越多并且越来越难处理的群体性事件，这就是因为价值体系的建设没有跟上社会政治组织进步的需要。组成社会组织的是各顾自己发财的人，这种一盘散沙的状态是一个容易产生矛盾并不断扩大矛盾的温床。由于基层组织协调处理问题的能力不足，一些人遇到问题便向上级寻找“青天大老爷”，另有一些人则铤而走险，用自己的方法来解决问题；还有一些人寻求黑社会来解决问题。为什么一度绝迹的黑社会又能死灰复燃，民众的一盘散沙状态便是其孳生的温床。由此可见，对黑社会的治理除了严厉打击之外，还必须铲除其孳生的土壤。通过提高社会整体的价值体系水平，就可以提高社会有机联系的水平，矛盾冲突就不会产生，即使产生，也可以很快化解。在这样的基础上，黑社会、腐败现象也就产生不起来，社会管理成本也可大大降低。

就算是在资本主义制度之下的经济组织中，也必须有与之相配套的价值体系建设，如果一味地放纵贪婪，也无法正常运转，由华尔街制造的金融危机便是明证。

第三，中国人很早就意识到价值体系建设的重要性。中国政治一向以“大一统”为核心价值，追求的是“为万世开太平”；循着这种方向，我们就必然要进行价值体系的建设，提高社会的有机联系。

正如杨振宁先生所说：“中国的文化里面有一些主体观念，是西方没有的，西方不了解的。关于政治哲学、外交哲学方面，中国文化从古来就有一些观念，比如‘德’跟‘和谐’。这些观念在中国的传统里头是很古而且很重要的，而在西方是没有的。”另外杨先生还介绍了“最近十年来发现的一个三千年前的西周青铜器。……这个青铜器里面的铭文讨论的是当时的政治哲学与历史，包括大禹治水的故事。……90多个字的铭文里面有6个‘德’字。所以‘德’在中国的政治哲学里至少有三千年了。……立德、立功、立言，是中华文化传统里面的重要观念，以立德为先。而西方只讲立功、立言，不讲立德。这是中国文化跟西方文化一个重要的原始性的深层不同。”[①]

根据蝴蝶效应的理论，初始条件下微小的变化能带动整个系统的长期的巨大的连锁反应。中华与西方文明在起点时的这个重大的差异，自然就会在以后的发展上带来巨大差异。相比较世界其他文明而言，中国人很早就建立了大一统的多民族国家，在国家治理上积累了丰富经验，历代封建帝王们为了避免内耗，不断地总结执政经验，高度重视价值体系建设，在国家组织能力和内部团结协作能力上也达到了较高的水平，所以在世界四大古代文明中，我们中华文明是唯一延续下来的文明。但是由于当时的社会组织形式是不成熟的，与之相应的价值体系也是不成熟的，在道德理想与现实需要之间存在着尖锐的矛盾，那种不包含矛盾的价值体系还没有发展出来，政治家们一直在黑暗中摸索，始终没有找到通向理想社会的路径。支配社会运行过程的一直是低水平的制造内耗的价值体系，社会就不能长期保持稳定。从汉代的情况来看，先是出现了异姓王的反叛，为了防止异姓王作乱，后来便大封同姓王，以为宗室兄弟拱卫中央政权可保安定，哪知同姓诸王依然作乱；后来制定了防止同姓王叛乱的措施，又出现了后宫

① 《光明日报》2008年9月4日，杨振宁：什么是创新？

乱政、宦官专权的情况，这些内部的灾祸让皇帝们防不胜防。此外，还有北部的边患，以及更重要的忧患，那就是统治集团自身的膨胀而导致的民众不堪重负，官逼民反，由此而导致了周而复始的治乱循环。这种状况一直延续了两千多年。

只有在新中国建立以后，才扭转了这种发展趋势。在中国共产党领导下，新中国建立了立足于基层、组织严密的社会动员机制和社会组织结构，在此基础上，才能通过充分地调动起全社会的人力财力物力，集中力量办大事，在一穷二白的基础上，建立起完善的国防体系、工业体系和交通基础设施体系，并进行了农田水利基本建设，从而形成了新中国独立自主的国民经济体系。改革开放以来，我国综合国力大幅跃升，人民生活明显改善，国际地位显著提高，中华民族巍然屹立于世界民族之林。在这样的基础上，和谐社会的目标才被列为社会政治活动的目标，在追求这个目标的过程中，我们也才得以提出价值体系的建设问题，从过去把它看作一个可疑的概念，到现在成为上上下下都热衷于谈论的话题，这本身就是社会价值体系的进化过程。

越是伟大的目标就越是难于被人们认识，同时也越是难于实现，此即所谓“大器晚成”。我们中华民族从一开始就选定了一个伟大目标，所以就必须经历那么多苦难与曲折。尽管我们现在还面临着许多难题，但这正是我们成长进化的动力。社会进化也如同个体成长过程一样，到了应当往下一个阶段成长的时候，如果不成长，就会出现病态。我们相信，中国人走在正确的方向上。只有继续沿着社会主义方向前进，与社会主义的社会组织化程度相适应，建立起相配套的社会主义核心价值体系，我们才有可能建立起理想的政治制度。

第四，当今西方文明仍然深陷在迷误之中不能自拔。与我们走在正确的探索方向不同，西方人断言人性就是自私的，不以和谐为目标，而是以掠夺生存资源为政治目标，为了压倒对手而不择手段，完全遵循着丛林法则，在此基础上形成了一个三权分立、互相制约的政治制度。这种制度的运行实际上同商品市场的活动没有本质区别，各个政党就如同商业机构，极力地向公众推销他们的货物；而公众一旦从家庭和商业事务的个人利害中走出，进入社会政治事务中，就进入了盲区。他们以物质财富的私人占有为核心价值，对社会公共事务既缺乏责任感，又缺乏鉴别力，于是野心家便可采用类似于商业广告的宣传手法，诉诸人们的非理性情绪，以及谬误重复一千遍就能成为真理的手法，用一点小钱把人们鼓动起来，走上街头，发动颜色革命。包括那些专业议员，只要他们一进入议会大厦，也立刻下降到幼儿的智力水平，随随便便地应付政治问题。在利益集团的操纵下，在谎言占支配地位的状态下，通过一个又一个干涉别国内政甚至是发动侵略的决议；借助于反对贪腐而上台的领导人反而更急迫更加肆无忌惮地贪腐。总而言之，所有的人都在一种狭隘愚蠢的价值体系控制下投入到政治过程之中，所以，当今世界内耗丛生，效率极低，许多急需解决的重大问题在旷日持久的内耗中而得不到妥当解决。在丛林法则的控制下，整个世界都处于动荡、战乱的威胁之下；甚至利益密切相关的一家人，也照样是吵吵闹闹、大打出手。

面对这种混乱状态，西方的政治学理论找不到问题的症结，因而一筹莫展。他们有这样彼此争论不休的几种观点。一种是悲观论者，如法国人勒庞写了一本名为《乌合之众》的书，对人类的政治现状作了一堆耸人听闻却又鞭辟入里的描述，比如他说："然而议会制度却是一切现代文明民族的理想。这种制度是一种观念的反映，即在某个问题上，一大群人要比一小撮人更有可能做出明智而独立的决定。这种观念虽然从心理学上说是错误的，却得到普遍的赞同。""在议会中也可以看到群体的一般特征：头脑简单、多变、易受暗示、夸大感情以及少数领袖人物的主导作用。""对才华横溢者无动于衷的地方，莫过于政治集会。它所留心的只是那些与时间地点相宜、有利于党派的滔滔辩才，并不在乎它是否对国家有利。"他以法国大革命为例："法国大革命的历史说明了议会能够多么严重地丧失自我意识，让那些与自己的利益截然对立的建议牵着鼻子走。贵族放弃自己的特权是个巨大的牺牲。但是在国民公会期间那个著名的夜晚，他们毫不犹豫地这样做了。议会成员放弃自己不可侵犯的权利，便使自己永远处在死亡的威胁之下，而他们却迈出了这一步；他们并不害怕在自己的阶层中滥杀无辜，虽然他们很清楚，今天他们把自己的同伙送上断头台，明天这可能就是他们自己的命运。实际上，他们已经进入了我曾描述过的一个完全不由自主的状态，任何想法都无法阻止他们赞成那些已经把他们冲昏了头脑的建议。"直到书的最后，我们也没看到有什么希望："在追求理想的过程中，从野蛮状态发展到文明状态，然后，当这个理想失去优点时，便走向衰落和死亡，这就是一个民族的生命循环过程。"

另有一些人持一种很幼稚的乐观看法，他们不知道提高社会有机联系的重要，也不知道建设价值体系的责任，把民主视为政治过程的核心价值，不管遇到什么问题，在他们看来都是不民主惹的祸，只要一实行普选，便可万事大吉。美国人很喜欢这种观点，很热心地在地球上推行民主价值观，但遗憾的是，他们至今也没有拿出一个成功的案例。与他们所吹嘘的情况相反，这个价值体系就像瘟疫一样，传播到哪里，就把内乱、贫困和灾难传播到哪里。“一方面，西方领导人对民主和人权大加宣传，另一方面，他们自己却制造出各种丑闻。说一套做一套加快了民众对民主幻想的破灭。”“布什总统并非唯一卑鄙的人。西欧的大部分‘民主国家’在巴勒斯坦、伊拉克和阿富汗的屠杀战争中都发挥了令人羞愧的作用，而所有这些国家无一例外地都是以维护民主和人权的名义干下了所有这些勾当。”[①]实践证明，民主在政治目标体系中只能是属于次一级的价值，承担不起核心价值的责任。在资本主义价值体系控制着社会生活过程的前提下，无论怎样强调民主，都不可能把社会治理引入正轨。由于目前在西方政治舞台上飞扬跋扈的仍然是坚持这种价值体系的幼稚愚蠢的家伙，所以西方人就只能陷在可悲的治乱循环之中而不能走出半步，眼睁睁地看着自己走向最后崩溃的大结局。

第五，人类需要一种新的政治学。人类要想从内耗与治乱循环的悲剧状态下解放出来，就必须对社会政治过程中的价值体系进行改造。所以马克思就曾断言：“工人阶级不能简单地把握现成的国家机器，并运用它来达到自己的目的。”[②]现在看来，这是因为工人阶级不能在资本主义价值体系占主导地位的基础上进行社会管理，马克思感觉到了这个问题，但却没有明确提出价值体系问题。毛泽东在提出正确处理人民内部矛盾问题的时候，认识到了价值观问题，但由于历史条件的限制，他也没能解决好这个问题。又经过改革开放三十年的曲折探索，党中央才把建设社会主义核心价值体系明确地提上了党和国家的议程，这是我们党对中国特色社会主义理论进一步的丰富和发展，它承接和弘扬了中国自古所崇尚的和为贵、和谐为美的和谐社会理想，同时又继承和坚持了马克思主义的“人的自由全面发展”的核心价值，汇聚了东西方文明的精华。思想上的这一飞跃，必将会带来实践上的飞跃，带动中国经济政治文化和社会发展上一个新台阶。在此基础上，我们就可以建设起新的具有中国特色的政治学，与西方政治学的区

[①]《参考消息》2008年9月8日文章：《西方民主令第三世界失望》.

[②]马克思恩格斯选集[M].第3卷.北京：人民出版社，1995.第52页.

别在于，它多出一个维度。西方政治学是两维的，只有两个标准：民主法制的发展程度与物质文明的发展水平；就像数学上的从平面几何发展到立体几何一样，政治学的发展也要从“平面”发展到“立体”，增加一个新的维度——人性的“高度”，也即价值体系的“高度”。只有价值体系的加入，才能使政治学理论接近于现实政治过程，同时也只有价值体系的提升才能把社会政治过程从丛林状态的泥淖中提升出来，进入和谐状态。

人性的“高度”——也即是价值体系的发展水平——是一个客观存在，正如生活中找不到仅有两维的物体一样，社会生活中也不存在仅有两维的人性，每一个人都有价值体系，都处在价值体系发展水平的某一个位置上。两维的人性在现实中并不存在，它只能存在于人们的抽象思维中。抽象思维可以思考这样的人性，它把完整的表象蒸发为抽象的规定，只注意到人性的部分特征而忽略其他特征。然而，那些被忽略的特征并非不存在，它们也仍然是一个客观存在，只是没有被人们注意而已。在这种认识水平上形成的政治学，只能是两维的平面政治学，不能正确地描述人类政治活动的客观实际，不能指导人类建立起完善的政治体制。

在这种平面政治学研究中，研究者实际上把自己所达到的价值体系水平作为终极的高度，在无意识之中把它作为不言而喻的前提，作为其理论体系的基本公设。如果研究者自己超越了丛林法则，便会以性善论作为自己的前提；如果研究者自己处在丛林法则的水平上，他便会以性恶论作为自己的前提。对于性恶论者来说，人性中的善良、仁义都是不存在的，他缺少感知这些美好东西的器官，他只能按照自己的价值水平来设计政治制度，所以便强调监督制约、三权分立；这种制度对于资本主义价值体系的坚持来说是适宜的制度，所谓的选举也无非是迫使人民在一堆“烂苹果”中捡一个“比较不烂”的，从而把社会锁定在资本主义轨道上运行；它是实行资产阶级专政、保持资本统治的有力工具。在资本主义价值体系的控制下，他们不能想象还有另外一种充分发展的人性，他以自己的人性尺度建立起来的政治学和政治制度，必然要束缚人性的向上发展，把人培养成丛林中的动物。

性善论者同样要本能地按照自己的价值体系来设想人性，比如毛泽东就期望着“六亿神州尽舜尧”，让所有的人都提高到自己的水平上。根据这种人性假设，老一辈革命家在建立了新中国之后就设计了一种有别于西方“三权分立”制度的人民代表大会制度，这是一个很优越的体制。其之所以优越，不仅是因为它是一个有利于实现人民当家作主的政权组织形式，更重要的是，它为新价值体系的成长预留了空间，为保证闻道者掌权提供了组织保障。但这样建立起来的新体制就会面临一个新问题，如果人们的价值体系达不到相应的水平，它就很难稳定运行起来，其优越性就难于显示出来。由于价值体系的提高是一件很艰难的工作，所以在社会主义制度下也出现了很多问题，诸如官僚主义、腐败现象。

通过上述对比，我们便可发现，人与人之间存在着价值体系发展水平高低的区别，这就像人与人之间存在着身材高低的不同一样。价值体系的不同不仅会影响到人们对客观事物的认知，而且还会限定人们对社会政治制度的偏好。由此可见，在真理标准问题上仅仅强调人的实践是不够的，还必须注意人类实践活动中的价值体系问题。这是因为人的实践离不开价值体系，所有的人都在发展水平高低不同的价值体系的控制下。

对这个问题认识，共产党人经历了一个逐步深入的过程。首先是马克思在黑格尔和费尔巴哈的哲学基础上前进了一步，强调了“实践”在认识过程中的意义，他在《关于费尔巴哈的提纲》中写道：“人的思维是否具有客观的真理性，这不是一个理论的问题，而是一个实践的问题。人应该在实践中证明自己思维的真理性，即自己思维的现实性和力量，自己思维的此岸性。关于思维——离开实践的思维——的现实性或非现实性的争论，是一个纯粹经院哲学的问题。”他同时也感觉到具有不同价值体系的人们的“实践”是不同的，所以他便强调了“革命的实践”，他说：“环境的改变和人的活动的一致，只能被看作是并合理地理解为革命的实践。”[①]所谓“革命的实践”，自然也就区别于其他许多非革命的以及反革命的实践。

后来，毛泽东在领导中国革命的实践中进一步推进了理论进步，他强调“一个正确的认识，往往需要经过由物质到精神，由精神到物质，即由实践到认识，由认识到实践这样多次的反复，才能够完成。”[②]他也注意到实践的方向性，他说：“代表先进阶级的正确思想，一旦被群众掌握，就会变成改造社会、改造世界的物质力量。”[③]他还提出了一个著名论断，“世界观的转变是一个根本的转变。”他所说的世界观其实就是现在所说的价值体系。

[①]马克思恩格斯选集[M].第1卷.北京：人民出版社，1995.第55页.
[②]毛泽东文集[M].第八卷.北京：人民出版社，1999.第321页.
[③]同上，第320页.

再后来，刚开始搞改革开放的时候，有一个真理标准的大讨论，主张实践是检验真理的唯一标准。这个结论对于突破那种对于马克思主义的僵化教条式理解发挥了积极作用，把人们的目光引导到现实问题上，适应了时代发展的需要。但是，它仍然是社会价值体系进化过程的中介环节，也还存在缺陷。现在看来，它的缺陷就在于片面地强调了实践标准，忽视了人类实践过程中的价值体系问题，仍然处于价值体系的独断论之中。它把所有的实践都同等看待，不管其中所内含的是哪种价值体系，只要能够发展生产力，都可以大胆地试。这实际上就是以生产力的发展作为社会发展的核心价值，与之相配套的个人价值体系也就是以发财致富作为核心价值。在这种价值体系驱动下，社会生产力获得了巨大发展，但这种单项突进的发展是不和谐的发展，所以就出现了环境恶化、两极分化和诸多社会丑恶现象。

经过了这样一个由实践到认识、再实践再认识的深入发展，党中央提出了建设社会主义核心价值体系的目标。有了这个目标，我们便可对“实践是检验真理的唯一标准”进行修订完善：只有在科学合理的价值体系的指导下的认识与实践，才能逐步接近真理，否则的话，就会离真理越来越远。用毛泽东的话来说就是，如果人们具有了科学合理的价值体系，其实践便可遵循着“斗争失败，再斗争再失败，直至胜利”的逻辑；如果他们坚持的是低水平的价值体系，其实践所能够遵循的就只能是“捣乱失败，再捣乱再失败，直至灭亡”的逻辑。

要认识到价值体系对于实践的重要性，认识者的价值体系就必须达到一定的水平。对现实中存在的腐败现象等问题，大家都很反对，但是，产生这些问题的根源究竟是价值体系还是体制，人们的认识便有很多分歧。有相当数量的人没有注意到价值体系问题的存在，于是就把目标对准体制，主张通过对体制的改革来解决现实问题。同时也正由于他们没有注意到价值体系问题，所以就恰好被低水平价值体系控制着，在他们狂热的民主诉求下面所掩藏的也无非是要用这种狭隘片面的价值体系来改造社会。他们所坚持的这种价值体系本身就是产生问题的根源。

正由于这些人在价值体系上的独断论，所以就看不到问题的根源，也找不到解决问题的办法。那些没有意识到价值体系问题的人，仍然坚持着某种价值体系，在这种状态下，人们所坚持的通常是落后的价值体系。在此前提下发生了许多争论，但我们可以断言，在这种争论中，人们找不到现实难题的解答，只能是在自我折腾中自我毁灭。这是因为，在这种争论中，人们都忽视了价值体系的进化过程，忽略了这个在人类生活过程中的一个关键因素，也就不能引导人类正确地认识和实践。只有注意到价值体系的进化过程，从而自觉地推进价值体系的进化，通过这个进化过程，带动整个社会生活产生实质性的进步，人类才能逐步摆脱内耗、贫困的纠缠，进入和谐发展的新境界。

第六，社会主义政治体制的形成过程是以社会主义核心价值体系为序参量的自组织过程。有了价值体系的进化，才能带来完美的人性、完美的社会。如果没有价值体系的进化，人们就只能以私有制价值体系为序参量来推动政治体制的自组织过程，这个过程中所形成的政治体制绝不可能是社会主义政治体制，也不可能实现自由民主和人权，不管人们在口头上多么热切地向往它们，这就像从鸡蛋里不可能孵出一只鸭子一样。在资本主义价值体系的控制下，人们不知道什么是理想的政治体制，于是便以西方的政治体制为目标模式，主张三权分立，闭眼不看这种体制的弊端。在这种体制中，由于价值体系的发展不充分，设计得再完美的制度也会被人寻找到漏洞，找到实现其狭隘价值体系的机会，产生出腐败与反腐败的博弈。没有价值体系的进化，人们就无法摆脱这种恶性循环。

有些人看不到问题的根本原因，只看到表面现象。他们坚持着那种产生问题的价值体系，却又幻想着不要那些问题，这就是自相矛盾，这就是企图拔着自己的头发离开地球。在这种错误理论的指导下，人们把问题根源归因于体制，把改革目标指向体制，指向共产党的领导，其结果是进一步强化那种造成问题的价值体系，进而带来更多问题。为了解决这越来越多的问题，在他们的错误理论指导下，于是就认为改革还不到位，还要进一步改革，进一步强化旧的价值体系，于是便陷到老子所说的“法令滋彰，盗贼多有”的恶性循环，制定的法令越来越多，监控措施也越来越先进，可问题却越来越多地在各种意想不到的地方冒出来，包括监控者本身就是问题的根源，为了进行防范，又要对监控者进行监控，如此层层递进，使得社会管理工作变得越来越复杂，成本越来越高，直至超出社会所能负载的极限。政治发展路径的选择对于社会的科学发展来说是决定性的，一旦放纵了以资本主义价值体系为序参量的自组织过程，必然会推动人类文明的自我毁灭，科学技术、经济建设等其他领域里的事情就算是做好了也不能挽救这个大趋势。

要走出这种恶性循环，打破社会在低水平上运行的“路径依赖”，就要深入认识社会运行的制导因素，找准原因，才能正确地制定解决问题的方法和路径。而要做到这一点，首先就要求人们自己接受新的价值体系。只有新价值体系的出现才能给社会带来希望。想当年，共产党闹革命的时候，并没有什么制度，不过是一帮寻找救国之路的热血青年的探索与奋斗过程而已，在此过程中逐步形成了一套新制度。再比如同是兰考的体制，为什么焦裕禄去了就能改变面貌，关键在焦裕禄有一套新的价值体系。这些年来，某些精英们借改革的名义把自己的那一套价值体系悄悄地塞给社会，这种改革便导致了许多问题。所以说，即使要改革体制，也必须是由焦裕禄那样的人来主导。故而明代人吕坤说：“无治人，则良法美意反以殃民；有治人，则弊习陋规皆成善政。故有文武之政，须待文武之君臣。”[①]

政治学的进一步的合乎逻辑的发展也就是要总结这两方面的经验教训，深入研究价值体系在社会政治过程中的重要作用，从平面政治学发展到立体政治学，才能发展出一门实事求是的政治学。这是一个从抽象到具体的认识发展过程，如果人们依然停止在平面政治学的水平上，那就仍然陷在抽象片面之中。社会主义的政治学是以前各种政治学的合乎逻辑的发展，深入研究以前的政治学所没有注意到的因素，由两维到三维，由平面到立体，由抽象片面到全面具体，既要承认人性发展水平的现状，又要为人性的进一步提升创造条件、预留广阔的空间。

巴比伦的通天塔之所以没有建立起来，是因为上帝搞乱了人类的语言。而现代社会之所以内耗丛生，人们之所以不能有机地联合起来以充分地运用人类的科技进步造福人类，则是由于价值体系的缺陷。虽然人们有着同样的丛林法则的价值体系，但这种价值体系使人们彼此间尖锐对立、互相排斥。就像水随着温度的升降而改变其物理状态一样，社会也随着价值体系的进化与退化而改变其组织状态。在由丛林法则支配着的人性水平上，所形成的社会状态是一盘散沙；只有不断地提升社会价值体系的高度，才能把社会从邪教、巫术、娼妓、赌博、腐败、黑社会的纠缠中解脱出来。只有在由社会主义核心价值体系支配着的人性水平上，所形成的社会才是一个有机的和谐的政治文明。

对于面对着险恶国际环境的中国来说，只有价值体系的先进性才能把

[①] [明]吕坤. 呻吟语[M]. 长沙：岳麓书社，1991. 第 252 页.

我们自己凝聚为一个有机体，妥善应对外部挑战。不同政治集团之间的竞争，正如前面所已经说过的那样，并非简单地取决于经济实力与军事实力的强弱，还要取决于其价值体系的优劣，那些经济军事实力弱小但价值体系先进的一方，仍然有可能战胜经济军事实力强大但价值体系落后的一方。在当今世界上，我们要想战胜西方敌对国家的围堵和和平演变战略，单靠发展经济与军事力量是不够的，还必须在价值体系上超越西方国家。如果没有价值体系的进化，中国人就会重新沦为一盘散沙，仅仅是内耗就会使我们孱弱不堪，难以保护自己的利益，成为任人宰割的对象。但如果有了价值体系的进化，我们就可以妥善应对内部矛盾，凝聚为一个有机的整体，外部敌对势力就奈何不得我们，我们则可以反过来坐等外部敌对势力在内耗中自行崩溃的那一天。

现在，政治学理论的发展已经到了一个由量变到质变的关节点，经过新中国 60 多年来的探索，同时也综合国际政治过程的经验教训，我们可以建立起三维的立体的政治学，把政治学理论推进到一个新的阶段。这种政治学关注人性的提升、价值体系的进化，在这种科学的政治学理论基础上，人类在政治领域才有可能进入自由王国。

在这样的社会中，人们从生存的自然必然性的控制下解放了出来，现在困扰着我们的诸多内耗也就失去了内在动力而自然而然地平息下来；各种以物质财富的私人占有为目标的恶性竞争也将消失，人类文明在低水平上挣扎的历史将从此结束，在由新人组成的社会集体中将产生出一种新的政治模式，一个既有集中又有民主，既有纪律又有自由，既有统一意志又有个人心情舒畅、生动活泼的政治局面。这个以每一个人的自由全面发展为目标的政治结构必然会大幅度地减少内耗，把社会管理成本降到最低的程度，简洁高效地处理各种社会事务，正确地应对各种外部挑战。

第六章　建设社会主义核心价值体系就是历史之谜的解答

对于人类个体来说，首先要闻道，然后才能正确总结经验、不断成长；对于社会集体和国家来说，也是如此。价值体系是社会运行过程的序参量，有什么样的社会价值体系就会孕育出什么样的政治经济制度。如果社会政治经济过程出现了问题，其病根最终要追溯到价值体系的缺陷上。只有在这个层面上提出问题和找到解决问题的办法，才能从根本上应对社会危机，把人类社会引上和谐发展的轨道。除此以外，没有别的捷径。没有价值体系的进化，也就没有以人为本、科学发展与和谐社会，正由于这个原因，党中央在提出以人为本、科学发展观和构建和谐社会的目标之后，很快就提出了建设社会主义核心价值体系的任务，这是一个很自然的逻辑次序；既开辟了解答现实难题的正确路径，同时也找到了历史之谜的正确解答；这是当今人类对自身社会运行规律的探索的最高成果。

一、社会主义核心价值体系就是完善的“普世价值”

某些西方国家一直用“普世价值”来敲打中国，喋喋不休地指责我们不民主、不自由、没有人权。他们信心十足地认为自己的价值观就是“普世价值”，并竭力把它强加给中国人。当奥运火炬传到欧洲时，本来是普天同庆的一件喜事，也被西方人权主义者用来羞辱中国，表现出十足的傲慢。再如西藏问题，本来是百万农奴获得翻身解放，实现了真正的自由民主人权，而西方人却支持以达赖为首的奴隶主抗拒民主改革，拉历史的倒车，表现出十足的愚蠢。

任何一个先进的国家和民族都不会拒绝“普世价值”，中华民族当然热爱民主、自由和人权。正因为热爱自由、民主和人权，我们才起来革命，推翻旧制度，建立新中国，在自己的土地上用自己的智慧逐步实现民主、自由和人权。我们不讳言自己在某些方面还不完善，需要学习其他文化中有益的东西，但是并不全盘照搬。在我们看来，普世价值应当是一个完整的体系，是一个不断发展进化的过程，自由民主和人权只是其中的一部分，不是全部价值，更不是核心价值，实际上只是价值体系发展过程中的一个发展阶段。

在当今世界上，空喊“自由、民主、人权”显然不足以应对人类面临的诸多挑战。曾几何时，美国为推广这种政治经济模式和价值体系不遗余力，并称这个普及过程为“全球化”。但也正是在这个“全球化”的过程把这种政治经济模式和价值体系的内在缺陷暴露了出来。1991 年，苏联解体，美国成为全球唯一的超级大国，西方式自由民主的政体以武力和智谋战胜（或压制了）了它所有的对手，但随着时间的推移，这种政治经济模式却被内部贪婪的欲望所征服，走上了自我毁灭之路。在当今美国乃至整个西方世界，人被看作是充满着“物欲”的“经济动物”，无论是就整个社会而言，还是就单个的个体而言，都以“最大限度地进行消费”作为宗旨，这种政治经济模式和价值体系把整个人类社会市场化了。人们为了有更多的钱去消费，采用了如下两个办法：其一是“赌”，人们完全成了一个投机者，企图通过投机使自己在短时期内暴富，当代资本主义也就成了“赌场资本主义”。而社会一旦进入这种状态，一切就变得不确定了。一个高度不确定的社会也就是一个投机的社会。在金融热的影响下，工业也不得不过分地集中于短期收益上，正是这种谋取短期效益的理念，构成了企业发展的巨大障碍。其二是“借”，人们为了让自己在今天尽情地消费，就想方设法用明天的钱，“寅吃卯粮”，向他人、向银行借钱。他们尽管并不具备可以赚到“明天的钱”的能力，但却敢于花虚拟的“明天的钱”。美国的主流文化就这样鼓励着这种存在方式，鼓励人们通过“赌”和“借”去进行“超前的消费”、去满足永无止境的“物欲”，这种行为方式无疑会把人类推向自我毁灭。

现在，“次贷”危机点燃了引信，金融危机在 2008 年 9 月炸毁了半个华尔街。美元货币体系处在崩溃的边缘，全球经济迅速衰退。无论是西方发达国家还是新兴市场国家，更不用说那些“失败国家”，都突然面临经济衰退下内部矛盾激化的强烈威胁。不管是用骤减的工业产量、暴跌的出口额、激增的失业率、冻结的信贷市场还是用近乎瘫痪的海上贸易来衡量，世界上的发达经济体都遭受了重创。新当选的总统奥巴马出台了拯救美国经济的政策，但是，美国经济并没有表现出改善的趋势，连改善的信心也难以看到。为什么呢？危机的根源在于丛林法则的价值体系，以及与之相配套的资本主义生产方式和生活方式，如果没有一个脱胎换骨的改造，美国的危机永远也摆脱不了。奥巴马有可能改变美国人的这一套价值体系和经济模式、生活方式吗？谁敢捅这个马蜂窝，谁就会被实际上控制着美国的那种势力所推翻，其方式可能会很“民主”，但也有可能很血腥。

现实的发展已经充分表明，西方人所坚持的“普世价值”是不完善的，束缚了人性的发展，不能保证人类在地球上的生存延续。株守这个价值体系便必然流于虚伪、自相矛盾。作为这种“普世价值”的样板的美国已经陷在危机之中，以美国为代表的市场自由主义模式已经过时。华尔街的贪婪愚蠢不仅给自己制造了灾难，同时也在全世界制造了灾难。

于是乎，我们便面临着这样一个局面：当我们全力以赴学习西方的时候，西方发达社会却暴露出严重而深刻的内在危机。在这次危机之前，当我们谈金融体系的时候，很多人都不自觉地以美国的金融体系为典范，认为它很有效率，监管又非常有效，但就是在这个大家一直奉为典范的国家里发生了危机，还影响了全世界。此次金融危机所带来的最重要的后果不是以美国华尔街为中心的金融秩序的瓦解、人员裁减或企业破产，而是以前大家认为是金科玉律的经济学理论的瓦解，以及西方人对中国的文化优越感的瓦解，西方人所标榜为“普世价值”的那一套价值体系的瓦解。危机暴露了一幅与过去的形象迥然不同的现实场景：不可一世的西方金融机构千疮百孔，曾经人人称羡的管理技能失去了吸引力，而新的衍生产品到头来不过是空中楼阁。当美国前纳斯达克主席麦道夫之流的投资骗局曝光时，西方人对中国指指戳戳的道德高地也轰然倒塌了。这是一个十分重大的转变，美国人不得不承认自己犯了错误。据新华网北京 2 月 21 日电：2 月 21 日下午，正在北京访问的美国国务卿希拉里·克林顿来到位于北京朝阳区的太阳宫热电厂参观访问，并在那里与清华大学师生就气候变化、清洁能源等话题进行了交流。希拉里·克林顿说：“我们希望看到中国的发展，看到中国人民过上优质生活。我们不希望看到中国重复美国在工业化进程中犯过的错误……”

遗憾的是，希拉里的自我批评做得有些晚了，我们在一心一意地向西方学习的过程中，步子迈得很快，与之相应的，那些恶果也出现得更快：气候异常、环境污染、森林消失、自然灾害频发，以及校园凶杀案等。这些危险的逼近迫使我们深刻反思，不能再跟着西方人的后面跑，我们必须在价值体系上来一个转换，找出一条科学发展的新路来。我们现在有条件做好这件事，一方面是具备了充分的物质基础，另一方面是有了以人为本、科学发展、构建和谐社会等新的发展目标，还提出了建设社会主义核心价值体系的目标，现在所需要的就是把这些目标真正地落实到经济生活过程之中。我们别无选择，为了人类能够在地球上继续生存下去，只有这一条路可走，就像当年的类人猿必须从树上走到地面上来一样。

历史正在有条不紊地完成自己的事业，旧政治经济制度的瓦解必然伴随着与旧普世价值的瓦解，同时也催生新的普世价值。人类当前所面临的这场危机打破了西方资本主义所迷信的那个“看不见的手”的神话，同时也告诉人们，不管是企业还是社会，整体利益都是一个客观存在，要想维持它们的正常运转，人们都必须遵守道德规则。贪婪与无耻不仅会把社会主义公有制企业毁掉，也会把私有制企业毁掉；如果一个国家的人们养成了好吃懒做的习惯，照样也会破产；对于世界经济一体化的地球来说，也是同样道理。生之者寡，食之者众，早晚要塌台。这是一个简单的常识，也是一个不可超越的法则：一个不要道德的集体不可能长期维持下去。有那么一些人妄图超越这个法则，那就必须得到教训，碰个头破血流；如果他们困而不学，执迷不悟，等待着他们的只有毁灭。正如汤因比很早就预言的那样：“人类将会杀害大地母亲，抑或将使她得到拯救？如果滥用日益增长的技术力量，人类将置大地母亲于死地；如果克服了那导致自我毁灭的放肆的贪欲，人类则能够使她重返青春，而人类的贪欲正在使伟大母亲的生命之果——包括人类在内的一切生命造物付出代价。何去何从，这就是今天人类所面临的斯芬克斯之谜。”[①]

但我们必须看到，困而不学者所造成的灾难并不仅仅降临在这些人身上，而是要由整个人类共同承担。人类利益是一个整体，先觉悟者就有责任帮助教育后觉悟者。包括这一次危机的到来，也是促进人们道德觉悟的契机。大灾变呼唤人类猛醒，社会大危机激发思想新启蒙。普世价值是全人类文明进步的成果，是人类精神成熟的标志。所有的人都有责任为其进一步发展做出自己的贡献，西方人应当记住自己的前辈哲人的伟大传统，对自己的价值体系来一个反思，苏格拉底曾说，一种未经审视的生活还不如没有的好。按照同样的逻辑，我们也可以说，一种没有经过审视的价值体系是不值得坚持的，也是不值得拿出来向别人炫耀的。

我们所坚持的普世价值并不是西方那一套自相矛盾的价值体系，而是

[①]摘自汤因比：人类与大地母亲[M]. 第八十二章（根据网上资料）.

在综合东西方文化传统的基础上，提出一个新的核心价值，形成一个把以往人类所创造的价值都包括在内的完善的能够保证社会和谐的价值体系，这就是我们所要建设的社会主义核心价值体系。这样的价值体系，才是真正的普世价值，代表着人类进化的方向。中国人并不打算为新的价值体系注册专利，我们希望全世界人民都来坚持这个价值体系，共同构建和谐世界。

二、资本主义价值体系的内在缺陷

当代人类的困境是由人们自己造成的，是由于价值体系的发展不充分造成的。这便是中国古人所说的“境由心造”。

资本主义的意识形态中有一个致命的缺陷，要说明这一点，并不困难。我们每一个人的生存都依赖于社会整体的生存，我们每一个人的幸福与和谐都依赖于社会整体的稳定和谐，这就像一片树叶的存在依赖于大树的存在一样。每一人类个体，作为一个有意识的“树叶”，就应当认识到自己与“大树”的关系，从而自觉地维护“大树”的存在与稳定和谐。但资本主义价值体系达不到这种认识水平，它引导和迫使人们以自己的物质利益为核心价值，它认为通过每一个人对个人物质利益的追求便可自然而然地促进社会公共利益。但我们知道，对个人物质利益的追求是每一个人的生存本能，即使没有人来倡导，每个人也都要自然而然地这么做。如果把它无限制地推广开来，把它作为终极的唯一的目标，那就会导致许多问题。

首先，它把人的发展束缚在基本需要的水平上，迫使所有的人都以物质财富的占有作为核心价值，都生活在生存恐惧之中。这种状况会扼杀人性中那些高层次需要的发展，束缚人的整体意识的产生，而正是这些高层次需要和整体意识的出现才使人真正地成为人；这些高层次需要被压抑的结果，就会造成大量的心理疾病，使越来越多的人消极厌世、精神分裂；这种价值体系扼杀人性的健康成长，这是它的第一个致命缺陷。

其次，由于它把物质财富的占有作为核心价值，所以就使人的基本物质需要超过自然限度，驱使人们贪婪地占有物质财富，掠夺自然。在生产力不发达的情况下，这种狭隘的价值体系的危害还不算大；在生产力高度发达的现代社会，再坚持这种价值体系，很快就超出了地球生态环境所能承载的极限，以日益加快的速度毁灭人类所赖以生存的家园，继而毁灭人类。这种价值体系没有能力支撑人类文明的可持续发展，这是它的第二个缺陷。

其三，由于它不以人为本，而是把物质财富的占有作为核心价值，驱使人们贪婪地占有物质财富，这就必然地造成两极分化，用西方人的话来说就是“马太效应”，用中国人的话来说就是“损不足以奉有余”。这种行为模式使人们处于永无休止的冲突之中，人就成了一个自相矛盾的存在物，既依赖着社会，却又与社会对立。在这种价值体系的主导下，不能形成一个和谐社会，这是它的第三个缺陷。

由于社会价值体系出了问题，人们就不能正确地认识现实，看不到社会发展的理想目标，追求那虚幻的海市蜃楼，也不知道个人的真正需要是什么，追求那对自己实际上是有害的目标。他们没有从错误中总结教训、找出正确目标的能力，因为他们专注于动物本能——专注于对性和食物的欲望上，被贪婪所控制。就算知道什么是正确的事情，也缺乏把真理化为实践的勇气。在这种低层次价值体系的支配下，个性不能健康发展，社会不能科学发展。一个处于衰败的民族没有正确的本能，不知道什么是值得珍惜的，什么是不能沾染的，所以便不可避免地趋向于堕落、罪恶与毁灭。

以美国为例，这个国家在人均土地面积、自然资源、科技实力等方面都占有巨大优势，美国占全球人口的5%，经济产出占全球的23%左右，军事开支占 40%以上。然而，由于华尔街的贪婪成性以及海外军事扩张，已经使得这些优势黯然失色。不知从何时开始，这个最富裕的国家居然成了世界上最大的债务国。世界金融危机爆发后，全世界的人们——包括美国人在内——都知道这次危机是美国发展模式所导致的后果。这个国家对整个人类具有巨大破坏力，它不仅有一批金融大鳄要通过制造经济危机以谋取利益，还有一个军工集团，要靠发动战争来延续生存。《参考消息》上有文章说：“2008 年全球军费开支高达 1.46 万亿美元，创下历史新高，其中美国的军费开支在数量与增速上均占大头，与此同时，欧美军工企业的利润呈几何数增长，这成为资本主义与武装冲突和军事占领紧密相连的最好证据。同时两者之间的互动也说明，长期战争已经成为资本主义体系不能放弃的生存方式，资本主义靠战争而不是和平生存，战争是资本主义全球统治政策和战略的第一环节。”[①]这和列宁当年所预言的“帝国主义就是战争的根源”的结论是一致的。

[①]《参考消息》2009 年 8 月 30 日文章：《战争贸易：资本主义敛财之道》.

这种生存方式建立在别人的痛苦与灾难的基础上。己所不欲，勿施于人。不管是东方还是西方的先贤都这样教导人们，它不仅是处理人际关系的法则，同时也是处理国际关系的法则，违背了这个法则就要受到惩罚。种瓜得瓜、种豆得豆。播种灾难的人，同样也会得到灾难。“以道佐人主者，不以兵强天下。其事好还。”[①]美国人现在深陷伊拉克和阿富汗的战争泥潭，不堪重负，处于进退两难的境地。打下去吧，支撑美国强势的经济链条被无情的金融危机打断了；不打吧，美国多年苦心经营的全球战略将漏洞百出；军人自杀和抑郁症数量的上升也是一大困扰，2009年11月5日，在美国胡德堡陆军基地又发生了一起令奥巴马总统感到非常震惊的枪击事件，他向遇难者及伤者家属致以慰问，他说：“当我们在国外战场上失去这些勇敢的美国人时，已令人相当难过。他们如果在美国本土一处军事基地内还受到攻击，那确实令人震惊。”[②]

在一个有缺陷的价值体系的控制下，这些都是必然发生的事情。美国人如果不能在价值体系问题上来一个转换，当前的经济危机和社会危机只能是越来越严重。他们为应对危机所采取的各种措施都不过是在如来佛的手掌里翻跟头。要想使这个社会在价值体系上来一个革命，则又是根本不可能的事情。这是因为这种价值体系锁定了社会的发展方向，它的缺陷还进一步地表现在缺少自我更新的能力。

事实上，私有制价值体系在把自身缺陷充分展示出来的同时，也就在为新价值体系登上历史舞台创造着条件。“问题和解决问题的手段同时产生”[③]，这个新价值体系——马克思主义——早在资本主义刚刚登上历史舞台的时候就如影随形地在一边等着了。但新旧价值体系的更替是社会运行过程的脱胎换骨的改造，旧的价值体系主导着社会运行过程，不会自动地退出历史舞台，虽然经历了一次又一次的危机，社会运行过程依然被锁定在资本主义运行轨道上，继续运行下去。这是因为，随着资本主义文明的衰落，依附于这个文明的知识界也趋向于衰落，被这个社会价值体系的“超循环”控制住了，成了马尔库塞所说的那种“单向度的人”，他们不具有黑格尔所说的那种“反思”的能力，没有能力深入认识自身价值体系的缺陷。

他们把资本主义价值体系与“自由、民主”形式混为一谈，比如美国

[①]《道德经》第三十章.
[②]《参考消息》2009年11月7日文章：《胡德堡军营喋血案震惊美国》.
[③]资本论[M].第一卷.北京：人民出版社，2004.第107页.

学者福山提出的“历史终结论”，他认为西方国家实行的自由民主制度和市场经济模式也许是人类意识形态发展的终点和人类最后一种治理形式，其他国家所能做的只是向其学习。对已经存在的东西做出一个断言说它将永世长存，这不过是一个断言，而不是什么智慧。所以福山在提出“历史终结论”没多久就看到，“毕竟我们因为市场调节严重失控而陷入了这场全球大衰退”。尽管如此，他仍然坚持认为其“基本观点——自由的民主是最终的政府形式——从总体上说仍是正确的。”为什么呢？他说：“问题不在于自由的民主是不是一种完美的制度或者说资本主义是否毫无问题……问题其实在于，过去 20 年间是否出现了一种更好的政府形式。”[①]这种说法也无非是表明，面对自身趋向于衰败的趋势，西方人失去了自我更新能力，找不到解脱的出路。一个民族是否具有生机活力，从它所推崇的学者的理论中就可以观察到。

如果说精英们之所以不肯改弦更张，是因为他们大多属于既得利益者，即使他们已经预见到崩溃，也不可能主动纠错，因为这样做不能给他们带来利益。然而，一些并非既得利益者的普通大众也狂热地主张“自由民主”，这是什么原因呢？这是因为他们被旧的价值体系控制着，由于价值体系发育不充分，他们不知道什么是真正的民主自由，只能在资本主义的牛角尖里继续钻下去。

在这里，我们有必要强调这样一个认识论的问题：价值体系各不相同的人们对自由民主的理解是不一样的。这也就是黑格尔曾经说过的那句名言：同一句格言，从一位饱经风霜的老人嘴里说出来，与从一位涉世未深的年轻人嘴里说出来，其含义是不一样的。对于一个没有确立人类整体意识的人来说，他所说的自由就必然是任性的、浮浅的、被外在的潮流与内在的欲望驱使着的自由，是缺少方向感的；而在一个确立了人类整体意识的人的头脑里，他的自由便有了方向、有了责任、有了具体的内容，因而就具有了厚重的内涵。这两种人如果在一起讨论自由问题，那就必然说不到一起，就算是后者能把自由中包含的厚重内涵说清楚，前者要想理解，也必须等到他真正确立人类整体意识之后，而这就需要有一个漫长的成长过程。虽然他也会觉得后者言之有理，但依然不能真正地理解，此即所谓“熟知并非真知”。自由这个词从具有不同价值水平的人们嘴里说出来，其

① 《参考消息》2009 年 11 月 5 日文章：《福山坚持〈历史的终结〉观点》.

含义是不一样的。对于民主这个词，也是同样道理。由于价值水平的不同，人们之间关于这些词句的争论简直就像操着两种不同的语言，如果要想向那些向往着西方制度的人们说明自由这个词的真实含义，那简直是不可能的。要想让他们明白西方民主的实质是坚持资本主义价值体系，那就非常困难，因为这超出了他们的理解力。

由此我们便可发现，假如一个人在谈论自由民主而不了解价值体系问题，那就说不出什么有价值的意见。这是因为，人们所要的自由民主不过是要实现其在资本主义文化环境中所形成的追求物质财富的欲望罢了。他们被下意识地形成的价值体系控制着，以实现其物欲为自由民主。只有那把理性意识深入到价值体系中去的人们，或者说只有那些闻道的人们才能看到，在人们所追求的利益彼此对立的情况下，民主自由只能是一场闹剧；要实现真正的自由民主，首先要形成关于自身利益的正确认识，发展出一种保证自身幸福与社会和谐的价值体系。

假设一棵大树具有追求自由的意识，那它的自由就是成长为一棵大树，而不会期望长成一棵小草或灌木丛，如果要让它在这三种选择中进行投票，那它毫无疑问地要选择成为一棵大树。但如果它不具有长成一棵大树的意识，它才会面临着是成为一棵小草或成为一株灌木的选择。在这种情况下，它才有了选择的自由，这也就是说，它的所谓自由是由于它对自己的成长之道不了解，如果它知道了自己的基因决定了自己是一棵大树，那它就别无选择，因而也就没有了自由；或者也可以说，成长为一棵大树就是它的自由。这才是真正的自由。

人类也是这样，对于那些有了明确发展方向的人来说，他的自由就是他作为人而与生俱来的责任，他别无选择。只有那些缺少方向感、责任感的人们，才会面临许多选择，才有了那种形式上的自由，所以他们就需要那种虚张声势的民主，主张“一人一票”的选择权，而这种选择常常是误入歧途的标志。正如马克思所说的那样：“我们在社会上的种种关系，还在我们能够对它们发生决定性的影响之前，就已经在某种程度上被规定了。”[①]人们所自以为是自由的选择，在弗罗伊德看来，其实是被那种无意识中的盲目力量控制着。

因而我们必须把人们口头上所主张的抽象目标与他们在实际所要达到

[①]海因里希·格姆科夫. 马克思传[M]. 北京：三联书店，1978. 第 6 页.

的具体目标分析清楚。对于一个没有闻道的人来说，他所主张的自由民主也不过是坚持其低水平的价值体系。但他没有能力透过抽象词句看清自己的真正利益，所以就追求那些危害自己利益的目标，由此而使他们经常犯一些搬起石头砸自己的脚、南辕北辙的错误，就像列宁所说的那样，本来想要进入这个房间，脚却踏进了另一个房间。这样的人尽管在形式上很坚持自己的主张，很像是胸有成竹的样子，实际上却经常地吃后悔药。人们若要避免这种错误，就应当深入认识价值体系问题，进而突破资本主义价值体系的束缚。只有这样，人们才能突破“自由民主”说教的精神奴役，把其中的资本主义价值体系与人们套在外面的“自由民主”形式分离开来，去掉其中有害的资本主义价值体系，把新的价值体系与“自由民主”形式结合起来，从而开拓出一条新路，发展出一套真正自由民主的制度来，保证人类社会的稳定和谐进步。

要想达到这种程度，就必须有一个从小我到大我的精神成长过程，这是一条唯一的道路，没有选择的余地。同样道理，对于社会来说，也必须努力攀登以达到那种成熟的价值体系，使那种保证社会和谐稳定的价值体系形成为社会共识，达到不容置疑的程度，使社会整体意识从犹豫不决的状态走出来，从幼稚状态中走出来，达到精神觉醒的程度。

人类行为的合理性取决于人们对大道的认识水平。“道可道，非常道”，对常道的认识只能是无限地逼近而不可能完全达到，大家都走在寻找真理的路上。在此过程中，单个人对大道的认识深度要取决于社会集体价值体系的进化水平，而社会价值体系的浑浑噩噩则是历史上的经常现象。前面曾经提到了法国人勒庞所写的《乌合之众》，其中描述了处于这种无意识阶段的人们的特点：冲动、易变和急躁；易受暗示和轻信；夸张与单纯；偏执专横和保守；缺乏理性、没有判断力和批判精神，如此等等。从我们这些年的经历看来，勒庞的这些描绘还是很有道理的，他认为：“群体只有强大的破坏力，他们的规律永远是回到野蛮状态。”关于普选制，勒庞说：“不必怀疑，普选的弱点十分突出，所以人们很难视而不见。无可否认，文明是少数智力超常的人的产物，他们构成了一个金字塔的顶点。随着这个金字塔各个层次的加宽，智力相应地也越来越少，它们就是一个民族中的群众。一种文明的伟大，如果依靠仅仅以人多势众自夸的低劣成员的选票，是无法让人放心的。”另外他还说：“一切集体，不管其成员如何，全都患有智力低下症。在群体中，人们总是倾向于变得智力平平，在一般性问题上，40名院士的投票不会比40个卖水人所投的票更高明。”美国人弗洛姆也曾经指出：“多数人的统治取代了少数人的统治，取代了国王和封建主的统治。但这并不意味大多数人就是对的；它意味着即使大多数人的统治有错误，也要比少数人把自己的意志强加给大多数人好得多。”“大多数人的决策就成了它具有正确性的一种论据，这显然是一种谬误；事实上从历史上看，在政治和哲学、宗教和科学方面，所有‘正确’的观点最早都是少数人的观点。如果我们是基于人数的多寡来判定一种观点的重要性，那我们很可能还生活在洞穴之中。”①

对于马克思主义者来说，首先是要坚信人民是历史的动力，要坚持民主政治建设的大方向；其次是应当正面地回应勒庞的意见，正视群体的这些缺点，然后站在人民群众的前面，发挥领导作用，把那种盲目的破坏性力量转变为建设新制度的充满理性的革命力量。怎样才能做到这一点呢？那就是通过无产阶级革命的一系列程序，首先要夺取政权，在共产党领导下改造社会制度、发展生产力，然后致力于建设社会主义核心价值体系，这样才能突破集体的无意识状态。这与那种主张抽象自由民主的幼稚理论是根本不同的。

在关于民主自由的争论中，很多人没有认识到价值体系问题，他们不自觉地坚持着那种低水平的价值体系，把这种坚持与对具体人事选举搅和在一起，不加分别。不但如此，他们还把包含了西方价值体系的西式自由民主作为不言而喻的目标来追求，这就把严肃的社会事务当成了一场儿戏。他们既不关心价值体系问题，也不解决价值体系问题，仅仅把注意力集中在民主政治建设的形式上，其结果是让旧的价值体系依旧控制社会生活过程。这正是幼稚民主派们所要达到的目标，他们要的民主就是要用他们的价值体系来改造社会，但他们没有能力明确地说要建设资本主义价值体系，这是因为这种价值体系在他们的潜意识之中控制着他们。所以，他们就能够无须自觉坚持资本主义价值体系情况下坚持这种价值体系，把它作为不言而喻的东西暗含在自由民主口号里，来个捆绑式销售，从而把人民群众悄悄地引入歧途。

这很像是一种狡计。但从这么做的人们的智力来看，还达不到有意识地设计这种狡计的水平，它不过是人的本能罢了。所有的社会交往都会传

①[美]埃利希·弗洛姆. 健全的社会[M]. 北京：中国文联出版公司，1988. 第348页.

递价值体系，即使人们没有打算做这件事，他也仍然在做。人们之所以本能地坚持这种低水平价值体系，则是因为还在他们能够意识到这种价值体系的存在之前，就已经被这种价值体系规定了。人们之所以坚信自己在这个问题上有“自由民主”，则是因为他们没有意识到自己已经被“规定”了，于是把这种被“规定”的状态作为不言而喻的选择，以为那就是真正的“自由民主”。

正如陆游谈做诗的诀窍是“功夫在诗外”一样，民主政治建设的功夫也在民主形式之外，在于价值体系的建设。只有切实地把社会主义核心价值体系在我们心中建设起来，才能找到提高社会管理水平的道路。民主是人格发展达到一定高度后才能具有的特征，如果达不到这个高度，仅仅在民主程序上下工夫，那就是拔着自己的头发以离开地球，这种民主必然地流于妄想。由于价值体系的发育不充分，许多人不知自己的利益之所在，但却又自命不凡，以不知为知，一定要用自己的价值体系来改造世界，于是便歧见百出，纷争迭起。从家庭中的内讧到国际争端，都是如此。他们不知道自己的利益是什么，即使知道，也没有足够的胆略来作出选择。在这样的基础上搞民主，不管人们在口头上如何热爱民主，都只能是一场闹剧，只能是放纵旧的价值体系，推动人类社会走向毁灭。

要摆脱低水平价值体系的控制，只有一个方法，那就是自身价值体系的觉醒。别人可以创造条件、说服引导，但这些都只是外因，内因才是变化的根据，其真正的实现，最终要靠人们自己。价值体系的提升是人的全方位的提升，完成了这个提升之后，同一个词虽然还是从那同一张嘴里说出来的，但由于价值体系发生了变化，其含义就发生了变化。这与前面所说的“同一个词，从具有不同价值体系的人们嘴里说出来，其含义是不一样的”同属一个道理，只不过在形式上发生了变化，在同一个人的不同发展水平上，同一个词也具有不同的含义。

这个概括包括了黑格尔的那个观察，但比他的说法更深入了一步。黑格尔所说的那两种人，饱经风霜的老人与涉世未深的年轻人，处于人生的不同阶段，其价值体系当然不同。但根据现在的观察，价值体系的完善与否并不取决于年龄的大小，虽然年龄的大小与一个人的成熟与否有很大的正相关，但也存在着大量的不相关的现象，有些人虽然年轻，但却坚持着成熟的价值体系，有些人虽然年龄很大，却依然坚持那种很不成熟的价值体系。

比如马克思，在写下《1844 年经济学哲学手稿》时，其年龄不过 26 岁，那时他就认识到资本主义的异化现象，提出消灭私有制的理想。而现在有很多很老的人还在坚持着资本主义永世长存的信念，把西方的那一套奉为圭臬。全心全意为人民服务的雷锋也是一位年轻人，而现在居然还有很老的专家说什么“我不赞成牺牲自己造福别人”。再比如在汶川大地震中，有很多小英雄舍生忘死地救人，而那位年龄比他们大得多的教师则抛下学生自己先跑了。

由此可见，闻道不在年龄大小。如果人们被不成熟的价值体系控制住了，其人生发展道路就会被锁定，一直处于片面性和错误之中。对这样的人，要想拯救他们，那就必须帮助他们解决价值体系的转换问题，这也就是毛泽东所说的改造世界观的问题，世界观的转变是一个根本的转变。对于个人来说，价值体系的转换至关重要，早一点闻道将保证其健康成长。对于一个民族来说，也是同样道理。如果一个国家早一点意识到这个目标，就可以早一些摆脱愚昧、内耗的纠缠，就可以“不折腾”，走上和谐发展的康庄大道。

三、各种社会丑恶现象无不源于旧价值体系的自我强化

在社会主义社会的运行过程中，存在着两种价值体系的竞争。新的价值体系还很弱小，还没有成长到能够支持社会正常运转的程度；旧的价值体系受到了限制，但它仍然存在着，就像神话中的宝葫芦一样，把它摔碎了以后，它还可以重新组合起来，发挥作用。这是一个自组织过程，不需要有人来主动地促进它的成长，只要不加干涉，它便可以自动地恢复功能，运转起来，把旧社会中的各种丑恶现象重新恢复起来。

我们可以找一个例子，比如说贪污受贿行为，从一开始贪污几万、几十万，到现在的动辄上千万上亿的天文数字，一般的几万元钱的案子已经不被办案人员看在眼里了。改革开放给人们设定了新的目标，那就是富起来。但仔细推究起来，这其实不过是人的本能而已。几千年来，一直如此。只不过是以前压制了它，现在则把它放开，让它充分表现出来。但由于与之相配套的规则并没有制定完备，而是摸着石头过河，于是有那么一部分人不择手段地先富起来。先富起来的人们和官场的腐败是一块硬币的两面，谁也离不开谁。官场上的人也想富起来，这是人的本能。所以，腐败现象并不需要哪位领导来提倡，只要放开监管约束，它就像决堤的洪水一样奔

涌而出。

再比如说娼妓现象。新中国成立后，党和政府在很短的时间内就消灭了娼妓。女性得到了解放，和男同志一样能顶半边天，意气风发地参与社会主义建设事业中来。但改革开放以来，伴随着腐败现象的发展，娼妓现象又死灰复燃。一些地方笑贫不笑娼，有人认为搞点红灯区，可以促进招商引资；还有社科院的性学专家鼓吹放纵性欲望，为“一夜情”、“多边恋”、“群交”和“换偶”正名，并把这叫做对中国人的性“启蒙”；这种趋势一步一步地发展开来，各种洗头洗脚城便遍地开花，还被称为是“文化”，在这种气候的纵容鼓励下，自然就会出现繁荣娼盛的局面。

价值体系就是人的需要的体系，食色性也，它们都是人的需要，在任何时代都存在着。但在不同的时代，人们满足这些需要的方式不一样，遵守着不同的规则。价值体系不仅是人的需要的体系，它还包括一套满足这些需要的规则或者说体制，内在的需要与社会的规则体制结合在一起，塑造了人的行为方式。原始人手撕口咬地吃生肉，现代人则坐在饭桌前文质彬彬地用筷子用刀叉往嘴里送食物。再如腐败现象，也可以分析为两个部分，一部分是人的基本需要，一部分是社会规则。但这个规则不是明规则，没有人来制定，而是约定俗成的规则，比如要争取到一项工程需要给主管领导提成多少、买一个官帽要花多少钱，没有人规定，但却又实际存在着那样一个潜规则。

于是我们便可看到，正是这些潜规则，把人们引向腐败之路；而要追溯起来，这些潜规则又是在人们追求腐败的过程中自发地形成的，这两者就像“鸡生蛋、蛋生鸡”一样密不可分。这个潜规则形成以后，便反过来决定着人们的行为，过去送礼的水平与现在的档次是不一样的，谁如果要参与进去，就要适应现在的水平。这些规则进一步塑造着人的需要，并在人们参与的过程中得以维持。这就是价值体系的两个组成部分，内在的需要与外在的规则，仅有一方面就不完整，因而我们不能把价值体系仅仅理解为人们头脑中的东西。马克思说，人的本质是一切社会关系的总和，也就是说，人的价值体系包括了人的内在需要和外部社会规则。

事实上，争强好胜是人的天性，在争强好胜的过程中便会自发地形成一些规则，小朋友跳皮筋也形成了一套规则，大人物们也不能免俗，比如说总统们出国参加国际会议需要乘坐飞机，好像对于飞机的质量也形成了一个竞争规则。法国总统萨科齐“不顾经济衰退，定购了价值 2.4 亿英镑的飞机，其中包括比其他欧洲领导人乘坐的飞机都要大的空中客车”，其原因“显而易见，丢面子总是难于忍受的。当乘坐飞机参加国际峰会时，法国总统萨科齐时常会遇到让它的空客A319相形见绌的大量总统专机。即便是西班牙和德国领导人乘坐的专机也要更宽敞一些，更不用说美国总统奥巴马的‘空军一号’了。下个月将启动一项工程，让萨科齐的专机与他的雄心相匹配。”据报道，萨科齐得到的“第一架飞机是法国达索飞机公司生产的豪华的‘猎鹰7X’飞机”，“全部是真皮座椅，桌子是柚木的”；萨科齐“还将得到一架顶级的空中客车A330-200型飞机，这架飞机比其他欧洲领导人的座机都要大，不过比不上美国总统奥巴马乘坐的波音747-200，也就是大家所说的‘空军一号’。”[①]但与这些规则所对应的不是人的最基本的需要，不过是争强好胜而已，所以缓一缓也可以，比如说玻利维亚的总统也“对于从阿根廷、巴西，尤其是委内瑞拉借用飞机出国感到很羞愧。”也打算购买一架专机，但是当有更重要的需要时，他就“决定将原计划用于购买一架专机的1700万美元投入到今年12月6日举行的总统选举中，用来建立现代化的选民登记系统。”[②]与总统专机满足的是总统的“面子”不同，与腐败现象潜规则所对应的人生需要是最基本的需要，人们于是便全身心地投入其中，一旦误入其中，便难于自拔，在人生歧途上越走越远，找不到回来的路径了。

我们只要知道了一个社会的核心价值，就可以预见其发展结局。只要让人们追求自己先富起来，那我们就可以知道，生产力必然会发展起来，与之同时，腐败现象也随之水涨船高。这是一个有机体的成长过程，就像人的身体的各部分要同时地按比例成长一样，如果四肢发达、只有一个小小的脑袋，那就是怪物。而我们现在所面对的问题是，腐败现象长得太快了，它不知道控制自己的度，不创造财富的部位拦截了大量的财富，营养不能正常地输送到社会躯体的各个部分，孱弱的四肢负担着巨大的肚子。

举目望去，现在有多少人可以自称幸福？大家都在为房子愁，为孩子教育愁，为自家医药费愁；不仅要担心物价上涨，还要担忧老无所依。大家都要为了生存而奔波劳碌，甚至是铤而走险。从为了保住谋生的小车而杀人的崔英杰到那些为衣食所困的下岗工人，从设计熊猫烧香病毒的年轻

[①]《参考消息》2009年4月22日文章：《挣面子》，7月11日文章《萨科齐专机以夫人“卡拉”命名》.

[②]《参考消息》2009年4月16日文章：《总统盼专机》.

人到那些毕业即失业的大学生，还有被崔英杰杀死的无辜的执法人员，包括那些百计千方地盗卖国有资产的窃贼，还有那些置身于贪腐旋涡不能自拔的贪官，他们都是不幸的。一叶知秋，从一个人的遭遇我们可以看到整个社会的问题；从这许多人的不幸中，我们便可更清楚地看到社会的病症了：人们都被生存的自然必然性的强制压力控制着，都生活在生存恐惧之下，为了自身的生存而无所不用其极，从而进一步制造出别人的生存恐惧。人们都像是莎士比亚悲剧中的人物，生活在女巫的咒语之下，为了躲避这个咒语，反而使这个咒语变成了现实。

此外还有环境恶化、食品安全、传染病和战争威胁，如此众多的公共灾难，这都是谁也躲不开的。在这些灾难面前，单个人是软弱无力的，他只能听天由命，在时代潮流中漂荡。大家都这样随波逐流，也就必然地进一步强化这个潮流，把人类锁定在奔向大灾难的路途中，越来越难于挣脱。

马克思曾经深刻分析了资本主义社会所赖以延续下来的这个“超循环”过程，他说：“正是同样一些关系——决定资本主义生产的关系——的不断再生产，使它们不仅表现为这一过程的社会形式和结果，而且同时表现为它的经常的前提。但是只有作为这一过程本身不断确定、创造、生产的前提，它们才是这样的前提。因此，这种再生产决不是有意识的，相反，它只是在作为前提和支配生产过程的条件的这些关系的经常存在中表现出来。”[①]马克思在这里所说的“决定资本主义生产的关系”，也就是资本主义的那一套价值体系。在这一套价值体系的“超循环”过程中，不管人们所处的地位是两极对立的哪一极，不管是处于剥夺者的地位还是被剥夺的地位，不管是处在欺凌弱小的一方还是处在被侮辱与被损害的地位，人们都不过是扮演这个“超循环”过程中的一个角色，这个角色的分配是偶然的随机的过程，人们所注意的也只是改换自己的角色，都想做资本家而不想当被侮辱和被损害的人；就算是再来一次革命，重新安排角色，同样的剧本却也还要继续演下去。对于中国来说，所采用的剧本大同小异，都是私有制的价值体系，世界几千年的历史翻来覆去地上演的也是同一个剧本。

共产主义革命也就是要彻底消灭私有制，这个过程首先从夺取政权开始，然后逐步深入，最终要与资本主义价值体系的这个“超循环”过程相遇，它是私有制的最后的堡垒，如果我们不能战而胜之，它就会重新把私

[①]马克思．剩余价值理论[M]．第三册．北京：人民出版社，1975．第 571 页．

有制社会恢复起来。现在看来，共产主义的本质特征就在于它是由社会主义核心价值体系所主导的社会运行过程，由于我们还没有把这种价值体系建设起来，没有形成稳定的“超循环”过程，所以就尚未驾驭社会发展进程，出现了大量我们所不愿意看到的现象。社会主义制度作为一种先进的制度，同时也是一种较高的待遇，由于某些人达不到相应价值水平，所以就享受不了这种待遇；他们一听见有人谈论共产主义便会哈哈大笑，如果给了他们一个先进制度，他们也不知珍惜，一定要想办法把它折腾垮了才肯罢休。只有那些具有了新的价值体系的人才能享受这一待遇，为了使新制度真正地建设起来，就必须塑造新人。所以毛泽东说：“所有的人都应该学习，都应该改造。我说所有的人，我们这些人也在内。”[①]他这么说的目的并非是与人为难，而是为人们提出新的目标，要求人们开悟、闻道，认识到人的自由全面发展的目标，这样才好享受他和无数先烈奋斗一生所争来的社会主义制度。如果人们都不肯自我优化，那么已经建成的社会主义制度也就难于维持，所以就要进行改革。人性的进化也如逆水行舟一样，不进则退，制度在退化，人性也在退化，于是两者就互为因果地退化。置身于其中的人们只是看到改革的每一步都有着无可辩驳的客观理由，于是就还要进一步改革。现在已经有很不少的一些人开始把目标对准共产党领导的政治体制，认为它就是腐败的根源。这种动向既错误，又危险。

如果没有开悟、闻道，人们就不能对社会政治问题发表正确意见。事实和某些人所主张的不一样，中国之所以腐败现象严重，恰恰是因为共产党领导的这个体制没有充分发挥作用，没有很有效地坚持新的价值体系，听凭市场法则侵蚀了社会政治过程，让诸多潜规则甚嚣尘上。现在唯一能够抑制这些潜规则的就是共产党的政治体制，如果我们进一步“改革”共产党的政治体制，中国的反腐败斗争就更没有盼头了。

四、新秩序的形成是以新价值体系为序参量的自组织过程

最近接连看到关于建立世界新秩序的文章。在《参考消息》2009 年 1 月 9 日转载美国《盐湖论坛报》网站 1 月 6 日文章，题目是《新的世界秩序将在 2009 年出现，美国将陨落》，作者是耶鲁大学国际安全研究所所长、《大国的兴衰》一书作者保罗•肯尼迪。在 1 月 14 日的《参考消息》中，

[①]毛泽东文集[M].第 7 卷.北京：人民出版社，1999.第 271 页.

又有一篇文章的标题是《美国前国务卿基辛格认为，世界面临建立新秩序空前机遇》，文章说：“如今，对美国处理金融危机感到失望的情绪很普遍”，“每个国家都努力使自己尽可能地独立于导致经济崩溃的环境之外；与此同时每个国家都将不得不面对现实，即自己所处的困境只能通过共同行动来解决。”

但怎样建立新秩序呢？由于这些先生都不知道价值体系在社会运行过程中的作用，因此他们除了提供一些猜测以外，并不能给急需新秩序的世界以指导。他们都没有看到，现实危机的根源在于控制社会运行过程的价值体系的缺陷，要想打破现实的困境，只有一个出路，那就是对社会价值体系来一个升级转换。为什么呢？这是因为：社会秩序的形成是一个以价值体系为序参量的自组织过程，通过自己内部各部分之间的相互作用，社会便可自发地形成有序结构。在不同的社会制度下，人类社会成员的行为方式是不同的。处于进化过程中的社会系统，它的宏观状态如经济、文化、政治的发展状况造就了社会成员的发展的环境和条件，制约着每一社会成员的发展水平；反过来人类社会成员的发展水平和行为方式又决定了相互联系的方式，决定了社会的宏观状态，并且面对宏观环境的变化则改变自己的行为方式，影响和改变宏观环境，为自身的进化创造宏观条件。

自组织系统的一个重要性质是，必须不断重新制定目标，必须不断适应新的环境，政治经济体制的发展演变过程也是如此。人们首先要明确目标，即新的人生与社会理想，然后才能围绕实现这一理想的需要来设计政治经济体制，在实践中探索，找出适应或服务于这种理想的最佳的政治经济体制。以资本主义的政治经济体制的形成过程为例来说，这种体制产生于西方当时的社会发展的需要,或者说是服务于刚刚觉醒的新的人生需要。个人自由是17和18世纪资产阶级革命为之奋斗的最高价值标准，但这只是口头上的宣称，其内在需要是资产阶级要建立起资本主义生产关系，因而就要反抗封建专制，所以就打出了“自由、平等、博爱”的口号。但是由于资本的核心价值是占有工人劳动的剩余价值，自由地剥削工人的剩余价值是资本的首要目标，所以以这个价值体系为序参量而形成的政治经济体制既不自由，也不平等，更不博爱，当时就有人发现它的问题：与最响亮的词句相适应的是最可怜的现实，到现在也仍然还是这样，其根源就在于资本主义政治经济体制的核心价值没有改变。

美国的经济政治制度的形成过程也是一个自组织过程。在那些从欧洲漂洋过海来到美洲的人们中，并没有哪一个人的口袋里现成地装着美国制度的蓝图，最终形成的制度是人们互相作用的结果。这些怀着抽象自由理想、同时又对“人性”有着深刻认识的人们，通过艰难的探索而逐步建立起一个三权分立、互相制衡的政治体制：“利用人们之间的交互分裂而在政府内部建立起一种权力平衡，具体办法是设定一定的选举程序、任期和有关职位的权力，使得人与人之间的天生的不和转化为政府中的磨擦和冲突。这样掌权者便能完成他们维护秩序和实施公共福利的任务，却不能使他们的权力、能力与自由相对立。”[①]

苏联崩溃的过程也是一个自组织过程。在这个过程中，来自不同阶层的人们联合起来，来自国内的敌对势力与来自外部的敌对势力联合了起来，通过不断地强化资本主义的那一套价值体系，越来越多的人相信美国人的体制是最好的体制，于是他们便行动起来，共同完成了埋葬社会主义的过程。在此过程中，人们并没有制定一个共同的行动计划，但却自发地扮演着不同的角色，协同一致地完成了苏联的葬礼，在苏联的废墟上建立起了他们所期望的新制度。人们有可能会进一步追问，是一种什么东西把处在不同社会地位、和不同国家的人们结合起来共同反对社会主义事业呢？显然这已经不是过去的那种共同的阶级利益，因为有那么一些人积极投入到这场斗争中去，并没有得到什么好处，不过是为人作嫁，所以后来就很有一些精英后悔了，包括索尔仁尼琴。他们之所以联合在一起埋葬了苏联，只是因为他们有着共同的价值体系。现在回头来看，之所以会出现苏联东欧社会主义政权的崩溃，实际上是因为苏联东欧虽然建立了社会主义制度，但却没有完成社会价值体系的转换，执政的共产党对坚持新的价值体系缺少自觉，旧的价值体系仍然控制着社会生活过程，这个价值体系就仍然要把社会运行过程导入资本主义轨道。在资本主义价值体系的基础上建立起来的社会主义制度是没有灵魂的徒具其表的东西，那内在的价值体系必然要表现自己，重新控制社会过程。由于这个原因，苏联的崩溃就是一个必然的过程。

现在，在社会主义核心价值体系的建设上，中国共产党人成了中流砥柱。我们已经明确地提出了建设社会主义核心价值体系的目标，但也还要看到，这个建设工作仍然很不够，在社会生活中实际上发挥作用的仍然还

[①][美]詹姆斯·麦格雷戈·伯恩斯.领袖论[M].北京：中国社会科学出版社，1996.第187页.

是市场经济的那一套价值体系。在这种价值体系支配社会的自组织过程的情况下，社会生活中的问题就必然会越来越多，越来越复杂。

由于处于同样的价值体系水平之上，国内外的敌对势力很自然地走到了一起，不约而同地追求着一个目标，那就是颠覆社会主义制度。他们并没有一个统一的方案，但却有一个共同的价值体系，所以便能配合默契，形成了一个有利于资本主义价值体系成长的社会环境，把丛林法则潜移默化地塞到人们的头脑中去。在这样的环境中，虽然也有对真理的追求，却被埋没在无聊琐屑的争论之中；在这样的环境中，谁要是谈论道德修养，便被讥为陈腐说教，谁若大公无私、舍己为人，便被视为不正常，谁若谈论共产主义理想，便会立即成为孤家寡人。相反，会贪污会腐败会来事的人则被捧为精英。如此是非颠倒、善恶不辨，给了人们特别是青年一代错误的价值导向，使他们不知不觉地形成了扭曲的价值体系，这种价值体系在应用于社会生活过程中的时候，还会进一步地自我强化，形成“超循环”。一旦这种“超循环”稳定运行起来，控制了社会运行过程，社会主义政权的垮台就只是一个时间问题。

这样，我们便遇到了一个话语霸权问题，即用哪种价值体系来控制社会舆论的问题。如果执政的共产党接受了西方那一套似是而非的东西，就会被他们暗示住，用他们的价值体系来引导自己，把自己置于被动的受指责的地位。比如说 2003 年中国抗击“非典”，取得了巨大成功，充分展示了社会主义制度的优越性，但美国人照样有意见，在《参考消息》上看到一篇小稿子，转述了一位美国传染病学家、北卡罗来纳大学传染病中心主任柯恩的话：“无论中国当局怎么做，美国都不会高兴。如果中国因为掩盖真相或缺乏意志而无法控制疫情，美国会加以批评；如果他们借严厉措施设法控制疫情，美国也会批评他们不民主。”如果我们接受了那种“民主与专制”的“两分法”，就要按他们的要求改革政治体制，直到最终放弃社会主义政权。比如苏联的那个戈尔巴乔夫就看不透这里的门道，西方人表扬两句，他便飘飘然，卖力地搞什么“民主化”、“公开性”，直到把一个超级大国弄得四分五裂，国民生产急剧下降，卢布急剧贬值，人均寿命下降，当然也还有一些指标在上升，比如说死亡率、犯罪率等。只要接受了西方人的那一套价值体系，就会被他们牵住鼻子，走上歧途。

要避免这种结果，就要识破他们的这些伎俩，就要站得高、看得远，真正地超越资本主义价值体系，真正地弄懂马克思主义。仅仅是几位理论家做到这一点还不够，还必须把这种认识普及开来，形成社会中通行的意识形态，成为绝大多数社会成员自觉坚守的核心价值，从而建立起我们的话语霸权。中国现在是共产党执政，理所当然地要用好执政权力，确立马克思主义的话语霸权。执政权力归根到底就是坚持自己的价值体系的权力。如果没有这点自信，盲目地听信了西方人的那一套说词，承认了他们的话语霸权，那就要倒大霉。总结苏联垮台的历史教训，我们要保持国家稳定、经济发展、人民安居乐业，就必须确立和维护共产党的话语霸权。这也就是建设社会主义核心价值体系，只有以新文化战胜旧文化，颠覆资产阶级的文化霸权，社会主义才能获得最广泛的社会认同；我们才能超越民主与专制的两分法，绕过资本主义价值体系所设定的那个陷阱。要做到这一点，就必须持久不懈地传播新价值体系，直到使这种价值体系形成自我强化的“超循环”，取代私有制价值体系“超循环”，成为社会运行的序参量，推动社会主义社会的自组织过程。

对社会集体来说存在一个路径依赖问题，对于个人来说，也存在同样的问题。我们看到，有很多人被锁定了发展方向。首先是社会环境决定了人的命运。在古罗马的斗兽场里，武士的命运就是或者杀死对手，或者被对手杀死。在现在的市场竞争中，人们的命运也是同样。今天，充满物欲的人类社会沉浸在令人目不暇接的现代化盛宴的狂欢中，到处洋溢着感官刺激的兴奋，人们成了一个“单向度的人”。其次是人们自己的价值体系决定了人们的成长路径。如果一个人对物质利益看得很重，把它作为核心价值，而这个人又恰好处在领导岗位上，那我们就可以断言，他早晚要成为一名贪官，这和他的遗传基因决定着其成长过程一样，是一个必然的过程。如果一个人追求自身人格的完美，那他就必然要对自己的行为保持警惕，犯了错误就一定会反省自己，下次不会再犯同样的错误。如果这种人恰好处在领导岗位上，我们就可以断言，这个人必然会为官一任、造福一方，在服务于人民群众的过程中实现生命的最大价值。

由于新社会的形成是一个自组织过程，所以，执政党所能做的也就像农民种庄稼一样，对土地进行深翻，清除原来的杂草，然后把种子埋进土里，对它进行浇水施肥，让它自己成长起来。农民不可能规定它什么时候发芽，什么时候开花结果，只是根据以往的经验，对其成长过程有一个大致的估计，适时管理。对于新社会的自组织过程的管理工作也是同样，我们无法为之制订一个详细的规划，我们所要做的也不过是把社会主义核心价值体系培育起来，让它在社会中生根发芽，自动地成长起来。因而播种的环节至关重要，大家所能做的事情是，首先要管好自己，让这种价值体系在自己身上成长起来。如果人们没有播下社会主义核心价值体系的种子，在社会生活的土壤里成长的仍然是资本主义价值体系，要想在这块地里收获社会主义的果实，那就是一厢情愿。社会就只能在现有的轨道上运行，不管人们是多么不喜欢这种状态。

社会价值体系的高度限定了社会运行的高度，这是一个基本原理。根据这个原理，我们可以断言，在我们这个社会主义国家，如果不改变落后的价值体系，社会过程就依然要被锁定在原有的轨道上，形成一个路径依赖，进而把资本主义重新恢复起来。在这种情况下，什么收入分配差距的不断拉大、环境的恶化、腐败的盛行、各种违法犯罪行为的猖獗、黄赌毒的沉滓泛起，都是必然会出现的情况。如果没有一个价值体系的提升，在现有价值体系依然控制着社会生活过程的前提下，不管如何修修补补，都不能扭转社会趋向于衰败的趋势。

这个原理同样适用于整个世界，当今世界所面临的金融危机是资本主义价值体系的必然结果，如果不能改变这个价值体系，社会运行过程就仍然要被锁定在原有的轨道上，不管人们采用什么措施，都无法扭转危机不断恶化的总趋势，顶多不过是延缓一下危机到来的速度，使危机以更大的规模更猛烈地爆发出来。

美国也有人知道自己的国家走在错误路线上，但是他们束手无策，不知道怎样转到正确路线上来。在这种价值体系的控制下，他们自己走在通向大失控、大混乱的路上，同时还热心地向其他国家输出这种价值体系，使其他许多国家也处于混乱之中。为判断这种混乱的程度，美国人还搞了个“失败国家指数”，据说是有“12 项指标涵盖了国家失败的多种因素，比如严重腐败、犯罪行为、无法征税或获取公众支持、大批人口被迫背井离乡、经济急剧衰退、群体间的不平等、有组织的迫害或歧视行为、严重的人口压力、人才外流和环境恶化。国家的失败程度可能各不相同。”[①]值得注意的是，在美国人所提供的 2007 年的失败国家排名中，受到美国特别关照和扶持的伊拉克排在第 2 名。处在这种失败国家之中，个人的命运也不可能是成功的。再如战火之下的巴勒斯坦人，他们的命运也被锁定了。

[①]《参考消息》2007 年 8 月 31 日文章：《美机构搞了个“失败国家指数”》.

包括以色列人，被锁定在冤冤相报的恶性循环之中，他们走不出这个恶性循环。在这样的大环境中，每一个人的命运都是悲惨的。为什么会有人体炸弹这种极端的报复方式？这就是绝望之极的表现。

复杂的问题、紧迫的危机，也迫使西方人开始关注价值体系问题。人们注意到，一场弥漫于全球、深刻影响现实世界的金融危机，首先是一场价值危机。美国人经常把“美式价值观”挂在嘴边，它的意思是说美国保护累积个人财富权利的美国梦，这次金融危机的爆发，尤其是AIG高层私分政府救助资金的龌龊做法，才使大家如梦方醒：原来这些精英阶层累积个人财富的成功法则，不过是无耻加贪婪的腐败行径而已。经济学家们发明了很多复杂的公式，其中最核心的东西并不复杂，首先是以财富的私人占有为核心价值，其次是以丛林法则为手段。这两者合在一起便形成了一种贪婪的个性，寅吃卯粮，大把地花明天的钱。用中国人的话来说，这就是好吃懒做。与中国人“量入为出”的消费习惯不同，他们恨不能把下辈子的钱在这一辈子花光，这种极度享乐主义的价值体系不仅会毁掉个人，而且会对国家经济造成毁灭性的打击。一个唯利是图的贪婪国家，人人都指望不费力气就可以发家致富，在这种价值体系的基础上，不可能实现可持续发展。现在有不少美国人因为偿还不了信用卡的借款和高额利息而宣布个人破产，美国政府也背负着创纪录的财政赤字，负债水平几乎等同年度GDP的规模，这是美国人所坚持的那种价值体系的必然结果。在一个社会中，如果持有这种价值体系的人占据了支配地位，出现危机只是时间的早晚问题。

要想解决当今世界的危机问题，还是要靠中国人的朴实的智慧。世界性的大危机，正好是展示我们中国的文化软实力的大好机会。中国人不仅要管好自己的事情，还必须管好世界的事情。在地球村里，中国人不能独善其身。老子说：“圣人常善救人”，尽管西方人还千方百计地要演变我们，以压促变，采用了各种手段，无所不用其极，我们仍然要帮助他们解决价值体系问题，教人以善谓之忠。只有这样，他们才可以一劳永逸地摆脱经济危机的困扰，从此过上幸福的生活。如果不能从根本上解决他们的价值体系问题，其他任何措施都无济于事，这就像救助吸毒者的根本措施是帮他戒毒一样。如果仅仅是给他们一点钱购买毒品，那恰好是害了他们。资本主义的那一套价值体系就是毒瘾，不帮他们戒除这个毒瘾，就救不了他们。

记得好像是卢梭曾经大发感慨：要建设一个理想的社会有多少难于凑合的条件啊！诸如国土要小、人口要少、风俗要淳朴，如此等等。对当今政治家来说，就不能拘泥于这些条件，不管国土大小，人口多少，也不管风俗是否淳朴，都要妥善治理。不管遇到什么样的社会，要想让它趋向于和谐，都必须打破私有制价值体系对社会的控制，改变社会运行过程中的原有的路径依赖，建设新的价值体系，才能将其引上新的发展轨道。我们现在正在建设社会主义核心价值体系，目前还仅仅是修之于中国，这还很不够，还应当修之于地球，让全世界的人都来建设社会主义核心价值体系，这才是真正的救助西方经济危机之策。同时也只有在大家都来建设社会主义核心价值体系的过程中，我们自己也才能更好地坚持这一价值体系。各个国家和民族最终都必须走上这条路，才能创造一个各尽所能、各取所需的社会环境，让所有的人都能得到自由全面的发展，都能不虚此生，这就是共产党人所应当为人类提供的终极关怀。

如果人们理解了价值体系的存在与进化过程，自然也就理解了共产党执政的历史必然性。只要承认价值体系的存在，也就要承认价值体系的进化过程，也就要承认价值体系进化过程有一个终极目标；只要承认人类个体价值体系的完善与社会价值体系的整体进化过程，也就要承认共产党在这个进化过程中的领导作用。人类必须保护自己的基因，社会必须保护价值体系进化的新成果，尽早地培育出那种能够保证自身稳定和谐有机统一的价值体系，共产党就是社会为了履行这一重大职能而生长出来的器官。对于党组织来说，深入认识价值体系在社会发展过程中的作用，也就能够找到发挥自身作用、搞好自身建设的着力点，那就是把社会主义核心价值体系修之于党，把党组织建设成为引导社会价值体系进步的火车头。

人类的每一个进步，都是由于巨大的灾难把人类逼进走投无路的境地，迫使人类铤而走险，从而开辟历史发展的新境界。大危机就是大机遇，人类历史上最伟大飞跃的时机就要来到了。

第七章 中华民族将引领人类价值体系进化的新跃进

对美德的追求是人类心中最深沉的渴望，因为它是人生幸福与社会和谐的保障。所以，在人类进化的过程中，这种渴望就会自然而然地从那些敏感的人们身上产生出来、普及开来。就如康德所说的那样："有两种东西，我对它们的思考越是深沉和持久，它们在我心灵中唤起的惊奇和敬畏就会日新月异，不断增长，这就是我头上的星空和心中的道德定律。"

但是，我们也看到，以往所有的道德家们又都面临着一个同样的困境，他们所主张的道德不过是"说教"，是一个软弱无力的"应该"，无法实现自己。"在这种'应该'里，总是包含有一种软弱性，即某种事情，虽然已被承认为正当的，但自己却又不能使它实现出来。"[①]

为什么会这样呢？在认识到了价值体系问题之后，我们就知道了原因。这是因为，有一个低水平价值体系的"超循环"控制着人们，这是马克思所说的那个"一切社会关系的总和"，它包括了经济基础、上层建筑、生活习惯、文化环境等因素的总和，并在个体价值体系与社会价值体系之间形成了一个"超循环"，它像一面大网，笼罩着每一个人，控制着每一个人的生存状况。道德家们所发现的道德信条突不破这个"超循环"的控制，胳膊拧不过大腿，所以就是一个软弱无力的"应该"。

由于这个原因，我们要想构建和谐社会，就不能仅仅停留于对道德的惊奇和敬畏了，而应当是打破现存的这种有缺陷的个体价值体系与社会价值体系之间的"超循环"，代之以社会主义核心价值体系的"超循环"。有了这个基础，道德规则才能不受干扰地自然而然地得以实现；人类的各种政治目标诸如以人为本、科学发展和提高社会管理的科学化水平，也都需要在社会主义核心价值体系的"超循环"稳定地运行起来之后，才可以得到实现。

整个历史也无非是价值体系的进化过程，对于当今人类来说，所要完

---

①[德]黑格尔. 小逻辑[M]. 北京：商务印书馆，1980. 第 208 页.

成的任务也就是打破现存低水平价值体系的“超循环”，建立起社会主义核心价值体系的“超循环”。人类一直处于自发形成的价值体系“超循环”的控制之下，只有把它置于人类理性的自觉控制之下，人类才能在社会政治领域进入自由王国，找到历史之谜的解答。

认识到这一任务之后，我们便可站在一个新的台阶上，回过头来对当今世界的治乱得失得出全新的认识。当今世界是一个由资本主义价值体系的“超循环”控制着的世界，所谓“全球化”的过程，也就是资本主义价值体系扩张的过程，美国人向全世界推广其所谓的“自由、人权”，他们没有注意价值体系问题，实际上仍然下意识地坚持着资本主义价值体系，把它作为一种不言而喻的东西来坚持。萨科齐也认识到“我们应该吸取此次危机的教训，以使同一原因不再产生同样的后果。我们必须彻底终结将我们带入悬崖边缘的不负责任行为。”[①]但由于人们对价值体系的演变过程视而不见，没有意识到价值体系进化的目标，当然也不知道如何才能进化，却总以为自己掌握着终极的真善美的标准，这就使他们处于独断论的迷误之中，于是就成为资本主义价值体系“超循环”控制着的一个木偶。在这种“超循环”的控制下，必然会造成人和人的关系恶化，贫富扩大、犯罪严重、腐败泛滥、道德下降；同时也必然会造成人和自然关系恶化，环境问题越来越突出，从而使社会运行失稳，趋向于自我毁灭。所以，举目望去，整个世界上没有哪个地方是治理得很好的。

建立社会主义核心价值体系的“超循环”，这是全人类的共同任务。在资本主义价值体系控制下的生命过程是一个痛苦的过程，这个道理适用于一切人。包括西方人也同样面临着一个转换价值体系的任务，比如布热津斯基就说：“我所论及的问题是棘手的、深深植根于长期历史潮流中的问题，解决这些问题首先需要对基本的政治和社会价值观念作深刻的重新评价。”“只有掀起一次新的历史浪潮，使价值观念和行为方式发生变革，才会把积弊革除。”[②]但是，西方世界在资本主义价值体系所主导的“超循环”的控制下，已经走得太远，人们把从文化环境中下意识地接受过来的观点奉为教条，很难打破这种独断论，所以就把资本主义制度视为天经地义；还因为他们的民主政治体制就是一个扯皮的机制，就算是有人认识到问题的

[①]《参考消息》2020年4月29日文章：《萨科齐访华前夕接受本报记者专访》.
[②][美]布热津斯基.大失控与大混乱[M].北京：中国社会科学出版社，1995.第3、235页.

存在并发现了解决办法，价值体系进化问题也难于进入社会集体的议程并采取实际行动；当今坚持着“自由民主”或者“民主法治”的那些人，其智力还不足以深入认识到价值体系层面，也就没有能力抓住主要矛盾——两种价值体系的冲突，当然也就不能找到解决问题的办法。再加上西方发达国家在由这种价值体系所主导的世界秩序中居于高高在上的优越地位，所以也就更不会主动去打破这种社会秩序。

实际上，在私有制刚刚诞生的时候就有人发现了其价值体系的弊端，并力图加以救治，比如西方的一些宗教学说、中国的道家和儒家，但由于时代的限制，其创始人都只是表达了一个善良愿望，不能为现实难题提供正确解答。作为私有制的批判者，它们就像影子一样伴随着私有制成长起来，但却没有能力改变私有制价值体系的“超循环”过程。佛教和道教都没有能够发展出一种可以普及的保证社会稳定运行的生活方式；儒家尽管对社会生活积极地介入，却也未能深入改变社会深层价值体系。

所以，举目望去，能够为现实难题找到答案的理论只有一家——马克思主义；能够把这一理论付诸实践、实际地建设社会主义核心价值体系的政党也只有一家——中国共产党。正如马克思所说：“资本主义生产方式以人对自然的支配为前提。过于富饶的自然‘使人离不开自然的手，就像小孩子离不开引带一样’。它不能使人自身的发展成为一种自然必然性。资本的祖国不是在草木繁茂的热带，而是温带。”[①]根据同样的逻辑，要实现建设社会主义核心价值体系的伟大飞跃，不能靠那些人均资源丰富、生活相当优裕、在资本主义世界秩序中占据优势地位的西方国家，而是我们这个人口众多、资源贫乏并在资本主义世界秩序中备受欺凌的国家。历史把拯救人类的重任放在了中华民族的肩上，放在了中国共产党人的肩上。

当代中国是一个巨大规模的政治、社会和文化存在，具有从传统社会到发达的现代社会的各种生活和生产方式，同时还具有优秀的文化传统和杰出的智慧，并且还坚持着被西方人所抛弃的马克思主义，国家权力依旧掌握在马克思主义者的手中，就有可能超越私有制的各种局限，对人类各种文明的长处兼收并蓄、融会贯通，组织领导人民群众实现人类进化史上最最伟大的飞跃——社会价值体系的转换。特别重要的是，在引入市场经济制度之后，一方面是推动社会生产力的极大发展，为我们推进价值体系

[①]资本论[M].第一卷.北京：人民出版社，2004.第587页.

的创新创造了物质条件；另一方面又引发了尖锐矛盾，迫使我们寻找新的出路，走上自觉推进价值体系进化的新方向，这就像当年的类人猿因为树上的食物出现了匮乏而不得不到地面上来活动一样。“问题和解决问题的手段同时产生”[①]，我们的经济政治文化正在经历着一个剧烈变化的发展过程，继续生存下去的需要将迫使我们走上价值体系创新之路。我们正处在价值体系创新的临界点上。

一、社会主义核心价值体系是马克思主义的精髓

在学习马克思主义的时候，人们经常强调说要掌握精髓。但究竟什么是精髓，人们常常各执一词。党中央提出了建设社会主义核心价值体系的新目标，为我们提供了一个新的答案：社会主义核心价值体系就是马克思主义的精髓。

人们也许会以为社会主义核心价值体系是现在才问世的新东西，但其实不然，它在共产主义运动一问世时就出现了。它就是《共产党宣言》所说的那个“幽灵”，共产主义运动的萌芽、成长过程也就是社会主义核心价值体系产生、发展、形成“超循环”、重组社会生活并稳定地运行起来的过程；没有社会主义核心价值体系，就没有共产主义运动。这就像猴子一生下来就是猴子、人一生下来就是人一样，那后来的成长过程已经预先地包含在各自的基因之中了。人在刚出生时不会滔滔不绝地发表议论，也不会健步如飞，但这些才能随着他的成长过程，自然就会逐步发展出来，而猴子就发展不出这些才能。

然而，在马克思主义刚诞生时，这个新的价值体系还没有被人们自觉地意识到。那个新的价值体系只是潜在地包含在马克思主义理论体系中，没有得到明确的表述。党中央提出了建设社会主义核心价值体系的目标，这标志着共产党人对它的认识完成了从自在向自觉的转变，这是马克思主义成长过程中的一个重要里程碑。

在认识到“社会主义核心价值体系是马克思主义的精髓”之后，我们便会看到，马克思之所以能够以批判的眼光来审视资本主义制度，关键就在于他确立了以人的自由全面发展为核心价值的价值体系，虽然他没有明确地这样说出来。由于他心目中存在着一个以人为本的价值体系，所以就

[①]资本论[M].第一卷.北京：人民出版社，2004.第107页.

能够摆脱资本主义价值体系的束缚，看到它的缺陷，以及它的历史暂时性。有了这种以人为本的价值体系，马克思也就能够深入分析资本主义社会中的异化现象，也就能够找到这个异化现象的对立面，从而发现那个非异化的正常的社会形态，所以他就能够发现共产主义这个“历史之谜的新解答”。马克思后来在《资本论》中批判的“商品拜物教”，以及在《哥达纲领批判》中批判的“资产阶级权利”也无非就是资本主义价值体系。他与拉萨尔等庸人形成鲜明对比，这些人没有能力把批判的目光深入到价值体系层面，只能提出“公平的分配”、“不折不扣的劳动所得”的口号。在马克思看来，这并不能改变工人阶级受奴役的状态：“吃穿好一些，待遇高一些，特有财产多一些，不会消除奴隶的从属关系和对他们的剥削，同样，也不会消除雇佣工人的从属关系和对他们的剥削。”[①]

列宁也摆脱了资本主义价值体系的束缚，所以就能够发现这个东西“经常的每日每时地自发地和大批地产生着资本主义和资产阶级”，他把这个东西称为“小生产”。毛泽东也摆脱了资本主义价值体系的束缚，在价值体系上达到了一个新高度，所以就能够提出“世界观的转变是一个根本的转变”，并敏锐地发现苏联领导人的价值体系的转向，据此准确地预言其“红旗落地”的结局。正因为列宁和毛泽东都摆脱了资本主义价值体系的束缚，所以就能够坚持马克思主义，并根据现实需要来发展马克思主义。

在认识到“社会主义核心价值体系是马克思主义的精髓”之后，我们对什么是社会主义的本质特征也有了新的认识：社会主义核心价值体系就是社会主义的本质特征。在人们对客观事物的认识过程中，往往是要从那些不重要的特征出发，最后才抓住本质特征。对社会主义的认识也是如此，以往人们所强调的公有制、党的领导、马克思主义指导思想、发展生产力等，它们都是社会主义的特征，但是，相比于社会主义核心价值体系来说，它们都不是本质特征，它们的存在都不过是为了服务于建设社会主义核心价值体系的需要：生产力的发展和公有制是为新价值体系的成长创造经济基础，党的领导和无产阶级专政是为新价值体系的成长提供政治保护措施，民主与法治建设则是新价值体系表达和实现自己的途径与方式。只要有了社会主义核心价值体系，就像胎儿的成长过程一样，自然而然地就要发育出这些社会特征出来。因而公有制等特征还不是社会主义的本质特征，如

[①]马克思．资本论[M]．第一卷．人民出版社，2004．第714页．

果没有社会主义的遗传密码，而是一直让资本主义的遗传密码居于主导地位，社会就发育不出来这些特征，因为这个社会不需要这些“器官”。

后来还有人提出，“共同富裕、社会和谐、公平正义”是社会主义的本质特征。但相比于社会主义核心价值体系来说，这些仍然是次一级的特征，它们仍然不能自我实现。这些年来，我们的经济社会发展取得了很突出的成就，但同时也面对着越来越尖锐的矛盾，收入分配上差距不断拉大，各种社会矛盾越来越尖锐，教育、医疗、住房负担成了新的“三座大山”，如果我们不能找到解决这些现象的钥匙，如果没有社会主义核心价值体系来主导社会运行过程，而是一直让资本主义价值体系主导社会运行过程，那我们无论如何期待“共同富裕、社会和谐、公平正义”，这些东西都会离我们渐行渐远。

包括“以人为本”的目标，它也必须靠社会主义核心价值体系来保障其实现，这是因为，能否做到“以人为本”，要靠真正具有社会主义核心价值体系的人来实现。要真正做到“以人为本”，就要把所关注的“人”放在与自己一样的位置上，为他的自由全面发展而承担责任。像中国古人所说的“解衣衣人，推食食人”，当人民群众的衣食出了问题的时候，自己是不能看着不管的。能不能做到这一点，则要取决于这个处在执政位置上的人的价值体系，即他心中是否有那么一团感情，借用心理学家的词来说便是“人民情结”。执政者心中的这个“人民情结”有多大，他自身的发展水平就有多高，这是一个客观存在。

要想搞好社会公共事务的管理，就要尽量地挑选那些“人民情结”大、发展水平高的人来执政。如果没有实际地具有这种情结的人才，民主程序再完备也选不出合适的人来。对于奴隶社会的奴隶主来说，他所说的人就是他自己和他所属的阶级，奴隶并不是人，而是可以像牲畜一样买卖的物品；在过去的帝王专制时代，臣民对皇上来说，也就是奴才，生杀予夺，随心所欲；对于资本家来说，工人不过是为其创造剩余价值的劳动力，工人的其他特性引不起他的注意。美国人到新大陆大肆屠杀印第安人，在其意识中，被杀的都不是人。对于这些人来说，即使是他们也把“以人为本”挂在嘴上，照样也还是做不到。

社会主义制度从理论上来说，可以真正地做到“以人为本”，把社会治理导入正轨，构建和谐社会，其根本原因就在于执政党具有了新的价值体系：一是执政的共产党人把“人”的理解扩大到所有的人，要解放全人类；

二是对人的发展也有了更全面的理解，即有了全面的价值体系。但是，理论上能够搞明白的东西，在实际上能否真正做到，也还要取决于执政者自身的人格发展水平，决定于他们心中是不是有那个“人民情结”，决定于他们是否都确立了社会主义核心价值体系。不仅要决定于某一个领导人的价值体系，而且要决定于全体共产党人的价值体系；不仅要决定于全体共产党人的价值体系，而且还应当让全体人民的价值体系都提到相应的高度。水涨才能船高，才能在先锋队和人民群众之间形成一种互相促进的良性循环，在此基础上，社会经济、政治和文化过程才能稳定地沿着社会主义轨道运行起来。

综上所述，马克思主义的精髓就是社会主义核心价值体系。必须是随着这种新价值体系的诞生与成长、普及过程，共产主义运动才有可能萌芽发展起来，夺取政权，建立新制度，重组社会生活过程。如果这种新的价值体系萎缩退化，共产主义事业也就遭遇挫折，转入低潮。只要有了这种新的价值体系，就像毛泽东谈到政治路线时所说的那样，没有人会有人，没有枪会有枪。如果丢掉了这种价值体系，有人有枪也会丢掉。这就可以很好地解释为什么苏联的社会主义政权在貌似强大的时候会崩溃于一旦，这也可以很好地解释公有制企业兴衰的过程。在这种价值体系成长起来，铁人精神、“三老四严”、“一不怕苦二不怕死”等蔚然成风的时候，社会主义公有制就会发展壮大；而随着这种价值体系的萎缩退化，随着“一包就灵”、“能挣会花”的风气占据了支配地位，公有制则必然地也要随之萎缩退化。在这样的社会气候中，各种落后腐朽丑恶的东西就会像雨后的蘑菇一样，自发地从各个地方冒出来，社会主义公有制乃至整个政权都必然要像夏天里的“冰棍”一样逐渐消融。

矛盾存在于一切事物发展的过程中，其中有一对矛盾是主要矛盾，“起着领导的、决定的作用”[①]。在社会主义这个历史阶段，两种价值体系的矛盾就是主要矛盾，贯串始终，此消彼长，其结果决定着社会的进步还是倒退的运动过程。能否达到“共同富裕、社会和谐、公平正义”的目标，能否实现“以人为本、科学发展和构建和谐社会”的目标，这都要取决于两种价值体系冲突的力量对比，如果社会主义核心价值体系成长了起来，战胜了社会中自发地形成的价值体系，我们就可以达到这些目标。在社会

[①]毛泽东选集[M]. 北京：人民出版社，1991. 第 322 页.

主义社会管理工作的价值体系中，它们是应当追求的目标，但却不是核心目标。核心目标就是社会主义核心价值体系的建设，如果我们抓不住核心目标，而只是追求那些次一级的目标，也就抓不住主要矛盾。在这种情况下，不仅要丢掉主要目标，而且也实现不了那些次级目标，人们就会总是事与愿违，就像列宁所说的那样，心里想着要进入一个房间，腿却进入了另一个房间。

所有社会发展目标，都必须在人的价值体系中找到立脚点，只有当它们与人们自觉追求的目标相吻合的时候，才是可以实现的。如果我们在期望着共同富裕和社会公平正义的时候，却不倡导社会主义核心价值体系，那就是自相矛盾。社会主义与资本主义的根本区别就在于：社会主义时代的人们有着健全合理的价值体系，超越了资本主义制度所设定的价值体系。反过来说，社会主义也只有在人们追求着新的价值体系的情况下才能逐渐形成和不断完善。共产党人要想在社会控制中掌握主动权，就必须抓好社会主义核心价值体系的建设。

在两种社会价值体系的冲突中，不是东风压倒西风，就是西风压倒东风。如果不能自觉地站在社会主义核心价值体系一边，强化这种价值体系，也就意味着对资本主义价值体系的强化。正如列宁所说的那样："对于社会主义思想体系的任何轻视和任何脱离，都意味着资产阶级思想体系的加强。"[①]共产党要运用执政权力对社会主义核心价值体系精心照看，就像母亲照料襁褓中的婴儿一样，为了这个小家伙的成长，不惜一切代价，因为在这个婴儿身上寄托着她的全部希望。只有这样来认识价值体系问题，不惜一切代价地自觉地坚持和建设社会主义核心价值体系，才能在当前复杂的形势面前抓住关键，正确地解决社会主义革命和建设过程中遇到的各种问题，代表和维护好人民的根本利益。

如果不能这样来提出问题和正确行动，那就会自觉不自觉地放纵资本主义价值体系的发展，其结果都必然是背离和谐社会的大目标，不管人们的主观愿望是多么善良。也正是由于这个原因，搞资本主义很容易，可以随便忽悠，吹得再大也没关系，调门再高也挡不住现实中发挥着作用的那种自发形成的价值体系"超循环"，它会自动地把社会引向资本主义。这个东西本来就存在着，只要人们不去刻意地改变它，它就会继续在社会生活

[①]列宁选集[M].第1卷.北京：人民出版社，1995.第327页.

中发挥作用。戈尔巴乔夫所唱的调门也很高，主张的是“全人类的价值”，这种高调的最终结果却是资本主义在苏联的复辟，其原因就在于这种高调的实质是对西方价值体系的认同。

在经历了执政60余年的艰难探索和目睹了苏东剧变的惨痛教训之后，我们终于找到了社会主义的本质属性，那就是社会主义核心价值体系。当着这种价值体系在社会生活中越来越强化，占据了支配地位的时候，“共同富裕、社会和谐、公平正义”就会自然而然地呈现出来。但如果让资本主义的那一套价值体系在社会生活中越来越强化并占据了支配地位，收入分配上的两极分化、矛盾冲突、不公平不正义的现象也会自然而然地产生出来。听任这种趋势发展下去，那就必然会形成潮流，冲垮社会主义制度。这是一个自然规律。列宁认识到了这个东西，称之为“小生产”，认为它会经常地每日每时地自发地和大批地产生出资本主义和资产阶级，可惜他没有来得及找到解决办法；毛泽东也看到了这个东西，为了防治它所带来的危险，经常地开展群众运动，其效果也不理想。所以，共产党人还需要继续寻找制约这个东西的办法。

人类一直追求着一个理想社会，不管是孔夫子的大同社会、陶渊明的桃花源，还是马克思所说的共产主义与我们所说的和谐社会，归根到底，都要把基础建立在社会主义核心价值体系的建设上。只有在价值体系的建设上掌握了主动权，人类才能在社会管理上进入自由王国，以往人们所追求的那些理想目标才能真正实现。包括当代人所狂热追求的民主自由人权，也必须在建设社会主义核心价值体系的建设过程中，才能得到实现，并且也只能在这个过程中得到实现。如果人们只想要这些理想目标，而不知道在价值体系的建设上下工夫，意识不到自身价值体系也需要改造，那他就不过是想要拔着自己的头发以离开地球。在丛林法则的基础上，别说是不可能构建和谐社会，就是一个小家庭，也不可能太太平平地过日子。

二、建设社会主义核心价值体系是人类解放的必由之路

不管是称之为“马克思主义的精髓”，还是称之为“社会主义的本质”，社会主义核心价值体系并不是人们一睁开眼睛就可以看到的东西。毛泽东曾说过：“如果要直接地认识某种或某些事物，便只有亲身参加于变革现实、变革某种或某些事物的实践的斗争中，才能触到那种或那些事物的现象，也只有在亲身参加变革现实的实践的斗争中，才能暴露那种或那些事物的

本质而理解它们。这是任何人实际上走着的认识路线。”[1]但是，我们现在发现，对于一些人来说，他们可以通过实践过程掌握马克思主义的精髓，而对另外一些人来说，无论如何实践，都不可能掌握精髓，哪怕是在实践中碰得头破血流，也仍然觉悟不过来。其原因是什么呢，我看就在于人们的价值体系发育水平各不相同。

价值体系不仅存在于社会运行过程中，同时还存在于人们的头脑中，在人们的认识和实践过程中发挥着重要的制导作用。由于价值体系发育水平有高低不同的区别，所以人们对事物的认识就各不相同。就像同样的温度可以使鸡蛋孵出小鸡而不能使石头孵出小鸡一样，价值体系发育水平低下的人所拥有的是花岗岩脑袋，这是一种精神上的残疾，这样的人不管怎样睁大眼睛、参与社会实践，也仍然认识不了社会主义核心价值体系。古人也发现了这个问题，比如庄子就曾经说：“有真人而后有真知。”我们现在也可以看到大量的事例，有的人与人民利益息息相关，有的人则对人民利益麻木不仁，这两种人所看到的社会现实是不一样的，对于后者来说，由于缺少了感知民生疾苦的“器官”，即使是他在主观上想做到实事求是，也不可能在实际上做到实事求是。

以前我们认为实事求是是马克思主义的精髓，现在我们又认为社会主义核心价值体系就是马克思主义的精髓，这两者对于人们认识真理与合理行动来说，都很重要。仔细分析一下，它们不在一个层面上，价值体系要比实事求是更深一个层面，这正是通常所说的德与才的关系，德在这里就相当于价值体系，如果没有一个精神上的成长过程，没有闻道，其价值体系仍然受困于私有制环境所潜移默化地强加的那种狭隘片面的东西，人们就摘不掉私有制给人们戴上的价值体系“眼镜”，也就不可能实事求是。只有摆脱了资本主义价值体系的束缚，人们才能真正地做到实事求是。

价值体系的发育是否充分是人们能否实事求是的先决条件，价值体系的发育健全是前提，实事求是是结果。说社会主义核心价值体系是马克思主义的精髓，强调的是价值体系在人们认识过程中的重要作用；说实事求是是马克思主义的精髓，注重的是认识过程的结果，二者是一致的。所谓社会主义核心价值体系，其起点也无非人心中本来就有的同情心、爱心。对于学习掌握马克思主义来说，如果人们不能把这点爱心培育起来，发育

[1]毛泽东选集[M].第一卷.北京：人民出版社，1991.第287页.

出社会整体意识和对人民群众的疾苦感同身受的体验，那他就学不到马克思主义。我们可以看到，马克思和优秀的中国人一样具有天下一家的情怀，所以，具有同样情怀的毛泽东就可以无师自通，掌握其精髓，在山沟里创新和发展马克思主义，正确解答现实问题，找到通向理想目标的路线方针和政策。除了具有广博的知识积累、实事求是的科学态度以及不畏劳苦、百折不挠的攀登之外，马克思和毛泽东都具有天下一家的情怀，所以他们就能够开辟人类精神进化的新境界。

从他们的事迹可以看出，虽然人们都生活在某个特定的历史阶段、受制于当时的社会环境，但仍然会出现个别杰出个体，能够突破社会价值体系"超循环"的约束，达到价值体系的新高度，为人性的进化开拓新的空间。我们中国人在这个方面特别早熟，在追求闻道开悟以修身的同时，还追求着齐家治国平天下，在推进社会整体进步的努力中实现个性完善，并且形成了伟大的传统。在世界四大古代文明中，为什么唯有中华文明能够延续下来，就是因为我们具有这一伟大传统，抑制了社会躯体中趋向于衰败的倾向，即使是在大坏极弊的情况下，仍然能够浴火重生。

我们现在所说的建设社会主义核心价值体系，实际上继承了这一优良传统，不管是从政还是治学，人们首先要在价值体系上来一个转换，这也就是中国人所说的闻道。中国人所说的"道"与马列主义是相通的，闻道才是真马列，不闻道就不是真马列，不管他们记住了多少马列主义词句，在价值体系上仍然没有摆脱私有制社会的控制，这种人如果是共产党员，也必然要走向修正主义。从历史上看，毛泽东虽然被某些吃过洋面包的人看不起，认为他是山沟里的土包子，哪里懂得马列主义；然而，经过实践的检验，即使是没有接受过马列主义的系统教育，也仍然能够发展马列主义。这里的关键在什么地方？用毛泽东自己的话来说，就在于是否"得了大本大源"。所谓"得了大本大源"，即是闻道、开悟。只有这样的人才能真正地代表人民的利益，才能真正做到以人为本。

对于现代人来说，能否确立这种新的价值体系，这是真正的马克思主义者所区别于形形色色的假马克思主义者的根本之所在。确立了这种新的价值体系，便可一通百通，融会贯通中西马，用马克思主义的普遍真理来解决当今社会所面临的现实问题。只有在价值体系上达到社会主义核心价值体系的高度，人们才能透过私有制意识形态的迷雾，看到各种社会现象背后的真实，抓住关键因素，克服自相矛盾、内在分裂的思维和行为方式，正确合理地行动，代表人民的根本利益，团结其他人共同奋斗，推动历史进程趋向于理想目标。如果人们的反思能力深入不到价值体系这个深度，便不能对自己的原有的价值体系具有清晰透彻的认识。这个价值体系是人们在成长过程中从周围的环境中潜移默化地接受过来的，也就仍然要受这个价值体系的控制，不管他们如何在口头上模仿马克思、列宁的词句，仍然在实际上按照这个价值体系来改造世界，这就不是马克思主义，脑袋后面拖着一根庸人的辫子，于是便表现为形形色色的修正主义。

毛泽东曾形象地说："没有正确的政治观点，就等于没有灵魂。"我们则可以更准确地说：没有确立社会主义核心价值体系，就不可能合理地行动。价值体系的缺陷是全方位的决定性的，如果一个人的价值体系有了缺陷，他便会戴着这个扭曲的眼镜来观察现实，凡不利这种价值体系的便统统看不见。他只能根据这种观察所形成的认识来行动，然而，客观事实却并不因为他看不见而不存在，于是他们便经常地犯掩耳盗铃的错误。这就可以解释为什么有些人偌大年龄却依然极其幼稚，不知善恶与美丑，把敌人当作朋友；这样才能解释他们为什么在苏联东欧已经崩溃的悲剧发生之后，仍然主张什么"民主社会主义"，非要重蹈覆辙不可。他们只能用自己所能达到的价值体系来设想未来社会，不管他们怎样称呼这个社会。

价值体系的发育过程是一个客观存在，小朋友在价值体系上的幼稚使人感到可爱，但如果长大了还继续幼稚就不可爱了，就是缺陷了，他们就像精神病患者一样，不能正确地认识现实，也不能正确地维护个人利益，更不能对公共事务发表正确的见解。他们主张民主，却不知道自己的利益是什么。他们看不清当今时代的主要矛盾，抓不住当今时代的紧迫问题，在两种价值体系的冲突中，站在落后倒退的势力一边，站在敌人一边。人们之所以具有不同的政治立场，不仅是因为阶级地位的区别，同时还因为价值体系的发育水平的高低不同。人们都根据自己的价值体系发育水平而认同一定的政治制度，有的人具有以物为本的价值体系，所以就认同私有制社会，坚信人间正道私有化。但如果人们发育出以人为本的价值体系，那就必然会认同社会主义，坚持马克思所指引的方向，走社会主义道路，他们就会发现，人间正道不是什么私有化，而是社会主义。

综上所述，我们可以做出这样一个概括：只有把理性认识深入到价值体系的层次，确立新的价值体系，人们才能摆脱资本主义价值体系的束缚。只有这样的人，才能实事求是地认识现实，正确地解答面临的难题，不断地开辟理论与实践的新境界，找到人间正道。只有坚持社会主义核心价值体系的人，才能代表历史进化的方向，代表人民的根本利益。

如果人们不能坚持社会主义核心价值体系，就必然会认同资本主义，这样的人如果当了领导，就必然要搞修正主义。修正主义的实质就在于摆不脱资本主义价值体系的束缚，不管是马克思所批判的蒲鲁东、拉萨尔，还是现代的赫鲁晓夫、戈尔巴乔夫，其共同的特点就在于，他们在精神上仍然处于资本主义价值体系的控制之下，他们既没有意识到价值体系问题，也意识不到这种价值体系对他们的控制，这个价值体系处于他们的无意识的深处，因而在他们看来是不言而喻的、不容置疑的。旧制度对他们的精神束缚是无形的，如果没有一个价值体系的成长，他们就超越不了这个无形的束缚，他们也就不可能成为一名真正的马克思主义者。这些人对自己的落后的价值体系很钟爱，一听到要改造自己的主观世界就反感。

马克思所开拓的这个从价值到价值体系、从“以物为本”到“以人为本”的成长过程，是人类精神进化的自然必然过程；前面所问的关于马克思主义的精髓“是从马克思那里学来的呢，还是自己头脑里本来就有的”问题，我们就找到了答案。它原本就潜藏在每一个人心中，是每一个人都具有的潜在的需要。但要把它唤醒，成为人们的自觉目标，则需要有时代的召唤。有的人敏感一些，在资本主义还在上升的时期就率先认识这个需要；有些人迟钝一些，在社会主义时代生活了很久才意识到这种需要；还有一些人完全被拜物教控制住了，至死不悟。人生也应当有一个终极目标，那就是闻道履道，把自身内潜在的那种高层次需要开发出来。所有的人都应当达到这种人生境界，马克思、列宁和毛泽东不过是先知先觉一些罢了。有了他们的率先开拓，后来的人就可以较快地进入那种境界，这就像现在的一个小学生都知道运用圆周率来解题、而不必像祖冲之那样耗费巨大精力来计算他的约率和密率一样。

我们必须看到，在通向这种境界的路上，马克思等人也只是开了个头，这个过程还远远没有完成。即使是在马克思提出这个革命理想 160 年之后，许多人仍然还没有达到他的那种认识，他们还停留在“以物为本”的发展高度，达不到“以人为本”的高度，所以就不能想象共产主义社会。他们像鹦鹉一样说着马克思发明的词句，却不知道其中的含义，对其中所包含的革命意义视而不见，听而不闻，本能地拒斥革命，维护现在的生产关系。他们心目中的社会主义实际上就是资本主义，不管他们怎样把社会主义这个词挂在嘴上，其实际行动都是在强化着资本主义的控制。在资本主义制度中，他们主张通过议会道路来建立社会主义制度，主张“和平长入社会主义”；在社会主义制度中，他们则认为只要把生产力搞上去就可以建成社会主义。在这种情况下，不管他们是否有意识地要搞资本主义，社会经济基础和文化环境中占支配地位的那一套价值体系都将自发地把资本主义制度重新组织起来。要想搞资本主义很容易，闭上眼睛不管现实问题，张开嘴巴发出一些宏论，只要不去干扰资本主义价值体系的自组织过程就行了。如何培养锻炼整个革命队伍使之具有社会主义核心价值体系，如何建立一个机制，把真正地具有社会主义核心价值体系的人选择出来，充实党员干部队伍，始终保持昂扬的朝气、旺盛的斗志，保持先锋队的性质不变，这是真正困难的任务，关系到共产主义事业兴衰成败的关键问题。

建设社会主义核心价值体系不仅是社会集体的目标，同时也是每一个人的目标。我们每个人都要完成从“以物为本”到“以人为本”的转换，努力认识和培养那种成熟的保证社会和谐稳定的价值体系，都必须有一个从小我到大我的精神成长过程，这是一条唯一的道路，没有选择的余地。这条道路不拒绝任何人，只有在这条道路的攀登上不畏劳苦并达到一定高度的人，才能成为人类社会的合格成员，影响和带动其他成员共同进步。无产阶级和革命人民要改造客观世界，“其中包括了一切反对改造的人们，他们的被改造，须要通过强迫的阶段，然后才能进入自觉的阶段。”[①]只有在大家共同追求这一目标的精神成长过程中，社会整体意识才能逐渐从浑沌状态走出来，从幼稚状态中走出来，社会主义核心价值体系才能建设起来，形成全社会的共识。只有把社会主义核心价值体系建设到这个水平，社会主义制度才能稳定下来。

“共产党人可以把自己的理论概括为一句话：消灭私有制。”[②]这是共产党人所必须永远牢记的目标。在社会主义这个历史阶段，坚持这一目标，也即是要发展出一套保证社会可持续发展的价值体系，重组社会生活过程，对社会来一个脱胎换骨的改造。马克思在《法兰西内战》中指出：“工人阶级不能简单地掌握现成的国家机器，并运用它来达到自己的目的。”[③]在无产阶级夺取政权的时代，这句话被理解为要砸烂旧的国家机器。随着革命

[①]毛泽东选集[M].第一卷.北京：人民出版社,1991.第296页.
[②]马克思恩格斯选集[M].第1卷.北京：人民出版社,1995.第286页.
[③]马克思恩格斯选集[M].第3卷.北京：人民出版社,1995.第52页.

的深入，在无产阶级夺取政权以后，我们遇到了旧的价值体系对社会生活的控制，它会自发地经常地把资本主义的经济政治文化过程恢复起来，并重建原有的国家机器，复辟资本主义。我们现在要构建和谐社会，要以人为本，要实现科学发展，就要将革命进行到底，进一步深挖私有制的老根。所以，中国共产党人对马克思的那句话就有了新的理解，这就是要对价值体系进行改造，破旧立新，建设社会主义核心价值体系，并用它来主导社会生活的自组织过程，这是人类解放的必由之路。

首先，这是一个社会价值体系的转换问题。在当今社会中存在着两种不同的价值体系：资本主义价值体系和社会主义核心价值体系。与这两种价值体系相配套的，存在着两种行为法则：丛林法则与和谐法则。所谓资本主义价值体系，也无非是人类身上的动物性本能，它以财富的私人占有为核心价值，这种价值是排他性的，所以奉行这种价值体系的人自然就处于生存竞争之中，就要遵守着丛林法则。与之相对应的，和谐法则是与社会主义核心价值体系相配套的行为准则，这种价值体系是以人的自由全面发展为核心价值的价值体系，这种核心价值只能集体共享、共同实现，所以，奉行这个核心价值的人自然就能与社会和自然保持和谐，就有可能遵守和谐法则，而且也只有在越来越多的人们坚持和谐法则时，社会才能自然而然地趋向于和谐。人类从坚持丛林法则到坚持和谐法则的转换，是从动物状态过渡到真正人的生存状态的提升。

其次，在人类趋向于毁灭和趋向于发展进步的两种力量的斗争中，资本主义和修正主义代表着人性中潜藏着的倒退与毁灭的倾向，两者在本质上是一致的，它们都不能摆脱资本主义价值体系的控制。只有那些坚持着社会主义核心价值体系的人，才能代表历史前进方向和人民的根本利益。由于少数服从多数的决策机制并不能保证人类行为的合理性，所以就需要建立民主集中制，加强党的集中统一领导。但这种决策机制是一种双刃剑，当上级领导权掌握在真正的马克思主义者手中时，便可形成全党的统一意志和统一行动，推动社会主义事业顺利发展；但如果上级领导权掌握在非马克思主义者手中时，也会给社会主义事业造成巨大损失。要想避免这种危险，就应当保证多数人具有新的价值体系，培养千百万真正具有社会主义核心价值体系的接班人，使这种价值体系在社会生活中真正地占据统治地位，从而提高具有新价值体系的人们处于决策地位的概率。

其三，这个社会整体的脱胎换骨的改造过程就是社会主义核心价值体系的诞生成长过程，它是人类最终脱离动物界的关键。为了完成这关键的一步，就需要有一个共产主义运动。共产主义运动的萌芽、成长过程也就是社会主义核心价值体系产生、发展、形成“超循环”、重组社会生活过程并稳定地运行起来的过程。没有社会主义核心价值体系，就没有共产主义运动。所谓建设社会主义核心价值体系，也就是创造适宜的经济、政治条件和文化环境，引导帮助人民群众认识到那本来就存在于他们身上的核心价值，使人的潜力得到自由全面的发展。这是共产党的使命，共产党不过就是这个新价值体系的助产士和保姆罢了。

其四，这个转化过程分为三个步骤：马克思找到了正确的解答方向，这是解答历史之谜的第一步，马克思主义理论像一颗任何人也扑不灭的火种，从此点燃了世界共产主义运动的燎原烈火；列宁领导俄罗斯人民建立了苏联社会主义政权，毛泽东领导中国人民建立了社会主义政权，这是历史之谜的解答的第二步；在社会主义政权的保护下建设社会主义核心价值体系，以这种价值体系来重组社会生活，这是解答历史之谜的第三步。苏联人没有完成这个第三步，完成这个任务的重担历史地落在中国共产党和中国人民的身上。在经历了执政60余年的曲折探索之后，我们党提出了建设社会主义核心价值体系的战略任务，迈出了第三步解答的关键一步。

既然和谐社会是人类进化的高级阶段和必然归宿，那么与之相应的是，社会主义核心价值体系也就是人的个性成长的高级阶段和必然归宿，同时也是社会主义社会的核心目标。在以前的社会中，有相当多的人们没能达到这一境界，我们现在提出建设社会主义核心价值体系的任务，也就是要让大多数人都能达到这一境界。古人有所谓的“顺木之天以致其性”的说法，对于社会主义的政治家来说，也就是要发现人的内在本性，把它开发出来，充分地实现人的自然成长过程，使每一个人都能得到自由全面的发展。资本主义政治家无须考虑这个过程，他们要维护资本主义制度就很容易，只要把人们的注意力束缚在基本需要的层次上就可以了。所以，他们就要用情欲和物欲来控制人们，告诉人们说，这就是人生的全部内容。但社会主义政治家就必须告诉人们，除了这些东西以外，还有更重要的目标需要人们去追求，还有自由全面发展的潜能有待进一步开发。这才是真正地代表了每一个人的根本利益，就像一粒松籽的根本利益就是长成一棵松树一样。只有确立了社会主义核心价值体系，人们才能知道什么是自己的真正利益；只有始终不渝地坚持这种价值体系，人们才能找到人间正道。

三、社会主义核心价值体系引领中华民族实现伟大复兴

建设社会主义核心价值体系是全人类的事业。然而闻道有先后，各民族在精神进化的路上也有先有后。中华民族由于具有悠久的文化积累、充分的思想准备，也就有条件率先走上文明进化的这个更高阶段。同时还因为，在当下这个由丛林法则主导的世界上，中华民族备受欺诈，因而也就不得不率先踏上这条建设新的价值体系的探索之路。这就像当年的某一群古猿在树上无法谋生、不得不下到地面上来一样。

现在回头来看，我们中华文明的精神成长过程走的是完全不同于西方的另一条道路。在西方思想史上，群星璀璨，江山代有才人出，各领风骚几十年，“一些原则为另一些原则所代替，一些思想勇士为另一些思想勇士所歼灭，其速度之快是前所未闻的。”[①]一个新思想体系刚把前一个思想体系抬出去，另一个要把它抬出去的人的脚已经踏进了大门。与西方哲学的这种循序渐进的发展过程不同，我们中华文化则直奔主题，从一开始就提出了“闻道”的目标，两千多年来一以贯之。不管是老子还是孔子，他们所教导给人们的都是这个“道”，如《中庸》之所说：“君子之道，本诸身，徵诸庶民，考诸三王而不缪，建诸天地而不悖，质诸鬼神而无疑，百世以俟圣人而不惑。”这个大道是宇宙、社会、人生的永恒法则，仰之弥高，钻之弥深，瞻之在前，忽焉在后，由于它太浩翰、太精妙，许多人穷其一生也难于窥其奥妙。我们的祖先给后人确定的目标太高远，所以后人就难于达到，更难于超越，只能是一遍又一遍地对古代经典的重新解读，在不同的时代条件下赋予其新的理解，努力把它解释得更妥贴一些。中国人自己尚且难于窥测大道的精妙，西方人站在远处，更是无从了解，于是乎，黑格尔就这么认为：“在个别的国家里，确乎有这样的情形，即：它的文化、艺术、科学，简言之，它的整个理智的活动是停滞不进的；譬如中国人也许就是这样，他们两千年以前在各方面就已达到和现在一样的水平。”[②]

其实，之所以出现这种停滞不进的现象，原因在于，大道的实现也即是价值体系的进化是一个漫长的历史过程。在此过程中，对大道的追求只属于少数杰出人物，他们薪火相传，等待其发扬光大的机会。在这个等待的过程中，大道只能存在于少数杰出人物的心中，绝大多数人理解不了大

[①]马克思恩格斯选集[M].第1卷.北京：人民出版社，1995.第62页.
[②]黑格尔.哲学史讲演录[M].第一卷.北京：商务印书馆，1981.第8页.

道，实际地控制着社会生活过程的仍然是私有制社会的那一套价值体系，仍然是丛林法则，社会生活过程依然按自己的逻辑前行。一种徒具其表的儒家文化与丛林法则所形成的混合物控制着社会过程，禁锢了社会的发展，这种状况一直持续到鸦片战争的时候。为了打破旧的精神枷锁，中国人民经历了一个充满苦难的历程。伟大的历史进步需要有巨大的历史灾难为前奏，这是命运。在经历了一百多年的抗争之后，中国人民终于建立起了新中国，开始了向理想社会的艰难跋涉。新中国建立以来的60多年，在人类历史上不过是短短的一瞬间，而对于中国人民来说，则是一个日新月异、狂飙突进的时期。中国人的精神世界曾经是一个睡态朦胧的老人，现在突然醒了过来，焕发了青春活力，健步如飞地向前奔跑，我们不仅要砸碎旧的价值体系，还必须建设新的价值体系。当西方人还在重复着“自由、民主、人权”等抽象目标的时候，我们则提出了新的目标，以人为本、科学发展和构建和谐社会，然后又进一步提出了建设社会主义核心价值体系的目标。用黑格尔的话来说：这个“最晚出的、最年轻的、最新近的哲学就是最发展、最丰富、最深刻的哲学。在这里面，凡是初看起来好像是已经过去了的东西，被保存着，被包括着，——它必须是整个历史的一面镜子。”[①]而今我们中国人重新跑在了人类的前列，与之相对的，西方国家的精神世界则好像是偏瘫的病人，难于动弹。

这个新出现的成果不仅是“整个历史的一面镜子”，还是人类未来的希望。现在回头来看，中国人所经历的这一系列苦难和历史巨变，都是为了承担起建立世界新秩序的历史任务。英国历史学家汤因比很早就预言：“世界统一是避免人类自杀之路。在这点上，现在各民族中具有最充分准备的，是两千年来培育了独特思维方式的中华民族。”[②]在其最后的著作《人类与大地母亲》中，汤因比写道：“如果中国人真正从中国的历史错误中吸取教训，如果他们成功地从这种错误的循环中解脱出来，那他们就完成了一项伟业，这不仅对于他们自己的国家，而且对处于深浅莫测的人类历史长河关键阶段的全人类来说，都是一项伟业。”[③]“将来统一世界的大概不是西欧国家，也不是西欧化的国家，而是中国。并且正因为中国有担任这样的

[①]黑格尔. 哲学史讲演录[M]. 第一卷. 北京：商务印书馆，1981. 第45页.
[②]展望二十一世纪——汤因比与池田大作对话录[M]. 北京：国际文化出版公司，1985. 第295页.
[③]摘自网上查阅的资料.

未来政治任务的征兆，所以今天中国在世界上才有令人惊叹的威望。”[①]

现在看来，这一预言正在变成现实。要承担这一历史重任，中国人就必须经历一个“苦其心志、劳其筋骨、饿其体肤”的过程。我们现在虽然站起来了，但仍然备受欺诈，不仅在经济上受到西方剥削，同时还要应对西方人的和平演变战略和层出不穷的分裂肢解中国的图谋。这些肯定都是坏事，但却也是中华民族实现伟大飞跃的助推器；如果西方人没有这些欺诈，反而对中国人很友好，关怀备至，中国人就没有了前进动力，也就无法重新站在人类进化的前列。

汤因比之所以把希望寄托在中国人身上，是因为他对自己的文化环境有清醒的认识。西方人能否在价值体系上来一个转换，从而开拓出社会发展的新境界呢？我们应当看到，他们也有很多智慧杰出的人士，也认识到价值体系转换的必然性和重要性，但是这些先进的个体被边缘化了，无法撼动资本主义价值体系的主导地位，丛林法则价值体系的超循环运行得很稳定、很顽固，他们的社会被锁定在原有的轨道上，尽管遇到了金融危机、道德危机和其他各种问题，他们仍然找不到价值体系转换的契机，在社会政治层面上提不出建设社会主义核心价值体系和构建和谐社会等目标。

生活在西方文化环境中的人们很难理解中国社会主义经济政治文化所经历的剧烈变化的发展过程，这超出了他们的理解能力，比如美国人卢西恩·派伊就这样概括道：“在西方人看来，毛泽东的理想主义的中国与邓小平的现实主义的中国，这两者之间的差别，犹如白天黑夜。他们难以理解，何以在同一个社会、同一代人、能够在如此短的时间内产生如此截然不同的社会生活形式。为什么会有这两种极端的政治文化呢？”[②]很多中国人对此也不理解，这是因为“不识庐山真面目，只缘身在此山中”，有的人甚至以恶毒的语言来评价党和国家的领导人，把社会主义事业发展过程中所出现的一切问题都简单地归因于领导人的错误政策。这种事后诸葛亮式的聪明使人们总也赶不上历史进步的步伐，结果也无非是制造了新的内耗。

我们党提出了构建社会主义和谐社会的政治目标，为理论思考提供了一个新基础，这样我们便可以从一个新的高度来认识我们所走过的历程。

[①]展望二十一世纪——汤因比与池田大作对话录[M].北京：国际文化出版公司，1985.第289页.

[②]王景伦.毛泽东的理想主义和邓小平的现实主义——美国学者论中国[M].北京：时事出版社，1996.封面.

特别是党中央提出的建设社会主义核心价值体系的新任务，为我们理解历史进程提供了新的理论，所以我们就可以站在社会价值体系进化的理论基础上来回顾我们所走过的路程。

首先，毛泽东和邓小平都代表了社会价值体系进化的必然要求。

新中国在毛泽东和邓小平的领导下走过了曲折的发展道路。社会的发展过程实际上也就是价值体系进化过程，也即是人的需要的发展过程。人的需要是复杂的，基本需要与高级需要都要满足，发展的过程不是全面推进，而是单兵突进、孤军深入，直到无法推进，然后再发展其他层次的需要。如此交替发展，直至实现人的自由全面发展。社会发展的逻辑决定于价值体系进化的逻辑。

在毛泽东时代，人们高举理想之旗，极大地撑起了价值体系进化的空间。邓小平时代则发展了价值体系中的基本需要，推动生产力的巨大发展。他们都代表了社会生活中最突出的需要，解答了时代的紧迫问题。理想是历史进步的火车头，在毛泽东时代，中国人民面对的紧迫问题是救亡图存，打破旧中国的那种贫困、私有制、外族入侵的恶性循环，把中华民族凝聚为一个有机体，并在此基础上建立社会主义制度，把中华民族的生存轨道稳定在一个较高的水平上，为中华民族的复兴奠定政治、经济、文化的基础。但高级需要的单兵突进是难于持久的，还必须发展社会生产力，所以就需要有邓小平时代的改革开放，在共产党执政的条件下，自觉地运用资本与市场的手段，推动生产力的发展，为构建和谐社会创造物质条件。马克思曾经说过："发展社会劳动的生产力，是资本的历史任务和存在理由。资本正是以此不自觉地创造着一种更高级的生产形式的物质条件。"①

马克思还说："一种历史生产形式的矛盾的发展，是这种形式瓦解和新形式形成的唯一的历史道路。"②这个逻辑同样适合于中国社会主义事业的发展过程。无论是毛泽东时代，还是邓小平时代，都不是完美的，都存在着矛盾，甚至是很尖锐的矛盾，但是要想打破社会运行中原有的路径依赖，就必须经过这样的发展过程。不管是毛泽东还是邓小平，他们都以自己的突出的个性特征影响了中国社会的价值体系，给社会生活带来了深刻改变，分别以自己的名字来命名了一个时代，这不仅仅是他们自己的个性使然，而是社会进步的需要，社会的需要选择了自己的代表人物。社会生活必须

①马克思．资本论[M]．第三卷．北京：人民出版社，2004．第 287-289 页．
②马克思．资本论[M]．第一卷．北京：人民出版社，2004．第 562 页．

走过这些发展阶段，才能开拓人的眼界，使人性中的发展潜力得到充分的表现，为进入下一个发展阶段创造条件。

毛泽东与邓小平都完成了自己的历史使命。如果说一个人要吃三个烧饼就能吃饱的话，我们这个民族要承担起拯救人类的历史宿命，也必须吃三个“烧饼”。毛泽东做了第一个“烧饼”，解决了中国人“挨打”的问题；邓小平做了第二个“烧饼”，解决了中国人“挨饿”的问题。现在所要构建的和谐社会和建设社会主义核心价值体系，则是第三个“烧饼”，所要解决的是中国人“挨骂”的问题。这些年来，西方人一直用“人权”、“民主”的口实来责备我们，这就像阿Q看不惯城里人煎鱼不是用整棵的大葱而是用切细的葱丝一样，很是可笑。但我们也必须自立，把社会主义核心价值体系建设好，让中国人站在人类价值体系进化过程的前列。

其次，社会价值体系进化过程必须经历一个曲折的发展过程。

上述的三个“烧饼”，正好构成了黑格尔所说的“正题—反题—合题”的“三段论”。之所以必须经历这个三段论，则是因为社会价值体系进化的内在逻辑。要知道我们的这个进化过程的起点不高，鲁迅先生当年对中华民族的国民性痛心疾首，这个让鲁迅先生痛心疾首的国民性就是我们的起点。毛泽东在这样的基础上闹革命，高举理想主义的旗帜，唤醒了人性中沉睡的潜力，所以便能够率领着他的衣衫褴褛的人民子弟兵，下定决心，不怕牺牲，以极其简陋的武器战胜了强大的反动派，创造了无数人间奇迹，建立了新中国，这些中华民族的先进分子的忘我奋斗把中国社会推到社会主义的轨道上。

但我们必须看到，毛泽东所唤醒的人只占中华民族的一部分，作为一个整体的中华民族的价值体系进化水平仍然不高，与私有制相配套的价值体系在民众的心目中仍然十分稳固。当毛泽东想要继续用他的理想主义来教育人民群众时，有人积极响应，也有人不理解，也有人坚决反对。正如老子所说的那样：“上士闻道，勤而行之；中士闻道，若存若亡；下士闻道，大笑之。不笑不足以为道。”有那么一些人并不知道珍惜毛泽东为其指明的人生方向，也不珍惜社会主义公有制，他们信奉着庸俗的实用主义，在干部队伍中，有人信奉的是“有权不用过期作废”，在群众中，有人喜欢的是“外国有个加拿大，中国有个大家拿”。这种思想就像瘟疫一样，一旦传播开来，就会使社会经济运行过程运转困难，出现了紊乱。同时也由于中国刚从旧中国脱胎出来，生产力水平极其低下，吃饭问题束缚着人们的眼界，在这样的基础上，毛泽东的理想主义到了后期已经是难以为继了。

社会价值体系的发展水平是政治家们表演的舞台，这是他们无法回避、不能选择的客观现实。政治家的职责就是针对这个现实，制定适宜的政策以保持社会经济政治过程正常运转；在此基础上，才能考虑其他更高层次的社会发展目标。社会政治过程也有一个价值体系，与个体价值体系相对应，基本需要也必须优先得到满足。在这个价值体系中，并非是目标越高越好，而是以符合民众价值体系发展水平为好。在毛泽东的理想主义难以为继的情况下，邓小平的现实主义就是一个自然而又必然的选择。为了让大多数人在思想上觉悟过来，把创造潜力发挥出来，就需要有那么一个历史阶段，释放人们对个人财富的欲望，把生产力提高到较高水平上，为新社会奠定基础；同时也只有这样，才能把这种发展方式带来的恶果展示出来，促使人民群众觉悟过来。于是我们便可看到这样一个矛盾现象，改革开放以来，我国经济建设的巨大成就令世人瞩目，与之同时，人民群众的抱怨也与日俱增。人民群众总是要反复地经受正反两个方面的教育，经过比较和对照，才能成熟起来，此即老子所说的“反者道之动，弱者道之用。”我们现在所遇到的诸多问题，那也不过是为了价值体系的进化而必须付出的代价。现在有许多人认识到了市场机制的副作用，那也是在市场法则所带来的各种恶果充分表现出来以后，他们才能明白过来。

社会价值体系的进化必须经历这样一个螺旋式的发展过程。我们现在已经达到了合题阶段：在毛泽东时代与邓小平时代所奠定的基础上，构建和谐社会。我们的探索代表着人类进化方向，条件已经具备，目标已经提出，下一步就是落实的问题了。

其三，总结历史经验，在和谐社会的旗帜下团结起来。

回顾我们走过的路程，我们可以得出如下几条结论：

第一，有真人而后有真知。只有自身价值体系的提升，才能使人们开启内在的慧眼，正确地总结历史教训。如果没有价值体系的完善，人们就提不出任何正确意见。某些中国人仍然站在旧价值体系的基础上，把当今社会的各种问题的原因归结到领导人身上，归结为体制问题，归结为没有搞三权分立，这些说法本身就是问题。由于评价者自身的价值体系是有缺陷的，如果他不能提升自己的价值体系，就永远提不出任何正确意见。如果一个人不能提升自己的价值体系，那他对社会现状的不满就是自相矛盾，因为这个现状正是由他这样的人造成的，其中也有他一份力量。他不能提升自身的价值体系，却又想摆脱这种社会现状，这就是企图拔着自己的头发以离开地球。在这种情况下，不管他搞出什么花样，都只能是折腾。

但执政者不能因此而对他们的声音置之不理。这是因为，问题的关键在于推动社会价值体系的进化，而社会价值体系则是由无数个人的价值体系构成的，每一个人都对历史进程发挥着作用，虽然是微不足道的作用。就像母亲必须照顾婴儿一样，要从婴儿的哭叫中观察其需要，是饿了还是渴了，予以悉心的护理。对于母亲来说，其最终目标是希望婴儿快点成长起来，而对于执政党来说，其最终目标是希望人民群众在价值体系上尽快地成熟起来。

第二，社会政治过程的进步，也如学书法一样，“取法于上，仅得为中；取法于中，故为其下。”只有在追求那种能够给社会带来全面进步的核心价值的过程中，那些次一级的社会发展目标才有可能得到实现。比如说民族独立、发展经济等目标与社会主义这个目标相比，就是相对要低一个层级的目标，在辛亥革命时期，也有孙中山等一大批仁人志士追求着这些目标，他们把这些目标作为终极目标，但却没有实现这些目标。后来，在追求社会主义理想的共产党人的领导下，这些目标反而实现了；虽然社会主义的宏大目标还没有实现，但是在追求这个目标的过程中，民族独立、经济发展等目标确实取得了成功。为什么说只有社会主义才能救中国，就是因为社会主义提升了中国人的价值体系。现代人对于自由民主人权的追求也是同样道理，当人们一厢情愿地追求这些目标的时候，这些目标反而是无法实现的，就像拔着自己的头发以离开地球一样，不管他们如何热爱这些目标。

在达到这样的认识之后，我们再回过头来看中国共产党建立以来带领中华民族所走过的道路，便可看清其中每一步的重大意义。毛泽东大破大立，彻底砸烂旧世界，把中国优秀文化的精髓与西方文化的精华——马克思主义结合在一起，建立起一个自成体系的价值体系。他与佛祖一样志在普渡众生，所不同的只是，佛祖只渡人的心灵，但毛泽东的渡则是全方位的，包括政治上的解放、经济上的解放和思想文化上的革命，所以，毛泽东才是真佛。但由于传统的巨大惯性，人的精神解放过程还必须经过一个漫长的过程，还需要有相应的物质基础。在这个资本主义还占优势的世界上，中国人不可能单兵突进，所以就还需要邓小平出来领导这个韬光养晦、发展经济的历史阶段。如果没有毛泽东和邓小平在理想主义与现实主义这两个方向上走上极端，就不能矫枉过正，就不能打破国民精神的僵化保守的惯性，这是社会价值体系成长过程所必须付出的代价。社会主义核心价值体系的建设过程必须经历这样一个螺旋式的发展过程，所以我们要珍惜毛泽东和邓小平，他们都是对中华民族负责的历史伟人。在他们所奠定的基础上，现在才能进一步提出建设社会主义核心价值体系的任务，这是必须经过的程序。

第三，对高层次价值的追求也必须根据社会经济文化发展水平和人民群众的理解水平，循序渐进。一方面，执政党必须积极主动，做好自己应当做好的事，根据现有条件，力争最大进步；要相信和依靠人民群众的觉悟，不论阶级立场如何，只要有一颗追求真理的心，人就有可能克服自己的局限性。另一方面，也不能一味提高目标，如果超出了人民群众理解能力的限度与现有经济社会发展条件的容许，反而会适得其反；执政党必须把握好这两者之间的度，始终保持高层次价值体系对社会现实的牵引力，审时度势，赞天地之化育。

我们现在所面临的各种难题纠结在一起,在内部有腐败现象孳生蔓延、收入分配的差距不断扩大、生态环境的不断恶化，在外部还有西方敌对势力的围堵、欺诈以及他们所收买的内奸制造出来的动乱分裂势力。要解决这些问题，在原有的价值体系的框架内已经找不到办法了，所有的潜力都已挖尽，西方人可以通过其优势地位向第三世界国家转嫁危机，通过战争或政变摧毁一个国家的政权,再将傀儡政府的财政捆绑在美元印刷机之上,用输出通货膨胀的办法解决国内通货膨胀，用他国的资源来填补美国的损耗空缺。我们不能采用同样的办法，我们所面临的险恶形势逼迫我们寻找新的出路，这就是推动价值体系的进化，提出新的人生目标，发现人性的新需要，开发自身的潜力。在此基础上，才能用新的方式组织起来，形成有机的社会集体。新出现的目标要想吸引人们的注意力，就必须比原有的目标更重要、更强大。这个新目标就是构建和谐社会，就是人的自由全面发展。这是一次伟大的惊险的飞跃，为了生存下去，我们别无选择，必须踏上这条充满艰险的进化之路。

四、中华民族将引领世界建立新秩序的历史潮流

整个社会主义运动的目标归根到底是创造出一种高级的文明，把内耗控制和减少到最低限度，保证人类社会的延续。资本主义制度也想完成这

个任务，但由于它鼓励人们追求个人物质财富，于是便在创造出巨大财富的同时也制造出大量的内耗，而采用法治的办法是无法解决这种内耗的；所以人类就需要有一种新的价值体系，既能创造出巨大财富，又能最大限度地降低内耗。我们这个民族如果能够率先建设起这种价值体系，我们就将引领人类文明的新方向，从而实现中华民族的伟大复兴。如果我们不能在建设新的价值体系上下工夫，仅仅是跟在西方人的后面，那就无法实现中华民族的伟大复兴。建设一个新文明与实现中华民族的复兴是同一件事情。

在将来的理想社会中还会不会有内耗呢？当然也仍然会有，因为内耗存在于一切事物之中。在这样的社会中，人们仍然也还要有一个成长过程，也还要经历从无知走向有知的过程；也还要克服自身的诸多缺点，比如懒惰、固执；也还要学会正确处理人民内部矛盾。在这样的社会中，仍然也还需要坚持社会主义核心价值体系来引导人性健康向上，让人们都过上一种积极进取奋发有为的生活；在这样的社会中，人类也还要面对严峻的自然环境，仍然也还会有人遭遇挫折、失败，当然也还会有人争吵、失恋，如此等等。人类不要指望有那么一个消除一切内耗的理想化的社会，矛盾是社会发展的动力，任何社会都需要有发展动力，所以也就需要有矛盾；而矛盾如果处理得不好，就必然会导致内耗。但我们可以期望的是，在一个以人的自由全面发展为核心价值的社会集体中，每一个人都将自然而然地得到健康全面的成长，成为合格的公民。在由这样的人组成的社会集体中，就可以形成一个高度有序的自组织系统，具有健全的自我调节和自我修复机制，所以就可以把内耗减少到最低限度。

现在看来，人类的历史目标也无非就是挣脱私有制的镣铐，让思想冲破牢笼。社会主义运动的发展过程，也就是社会主义核心价值体系在社会中萌芽、成长的过程。马克思虽然没有使用社会主义核心价值体系这个概念，但这个价值体系已经暗含在他的理论体系之中，是其理论体系的灵魂、精髓，随着共产主义事业的深入而逐步地呈现出来。马克思就像他所自喻的盗来天火的普罗米修斯一样，给人类带来了一个高级的人生目标——人的自由全面发展，这个目标尽管极其简单明了，却也必须在人类挣脱私有制枷锁的过程中，才有可能被普遍接受。这个目标不像财富的私人占有那样是排他的，而是由大家共享的，以这个价值为核心价值的社会主义核心价值体系就为人类社会带来了走向和谐的机遇，开辟了历史的新方向。

由于它的问世，也为社会生活中增添了一项矛盾，那就是两种价值体系的冲突。以前的人类都处在丛林法则的控制下，而在引入了新的价值体系之后，便分裂为两个阵营。一个阵营集中在丛林法则的旗帜下，竭力地维持丛林法则对世界的控制，虽然他们自己内部仍然充满了内耗冲突，但在面对社会主义阵营的时候立即本能地毫不犹豫地团结起来；另一个阵营则团结在社会主义核心价值体系的旗帜下，竭力冲破丛林法则的控制，用社会主义核心价值体系来改造社会生活，建立起一个没有压迫剥削的新制度。这两个阵营的力量消长决定着人类的前途和命运。必须注意的是，在社会主义阵营内部，也并不是清一色地坚持着社会主义核心价值体系，也存在着两种价值体系的冲突。新的价值体系不是凭空而来的，它只能在现有的文化环境中成长起来，在此过程中，必然要经历一个摆脱丛林法则的艰难过程。正因为这个原因，在共产党内部，也不是全都能够自觉清醒地坚持社会主义核心价值体系，真正具有了这种价值体系的人很少，但他们能量极大，是历史进步的核心，有了他们的领导，社会主义事业便蒸蒸日上；如果没有他们的领导，共产党就会腐败变质，社会主义事业便会滑向歧途，直至穷途末路，重新回归于丛林法则的黑暗统治之中。因而要保持社会主义事业的发展方向，就必须由那种具有了新价值体系的人也即闻道者掌权。

现在我们已经认识到：社会主义运动的目标就是要坚持社会主义核心价值体系，为人民的开悟创造条件，让开悟的人们越来越多，从而使这种价值体系由弱到强地成长起来，在社会生活中越来越强化，居于支配地位，渗透到社会生活过程中去，对社会生活进行自组织。只有当这个自组织过程稳定地运行起来之后，人民群众在这种新的生活方式中享受着和谐的生活并获得充分自由全面的发展的时候，社会主义事业才能稳定下来，才能算是彻底消除了资本主义复辟的危险性。如果不能做好这件工作，只是把注意力专注于经济建设，那就意味着放纵丛林法则；这个东西一旦卷土重来，社会生活就要重新陷入内耗之中，在这种情况下，经济建设也难于搞好。放纵了丛林法则，人们的行动就只能是折腾，搬起石头砸自己的脚。所以我们必须强调，建设社会主义核心价值体系就是社会政治价值体系的核心，它就是太阳系里的太阳，就是毛泽东所说的那个“纲”，只要抓住了这一点，整个社会政治过程便可进入有序发展的轨道，社会便可趋于和谐。悠悠万事，唯此为大。

共产党执政的依据是什么呢？那就是共产党人所具有的社会主义核心价值体系，这使他们处于人性进化过程的最高处。只有他们能够运用执政权力引导人性向上成长，同时也只有他们执政，才能兼容并蓄，使具有不同水平价值体系的人们和谐相处。其他阶级和政党也很想当领导，但他们没有能力代表人民的根本利益，这是因为他们的那种以财富的私人占有为核心价值的价值体系使他们一有权就想谋取私利，虽然他们并不关心价值体系的建设问题，但仍然自发地本能地进行着价值体系建设——以自己的身教来把人们引上歧途，让人们认为放纵欲望就是根本的人生幸福，用这种价值体系来引导民众，就会在社会生活中制造出许多问题，诸如生态恶化、两极分化、社会一片混乱、周而复始的经济危机，动不动就要打仗。他们也不可能兼容并蓄，对那些高水平价值体系，他们会本能地运用执政权力予以限制甚至暴力压制。他们如果当了领导，就会阻碍历史进步，人民就要遭殃。唯有共产党能够把人们的利益协调起来，把社会引向繁荣进步，把人生引向幸福安宁、自由全面发展的境界，这就是共产党的执政地位的依据。共产党的存在价值就在于它在历史进化过程中，在社会由私有制向公有制过渡的历史进程中，扮演着牵引力和方向盘的作用。正是基于人类进化的历史需要，共产党的领导权就有着天然的依据。有人主张以是否经过民主选举作为执政依据，这虽然也可作为依据，但只能排在第二位。如果二者出现了冲突，历史进步的需要就将以强制的历史必然性为自己开辟道路。

建设社会主义核心价值体系，这是人类福祉的保障。只有当越来越多的人实践着社会主义核心价值体系，使之成为占支配地位的伦理准则的时候，一个把内耗降到最低的完美政治体系才能从现有社会基础上成长起来。要建设和谐世界，也就是在全世界推广这种价值体系，把这种价值体系“修之于天下”。当今世界各国人民处在不同的价值体系高度上，这就决定了他们的不同发展轨道。而在这个地球已经变成一个村庄的时代，大家的命运已经连在了一起，谁也不能独善其身，文化价值体系的广泛交流把文明的自组织过程提高到全世界的规模上。

在这种情况下，也就需要有国家和民族出来引导全人类价值体系的进化。西方人也很想做这件事，很努力地向其他国家输出其价值观，但很不幸的是，在他们口头上所宣称的自由民主之中，包藏的却不过是丛林法则，他们把这种价值观传播到哪里，便把灾难和不幸传播到哪里。在他们的社会运行过程中，资本主义的价值体系太稳固了，这使他们失去了创新的潜力，没有能力去建设一个新的价值体系；尽管他们面临着诸多严峻危机，但却没有勇气正视自己价值体系的缺陷，就算是有智者发现自身价值体系中的问题，也缺少像列宁、毛泽东那样的英雄来领导民众解决问题。最近，美国人提出了一个叫做“巧实力”的东西[①]，这里面有那种能够普及开来成为人类共同行为准则的东西吗？可以断言，那些被情欲、物欲控制着的人们不可能做出精神上的创新。他们的社会被锁定在原有的运行轨道上，眼睁睁地看着自己走向毁灭而无计可施。由于其价值体系的缺陷，他们没有能力构建和谐社会，当然也就更没有能力建设和谐世界。

这项任务只能由中国人来完成。在我们看来，所有的人，不管其所处地理位置多么不同，也不管肤色有多大区别，其最根本的目标都是一致的，这就是人的自由全面发展，因而就存在着那样一个全世界都能接受的价值体系，这就是以人的自由全面发展为核心价值的社会主义核心价值体系。只有这种价值体系能够保证人类文明的和谐和地球生态环境的和谐，保证人类的生生不息的进化过程持续下去。虽然有些人没有认识到它，它也仍然是普世的价值，有哪个国家能够坚持这种价值体系，这个国家就能够代表人类的利益。

爱因斯坦曾经呼吁建立一个世界政府，他说：“技术以及战争工具的发展似乎已使我们这颗行星缩小了。经济上的相互联系促使各国之间远比过去更加休戚相关。现在拥有的破坏性武器使地球上不存在任何一块可以免于突然性的总毁灭的地方。逃脱这一命运的惟一希望在于通过超国家的方式来确保和平。必须创建一个能够通过司法仲裁解决国家间冲突的世界政府。”[②]这个设想确实必要，但如何付诸实施呢？在我看来，世界政府的形成过程，首先要有一个社会主义核心价值体系的普及过程，个体之间的有机联系要靠闻道开悟，国家之间的联合也是同样道理。只有同样坚持社会主义核心价值体系的国家之间才能建立起互信。

在人类拥有大规模杀伤性武器的时代，要想避免自我毁灭，就必须实现统一。这种统一必须以武力作为后盾，因为游戏规则已经被霸权主义国家制定了，没有武力就只能任人宰割；地球村里谁说了算，枪杆子里面出话语权。但仅有话语权还不行，还必须发展出一套引导人类趋向和谐的价

[①]《参考消息》2009 年 2 月 20 日，约瑟夫·奈文章：《领导人如何应用“巧实力”》.

[②]爱因斯坦晚年文集[M].海口：海南出版社，2000.第 133 页.

值体系，这就是文化软实力。要发展出这种软实力，希望寄托在中国人身上。中国人有能力站在当今人类文明的最高处，提出解决当今时代人类所面临的紧迫问题的价值体系，挑起领导人类文明进化的重担。所以我们就不能继续跟在西方人的后面重复那些“自由、民主、人权”空话，更不能认同西方的唯利是图、弱肉强食的价值体系，而是要对人类一切文明成果来一个创造性的改造，把其中有价值的目标纳入自己的价值体系之中，发展出一个保证这些次级价值得以实现的核心价值，这样才能围绕着这个新出现的核心价值建立起一个完善的价值体系。

我们中国历来被称为礼仪之邦，这是因为中华民族很早就追求着“闻道”的人生目标，这使中华民族具有了较高层次的价值体系，同时我们还接受了西方文明的精华——马克思主义，经历了在新中国执政60多年来的复杂考验，为我们现在建设社会主义核心价值体系创造了有利的条件。当今世界正处在大发展大变革大调整时期。世界多极化、经济全球化深入发展，科技进步日新月异，国际金融危机影响深远，世界经济格局发生新变化，国际力量对比出现新态势，全球思想文化交流交融交锋呈现新特点，综合国力竞争和各种力量较量更趋激烈，这也为我们的复兴带来了新的机遇。我们所提出的以人为本、科学发展观、构建和谐社会与建设和谐世界，还有建设社会主义核心价值体系，代表了人类的前进方向。坚持社会主义核心价值体系，不仅代表了中国人民的根本利益，同时也代表了全世界人民的根本利益，只要我们高举这个旗帜，并运用它来把中国的事情办好，便可在全世界树立起一个表率，就可以使天下归心，近者悦，远者来。人类社会终归要走向大同，那就只能以这个社会主义核心价值体系为基础。中华文明的崛起，同时也是一种新的人类文明模式——和谐文明的崛起。

人生的各种目标、追求和价值（它们都是一个意思），都必须是经历过了，才能泰然处之。必须是经历了财富的积累过程之后，才能明白财富对生命的意义。吃过了燕翅鲍之后，才知道那东西的味道其实并不怎么样；经历了富贵，方可安于平淡；甚至于有的单位招聘汽车司机，先要问他有没有出车祸的经历，如果没有，那就说明他还不成熟，如果有过这种经历，那就可以优先录用了。这也就是说，人生的滋味，酸甜苦辣，都要尝一尝，才能走向成熟。这就像艺术家的成长过程一样，必须走过艰难求索的过程，最后才能达到极高明的境界，绚烂之极，归于平淡；只有经历失败挫折后，得到的认识才能刻骨铭心地记在人们的心中；必须是经历了大悲大喜之后，人们才能走向成熟。

同样的道理，必须是经历了对财富的狂热追求之后，我们这个民族才能在价值体系的层级上跨上一个新台阶，率先开辟人类文明的新境界。我们中华民族胜过西方国家的地方就在于，我们这个民族是一个健康向上的民族，一直追求着高水平的目标，对那些基本需要层次的东西，拿得起也放得下。所以，我们就能够以一种从容的心态来对待价值体系问题，既能够运用市场法则来提高生产力发展水平，提高驾驭自然的能力，同时也对其所带来的问题保持警惕。这便是“物物而不物于物”，所谓“社会主义市场经济”，也就是说，我们可以驾驭市场经济而不是反过来被市场经济所驾驭，这就是我们的优势。

与汤因比对中国的寄予厚望不同，撒切尔夫人则断言“中国成不了超级大国”，其理由是：“因为中国没有那种可以用来推进自己的权力，进而削弱我们西方国家的具有‘传染性’的学说。今天中国出口的是电视机，而不是思想观念。”这两位英国人之所以会得出如此大相径庭的结论，是因为作为政治家的撒切尔夫人还处在丛林法则的控制之下，她缺少作为历史学家的汤因比所具有整体意识和历史目光，不知道对人类来说什么是真正重要的，所以就看不到中国优秀文化传统的优势和发展潜力。为了人类的未来和中华民族的崛起，我们应当发挥优势，在社会主义核心价值体系的建设上搞出些新成果来，给那些习惯于丛林生活的西方人做出表率。

第八章　把社会主义核心价值体系修之于党

历史的进化过程也无非就是人类价值体系的展开过程。对于力图开辟历史发展新境界的共产党人来说，只有在价值体系的层次上提出问题和认识问题，并自觉地建设社会主义核心价值体系，社会才能在新价值体系的主导下完成其自组织过程，进入文明的较高阶段。

社会主义核心价值体系有两种存在状态：一种是刚诞生时的“幽灵”状态，它只存在于少数先进人士的头脑里；另一种状态是渗透到社会生活过程中并控制社会运行过程的存在状态。共产主义革命的目标也就是经过建立共产党、武装夺取政权、运用执政权力来改造社会政治经济文化等一系列程序，推动这种价值体系从前一种状态向后一种状态转变。

这项工作千头万绪，归根到底还是要从修之于身做起。不管是什么人，不管是什么职业、什么职务，都要教育好自己，闻道勤行，用社会主义核心价值体系来主导自己的生命过程，使自己成为和谐社会的积极建设者。

注重修身，这是中国人的强项，我们在这方面具有悠久的传统。但是，价值体系的提升并非仅仅是一件个人事务，只有在社会整体价值体系提升的过程中，个体才能真正闻道开悟。所以，那些率先意识到这一目标的人，就要致力于使新价值体系进入社会运行过程，成为主导社会运行过程的序参量。这是人类价值体系进化过程中的一次伟大的质的飞跃，它不可能自发地进行，而是必须有一个政党来组织领导这个进化过程，这个政党只能是共产党。所以，在社会主义历史阶段，必须始终坚持共产党的领导。

在人类趋向于毁灭和趋向于发展进化的两种方向的斗争中，社会主义核心价值体系代表着人类的根本利益。人类要想继续生存下去，就必须自觉建设这个价值体系，共产党的诞生也就是为了承担这一历史使命。共产党人流血牺牲、艰难奋斗的终极目标也无非是突破低水平价值体系对人性的约束；我们要坚持共产党的执政地位，也无非是要为人的自由全面发展撑起广阔的空间。但如果不能发挥这一功能，共产党也就失去了存在的历史价值，就会被历史所抛弃，苏联东欧共产党的命运就是前车之鉴。用进废退，这是进化论的一般常识，在社会价值体系的进化过程中，也遵循同样的规则，历史不会照顾情绪。我们必须紧紧围绕着社会主义核心价值体系的建设来开展党建工作，认真履行自己的历史使命。

一、共产党在历史进步过程中的作用就是引领价值体系的进化

（一）新的价值体系需要有新制度与之相配套。

人的自由全面发展是生命的内在需要，它潜藏在人性的深处，虽然不像基本需要那样急迫地驱使着人们，但它始终存在，总会在那些发育得相对充分的个体身上表现出来。用马斯洛的话来说："人类对爱、知识或者某种人生观的需要却并不是明白无误的，相反是很微弱的，它们用低语而不是喊叫来表达自己。"①

然而，在私有制的文化环境中，这种高级需要却受到压制。这种制度不是为了人的自由全面发展的需要设计出来的，它强制人们以财富的私人占有为核心价值，以丛林法则作为行为准则，它迫使人们参与到冷酷无情的生存竞争中去，"它使人和人之间除了赤裸裸的利害关系，除了冷酷无情的'现金交易'，就再也没有任何别的联系了。它把宗教虔诚、骑士热忱、小市民伤感这些情感的神圣发作，淹没在利己主义打算的冷水之中。它把人的尊严变成了交换价值……"②由此而导致诸多人生不幸，异化现象。

对于那些没有意识到人的自由全面发展的需要的人们来说，他们便可以全身心地投入到这样的环境中，如鱼得水，坑蒙拐骗而没有任何心理负担；而对那些意识到人的自由全面发展的需要的人们来说，他们所需要的是一个没有剥削压迫的制度，在那里人人平等，亲如家人。而当下的环境使他们无法忍受，这个世界不能满足他们的精神需要，他们感到无家可归，无所适从，成为茫茫大地上的一个流浪者。在资本主义社会之前，人们为了逃避现实的丛林世界，可以出家，隐循于寺庙、道观或修道院之中。而到了资本主义时代，它的那一套价值体系具有巨大的威力，"在它的不到一百年的阶级统治中所创造的生产力，却比过去一切世代创造的全部生产力还要多，还要大"③，与之同时也把整个世界都置于自己的控制之下，渗透到世界的任何一个角落，寺庙、道观或修道院也不能幸免，这些地方也

①[美]马斯洛. 动机与人格[M]. 北京：华夏出版社，1987. 第 328 页.
②马克思恩格斯选集[M]. 第 1 卷. 北京：人民出版社，1995. 第 275 页.
③同上，第 277 页.

被其强大力量所改变，使人们无法逃避。

所以，西方便有一派存在主义哲学家，由于个性发展得相对充分而意识到人的高级需要，所以就难于适应资本主义的文化环境，上帝死了，但需要上帝来安抚的那种心灵需要仍然存在，他们需要发展各种有益的爱好，积极地参加社会活动，成为一个有益于社会的人，实现其仅有一次的生命的价值。但私有制的那一套价值体系却规定了他的生活轨道，必须投入到市场经济中去，为个人的物质利益，按照丛林法则而打拼，命中注定地要经历尔虞我诈、犯罪、打官司等令人痛苦的事情，体验忧虑、害怕、绝望等令人沮丧的情绪。他们很厌恶这些，却又无处逃避，于是便用了一些很生活的词来表达他们对生命的感受，如恶心、呕吐。在我们中国，伴随着改革开放的进程，人们也有了同样的体验，他们用“郁闷”这个词来表达这种体验，比起恶心和呕吐来，它更好地表达了存在主义的体验：“郁闷的情绪掩盖着厌恶、恐惧、愤怒与无奈。”[①]因而可以说，存在主义是一种世界现象，是异化现象的必然伴生物。

不管是恶心、呕吐，还是郁闷，都不过是一种感受，“面对这样的可怕的历史气候，主观性表现出人的反抗的尊严。”[②]然而，要为人们提供终极关怀，仅仅表达一下感受是很不够的，人类要想摆脱这种痛苦的经历，就必须改造世界，按照人的自由全面发展的需要来设计社会经济政治制度，这才是真正的现实的终极关怀。这种终极关怀只能由马克思主义所开创的消灭私有制的社会革命来提供。

共产党人不仅要关心人民的基本需要，同时还要关心人民的精神需要。我们之所以要建立新制度，就是要为人的自由全面发展的需要创造适宜的社会环境。我们要建设社会主义核心价值体系，就要给它找一个安身之所，高贵的精神需要有一个高贵的居所，也就是说，随着人类价值体系的进化，人类自身潜力的充分发挥，人类就需要有一个新制度，就像植物要开花结果一样，这是一个自然而然的成长过程。

一种新的精神也需要有新制度与之相配套，这就像海里的贝类需要有一个贝壳一样。反过来说，一种新的社会经济制度也需要有相应的精神来支撑，不然的话，它就没有生命力。本来我们已经建立起了社会主义公有制，但是却缺少相应的精神支撑，以至于后来不得不改革，采用物质刺激

[①]余虹：《我与中国》.

[②][美]威廉·巴雷特.非理性的人[M].北京：商务印书馆，1994.第287页.

奖金挂帅办法来进行管理。当这种观念占据了支配地位后，公有制企业的精神生命就已经死掉了，只剩下一个没有生命的外壳，其发展的结果只有一卖了之。某些人急不可耐地贱卖掉的国企，其理由是很多的，但要深入分析一下，便可发现其自以为以逻辑推理为依据观点，只不过是合理化了的成见，或者是其内心深处连自己都觉察不到的私有者的偏见。正是因为其精神上的局限性，他们不知道这一精神居所的高贵。

但遗憾的是，人性参差不齐，在私有制文化环境中，也会有人产生高级需要，在社会主义社会中，也还有人没有产生高级需要。为了使社会主义社会尽快地成长起来，就需要建设社会主义核心价值体系，也就是唤醒人的心灵深处的那种高级需要。即使有些人没有感受到这种需要，我们也要培养人们产生出这种需要。只有当人们产生了这种需要，而我们又能满足人们的这种需要的情况下，党的领导地位才是稳固的。在我们的社会中，市场经济所带来的精神空虚、西方敌对势力为了和平演变中国而有意地传播腐朽堕落的价值体系，所造成的危害堪称触目惊心。党组织必须关注人民群众的精神健康，运用执政权力来建设社会主义核心价值体系，用它来重组社会生活，引导人性的健康成长。历史发展到现在，推进社会价值体系进化已经不是哲学家个人的事业了，它是无产阶级政党的使命。

（二）为适应传播新价值体系的需要，共产党应运而生。

共产党在社会政治过程中应当发挥什么作用？以往也有大量的研究，比如强调政治领导、组织领导、思想领导等，现在看来，这些说法难免要流于泛泛之谈。在认识到价值体系在社会生活中的作用之后，我们终于发现了答案：共产党在社会政治生活中的作用就是坚持社会主义核心价值体系，向人民群众宣传这种价值体系，把它灌输到社会生活过程中去。

对于马克思和恩格斯来说，他们的一项重要任务就是把自己的理论知识在那些能够将革命理论变为革命实践的人们当中进行传播。但通过什么途径来达到这一目的呢？单靠杂志和书籍去传播自己的思想是非常困难的。特别是在面对已经露头的经济和政治危机，工人阶级要采取政治上的独立行动，所以就迫切需要建立无产阶级政党。“只有这样一个党才能给年青的无产阶级在业已赫然在目的阶级博斗中指明目标和方向，才能把现有的各种力量组织起来，并在群众中传播科学共产主义的思想。”[①]

[①][德]海因里希·格姆科夫.马克思传[M].北京：三联书店，1978.第87页.

在列宁的时代，共产党人所面临的任务是夺取政权。要完成这个任务，就要向工人阶级灌输马克思的科学社会主义理论。要完成这个任务，首先要有一个组织，列宁认为："(1)任何革命运动，如果没有一种稳定的和能够保持继承性的领导者组织，就不能持久；……(3)这种组织的构成主要应当是以革命活动为职业的人；"[①]其次要有一个新的思想体系，列宁反对工人运动自发性的主张，他说："对工人运动自发性的任何崇拜，对'自觉因素'的作用即社会民主党的作用的任何轻视，完全不管轻视者自己愿意与否，都是加强资产阶级思想体系对于工人的影响。"[②]他还说："问题只能是这样：或者是资产阶级的思想体系，或者是社会主义的思想体系。这里中间的东西是没有的。……对社会主义思想体系的任何轻视和任何脱离，都意味着资产阶级思想体系的加强。"[③]由此可见，列宁对于共产党要坚持社会主义思想体系有清醒的自觉，十月革命胜利以后，他又进一步强调："当前的敌人是小资产阶级自发势力，它像空气一样包围着我们，并很厉害地渗进了无产阶级队伍。"[④]"教育工作者和共产党这个斗争的先锋队的基本任务，就是帮助培养和教育劳动群众，使他们克服旧制度遗留下来的旧习惯、旧风气，那些在群众中根深蒂固的私有者的习惯和风气。在考虑党中央和人民委员会十分注意的那些局部问题的时候，决不能忽视这个整个社会主义革命的主要任务。"[⑤]

在列宁之后，杰出的马克思主义理论家、意大利共产党总书记葛兰西在法西斯的监狱里对坚持社会主义思想体系进行了深入的思考。他的主要观点有：

(1)所有的人都是"知识分子"，他说："每一个人……都执行了知识分子作用的某种形式，这就是说，他是一个'哲学家'、一个艺术家、一个具有某种爱好的人，他同某种特定的世界概念相联系，具有某种道德情操的思想方针，并因而致力于保持某种世界概念或者去改造它，也就是说，形成新的思想模式。"[⑥]现在看来，他的意思也无非是说，所有的人都处于

[①]列宁选集[M].第1卷.北京：人民出版社，1995.第404页.
[②]同上，第325页.
[③]同上，第326页.
[④]列宁选集[M].第4卷.北京：人民出版社，1995.第553页.
[⑤]同上，第303页.
[⑥][英]詹•约尔.西方马克思主义的鼻祖——葛兰西[M].长沙：湖南人民出版社，1983.第117页.

价值体系进化过程的一定阶段上，都在坚持或者反对某种价值体系。

（2）葛兰西进一步把“知识分子”分为两类：一种是作为普通人而存在的“知识分子”，另一种是“有机的知识分子”；后者行使知识分子的某些特殊职能，他们了解历史运动的方向，被革命阶级推举出来作为其领袖。“同革命阶级有着有机联系的知识分子，因而便成为领导该阶级的政党成员。它的作用从根本上说是实践的：‘新型的知识分子已不再是雄辩家，不再是煽动人们的感情和情绪的外部和瞬间活动的煽动者，而是作为缔造者、组织者、永恒的推动者而不仅仅是作为说客来积极地参加实践生活。’”[①]“一个工人阶级的革命党必须基于某种特殊类型的阶级意识基础之上。在组织和道德价值观念两个方面，它都必须从资产阶级世界中彻底解放出来。”[②]“应该特别强调现代世界中政党在制定和传播世界观方面的重要性和意义，……党像是一只坩埚，把理论同作为实在的历史过程来理解的实践熔于一炉。”[③]用现在的话来说，他也就是主张，共产党必须领导人民群众摆脱资本主义价值体系的控制，实践社会主义价值体系。

（3）夺取和保持领导权是教育的事情。在葛兰西看来，领导权的实质在于意识形态的先进性，而这种先进性又必须得到人民群众的认可，只有这样，才能建立起新型知识分子与人民大众之间的有机联系；这种有机联系要靠先进的知识分子批判旧的意识形态和传播新的意识形态的方式来实现。“如果知识分子和民族大众，领导者和被领导者的关系是有机的联系，由于这种有机联系，（双方的）感受和情绪才能得到相互理解，那么，那时，也只有那时，……统治者和被统治者之间，领导者与被领导者之间才能进行交流。”[④]“在葛兰西看来，一个政治阶级的领导权意味着该阶级说服了社会其他阶级接受自己的道德、政治以及文化的价值观念。”[⑤]“一个成功的统治阶级，就是那个在实际上取得政治权力之前就已经在精神上和道德上取得了领导地位的阶级。”[⑥]

[①][英]詹·约尔. 西方马克思主义的鼻祖——葛兰西[M]. 长沙：湖南人民出版社, 1983. 第 120 页.
[②]同上, 第 63 页.
[③][意]安东尼奥·葛兰西：狱中札记[M]. 北京：人民出版社, 1983. 第 17-18 页.
[④][英]詹·约尔. 西方马克思主义的鼻祖——葛兰西[M]. 长沙：湖南人民出版社, 1983. 第 133 页.
[⑤]同上, 第 129 页.
[⑥]同上, 第 130 页.

（三）坚持社会主义核心价值体系是共产党的本质特征。

从共产主义运动的历史来看，在各国共产党中，凡是坚持社会主义核心价值体系的共产党，都推动了理论上的进步和共产主义事业的发展。马克思所开创的科学社会主义理论是一个新的思想体系，其实质在于超越了资本主义价值体系的价值体系，它以新的价值体系为核心、为精髓。列宁坚持向工人阶级灌输这种价值体系，取得了十月革命的伟大胜利，开辟了历史发展的新境界。毛泽东也坚持用这种价值体系来武装全党，组织人民群众，所以也取得了推翻三座大山、建立新中国的伟大胜利。

实践证明，共产党区别于其他政党的本质特征就在于：它是坚持着社会主义核心价值体系的政党，是往社会生活中灌输这种新价值体系的工具。没有共产党就没有新中国，这是因为没有共产党来灌输新的价值体系，新价值体系就只能躺在书本里，与现实相脱离，社会生活就只能在低水平价值体系的控制下运行，旧中国那种一盘散沙的局面就还将继续下去。

在夺取政权之前，共产党不可能向全社会灌输这种理论，只能被剥削阶级灌输，这是因为被剥削阶级最容易接受和领会科学社会主义理论。现在看来，不管是工人还是农民，只要是在资本主义制度中苦大仇深、走投无路的人，都是接受社会主义核心价值体系的基础，共产主义运动的第一步就是把他们组织起来。首先要组织起来，然后才有下一步的行动。不组织起来，就是一盘散沙。所谓组织起来，就是意志和行动的一致，这就需要有先进分子把新的价值体系灌输给他们，他们才能成为改造旧制度的强大物质力量。

在此我们必须强调这样一个事实，由于生活在资本主义价值体系的控制下，工人阶级并不天生地具有先进价值体系，他们不过是由于受剥削压迫最为深重而易于接受马克思主义，是资本主义价值体系的支配地位的薄弱环节，所以便被选择为新的价值体系进入社会生活过程的突破口。在中国，尽管没有那么多工人阶级，但仍然存在受剥削压迫最为深重而易于接受马克思主义的阶级，所以毛泽东就把贫农作为突破口。

因而我们不可株守马列主义关于工人阶级先进性的结论，如果不能接受新的价值体系，没有哪个阶级或个人具有天然的革命性。工人阶级的先进性就在于，相对于其他阶级来说，这个阶级更容易接受新的价值体系。共产党作为率先闻道者，其责任就在于创造条件，让所有的人都能接受新的价值体系。在夺取政权之前，为了完成夺取政权的任务，马克思主义表现为一种造反有理的理论。在夺取政权之后，共产党就不再仅仅是向工人阶级灌输，而应当是“有教无类”，向全体民众灌输这种价值体系，在此基础上，才能用新的价值体系来组织社会生活。马克思主义就不再仅仅是造反有理的理论，而应当是进化为一种科学发展与构建和谐社会的理论。

社会主义政权的建立为把新价值体系灌输到社会生活过程中创造了条件，它是这个过程的一个新起点，而不是这个过程的结束。所谓坚持共产党的领导并不仅仅是在形式上必须由一个叫做共产党的政党来执政，而是要借助于共产党执政的形式来坚持社会主义核心价值体系在社会生活中的主导地位。如果党员干部队伍淡化了理想信念，不能坚守新的价值体系，也就失去了往社会生活中灌输新价值体系的能力，在这种情况下，党的领导就会演变为一个徒有其表、似是而非的空壳；共产党也就失去了推动社会主义事业进一步前进的锐气和朝气，腐败现象就会成为一个挥之不去的阴影，牢牢地纠缠着党组织；这种情况如果持续下去，共产党执政地位的丧失也就是一件自然而必然的事情了。

从共产主义运动史上的教训来看，凡是共产党不重视价值体系建设的时候，都会造成巨大损失。特别是苏联东欧社会主义政权的大崩溃，其根本原因就在于共产党没有抓价值体系的建设。总结这些历史教训，我们可以得出这样几条结论。

（1）真正的马列主义者必然重视社会主义思想体系，也就是我们现在所说的社会主义核心价值体系，只有积极地发展它，坚持用它来引导教育党的队伍和人民群众，才能推动共产主义事业的发展。那些不坚持社会主义核心价值体系、崇拜工人运动自发性的政党和派别，无一例外地必然地滑向了修正主义，他们没有能力突破私有制社会的价值体系加在他们头脑中的束缚，在理论上没有能力推动马克思主义的发展，在实践上则无益于社会主义事业的发展，夺取不了政权，即使得到了政权也保持不住。修正主义就是用马克思主义词句包装起来的私有制价值体系。

（2）党建工作的核心任务就是建设社会主义核心价值体系。这个新目标刷新了我们对社会主义的认识，它就像太阳系中的太阳一样，涵盖了所有的目标，通过对这个目标的追求，构建和谐社会的各项目标才可以自然而然地得到实现。这便是“纲举目张”，过去我们以阶级斗争为纲，后来又以经济建设为中心；现在我们则已经进步到以人为本，而要坚持以人为本，我们就不能不抓好价值体系的建设，提高人们的思想觉悟，实现每一个人的人格完美，让每一个生命都具有最大的价值，都能不虚此生。只有从个性的人格建设入手，我们才能进而把社会生活引上和谐发展的轨道。

（3）整个共产主义运动就是社会主义核心价值体系萌芽、成长、发展壮大的历史，共产主义社会也就是这种价值体系最终形成稳定的社会意识形态的社会。党组织也无非是完成这一历史使命的手段，同时也只有在认真履行这一改造社会的历史使命的过程中，共产党才能体现其存在的价值，保持自身的存在。等到全社会都自然而然地坚持社会主义核心价值体系的时候，党组织也就完成了自己的历史使命。

在价值体系的建设上，我们经历了一个由不自觉到自觉的发展过程，正走在积极探索的正确方向上。这些年来，党组织肌体上的病灶仍然在发展，还存在不少不适应新形势新任务要求、不符合党的性质和宗旨的问题。其之所以如此，就是因为没有深入解决价值体系问题。党建工作的目标与党员的实际生活相脱节，所提出的各种具体要求不能入脑入心，没有成为党员干部自觉追求的目标，因而是一个软弱无力的“应该”。在这种情况下，在党组织内部就难于形成一个有利于党性锻炼的环境，也就难于坚持和传播社会主义核心价值体系，不仅不能主动地领导社会大环境的改造，反而被社会环境所改变。总结党建工作的历史经验，我们必须把社会主义核心价值体系建设作为党建工作的核心，并把它融入国民教育、精神文明建设全过程；抓住这个根本，我们才有可能找到党建工作科学化的路径。

二、党内为什么会出现消极腐败现象

腐败现象是当今中国社会的一大顽症，不仅在党政机关是贪腐高发区，在司法机关和高等院校、学术界，腐败案件也层出不穷。事实上，只要有权力，哪怕是微不足道的权力，一旦与金钱发生关系，就会滋生腐败，无论年龄、职位和行业，都会出贪官污吏。我们也采取了很多办法，仍然没能控制其发展势头，腐败现象的蔓延令人触目惊心。

为什么会出现这种局面，关键在于当前的反腐败理论没有找准病根。当前流行的观点可以概括为两种：一种观点把腐败现象的根源归因于制度缺陷，这种观点认为“绝对的权力导致绝对的腐败”，“失去监督的权力不可能不腐败”。根据这种诊断，人们就认为，通过加强监督可以解决腐败问题。但事实证明，这样一来就必然进入老子所说的“法令滋彰，盗贼多有”的恶性循环，道高一尺，魔高一丈，形成一场没有尽头的博弈。事实上，在许多人津津乐道的西方那一套政治制度下，同样也被腐败现象困扰着。另一种观点认为，制度只是外因，而真正的原因在于人性的缺陷。这种观点认为人都是自私的，有权在手必然要谋取私利，当官的之所以大量腐败，是因为当官的有发生腐败的条件；广大老百姓之所以没有腐败，是因为他们没有条件。持有此种观点的人们通常是悲观的，在他们看来，反腐败就是与人性作对，就是一场“知其不可而为之”的绝望的奋斗。这两种观点都只是抓住了问题的一个方面，知其然而不知其所以然，既不知道健全的制度如何产生出来，也不知道健全的人性是如何出现的，因而都不能为根治腐败现象找到出路。

建设社会主义核心价值体系的目标拓展了我们的视野，为我们找到了摆脱腐败现象纠缠的出路。不管是健全的制度，还是完美的人性，两者都不是现成地存在于地球上的某个地方，都要靠共产党人来把它们创造出来。通过对社会主义核心价值体系的建设，可以把整个社会提升到一个新的发展阶段，这既是对人性的提升，同时也是对制度的重建。只有循着这个思路，才能为根治腐败现象找到了处方。

（一）腐败现象的根源就是私有制价值体系所主导的“超循环”过程。

我们之所以要建设社会主义核心价值体系，目的是摆脱现有价值体系的束缚。这就像蚕蛹需要破茧而出，才能进入其生命的下一个阶段一样。在没有建设起社会主义核心价值体系之前，我们处在价值体系的不成熟阶段，一个以个人物质利益为核心价值、以丛林法则为行为规则的阶段。这是人性进化的初级阶段，处于这个发展阶段的人，一旦掌权就必然会以权谋私，就必然会腐败。

无产阶级不仅要改造旧世界，而且还必须改造自己的价值体系，这是一个很重要的因而必须反复强调的事情。马克思曾经强调这件事情：“无论为了使这种共产主义意识普遍地产生还是为了实现事业本身，使人们普遍地发生变化是必需的，这种变化只有在实际运动中，在革命中才有可能实现；因此，革命之所以必需，不仅是因为没有任何其他的办法能够推翻统治阶级，而且还因为推翻统治阶级的那个阶级，只有在革命中才能抛掉自己身上的一切陈旧的肮脏东西，才能成为社会的新基础。”[①]毛泽东也反复强调这件事情，如他在《实践论》的结尾处说：“无产阶级和革命人

[①]马克思恩格斯选集[M]．第1卷．北京：人民出版社，1995．第91页．

民改造世界的斗争，包括实现下述的任务：改造客观世界，也改造自己的主观世界——改造自己的认识能力，改造主观世界同客观世界的关系。……世界到了全人类都自觉地改造自己和改造世界的时候，那就是世界的共产主义。”①

但是，我们看到，价值体系的转变非常之艰难。很多贪官在被抓住之后，才痛哭流涕地说自己没有认真改造世界观。人必须不断改造世界观，这个道理并不复杂，但仍然会有那么多极其聪明的人把它置之脑后，对低层次目标趋之若鹜，不惜甘冒巨大风险，这是什么原因呢？

这是因为，在个人与社会之间存在着有机的联系，世界观的转变并非仅仅是个人的事情，“每一个人都在改造自己和改变自己，其程度正如他改变和改造那整个一套的相互关系，而在这一套相互关系中他本人就是一切线索汇集的枢纽。从这个意义上来看，实在的哲学家正是而且不能不是政治家——积极改变周围世界也就是改变每一个个人都参加的一切相互关系的总和的人。如果说个性就是这些关系的总和的话，那么创建自己的个性就意味着认识这些关系，而改变自己的个性就意味着改变这些关系的总和。”②

如果我们采用价值体系这个词来表述这个问题，就变得很清晰了，社会价值体系产生于人的社会生活过程，却又在每个人的生活过程之上获得了独立的生命，它是每个人一生下来就要面对的现实，它模塑着每一个人的价值体系，反过来，人们对这种价值体系的接受与实践又进一步地巩固强化这种价值体系的统治地位。于是在个人与社会之间便存在着一个互相制约的“超循环”，维护着这种价值体系的统治地位，从而把这种社会制度维持下去。人们一代接一代繁衍生息，延续着这个“超循环”的统治。

马克思很早就发现了这个“超循环”，他说：“我们本身的产物聚合为一种统治我们、不受我们控制、使我们的愿望不能实现并使我们的打算落空的物质力量，这是迄今为止历史发展的主要因素之一。受分工制约的不同个人的共同活动产生了一种社会力量，即扩大了的生产力。因为共同活动本身不是自愿地而是自然地形成的，所以这种社会力量在这些个人看来就不是他们自身的联合力量，而是某种异己的、在他们之外的强制力量。关于这种力量的起源和发展趋向，他们一点也不了解；因而他们不再能驾

①毛泽东选集[M]. 第一卷. 北京：人民出版社，1991. 第296页.
②[意]安东尼奥•葛兰西. 狱中札记[M]. 北京：人民出版社，1983. 第36页.

驭这种力量，相反地，这种力量现在却经历着一系列独特的、不仅不依赖于人们的意志和行为反而支配着人们的意志和行为的发展阶段。”[①]由于这个原因，人类社会活动的产物就反过来控制着人类。人们信心十足地追求着自己的自由和幸福，却不知道自己不过是被盲目的社会力量控制着。小鸡只是一个鸡蛋制造另一个鸡蛋的工具；有机体只是DNA制造更多的DNA的工具；同样道理，在社会运行过程中，人只是社会价值体系自我复制和传播的工具。

这种自发形成的社会价值体系通常是扭曲的有缺陷的，不能保证人们自由全面发展，也不能保证社会和谐。从中国的情况来看，两千多年来，经历了各个朝代的兴衰，在社会生活中占据统治地位的那一套价值体系却一直没变，即使是在建立了新中国之后，它也仍然控制着社会运行过程。当这一套价值体系在社会生活中强化起来的时候，社会中的各种问题就会到处冒出来，矛盾就会越来越尖锐，各种导致社会不和谐的现象最终都必然地指向那一个目标：资本主义复辟。

为什么在党内会出现脱离群众、弄虚作假、铺张浪费、奢靡享乐等严重削弱党的战斗力、凝聚力的腐败现象，其原因就在于旧的价值体系仍然弥漫于社会生活的各个领域。狭隘的价值体系必然导致错误的实践，错误的实践反过来又会进一步强化狭隘的价值体系，从而在个体身上形成一个自我强化的循环；无数个体的这种循环过程汇合在一起，形成一种“社会气候”，反过来又限定了个体的价值体系，并进一步强化这个“社会气候”的支配地位，从而形成一个更为稳定的“超循环”，把人类引入歧途而无法解脱。如果听任这个“超循环”成长起来，它就会像天文学上的那个吞噬一切的“黑洞”一样，把社会生活全部纳入自己的控制之下，制造出两极分化、生态恶化、官场腐化等私有制的顽疾。包括执政的共产党自己，如果不能不断地提高马克思主义水平，始终坚持从严治党，形成更强大的“超循环”，就无法抗拒私有制价值体系“超循环”的控制，无法保持自身的革命性、先进性。

于是我们就可以做出这样的诊断：**腐败现象的根源就是私有制价值体系所主导的这个“超循环”。要根治腐败现象，就要打破这个“超循环”。**

（二）建设社会主义核心价值体系的理论为根治腐败现象找到了办法。

[①]马克思恩格斯选集[M]. 第1卷. 北京：人民出版社，1995. 第84-85页.

首先，它抓住了腐败现象的实质，即是私有制价值体系可以自发地形成“超循环”，主导社会的自组织过程，把社会运行过程锁定在私有制轨道上。在此过程中，必然会出现内耗、污染、两极分化等现象，腐败现象只不过是其中之一罢了。因而，共产党人的反腐败并非单纯是反腐败，而是为了彻底消灭私有制。只有彻底消灭私有制，才能真正解决腐败现象；如果人们不打算消灭私有制，却想要反腐败，这就是一件不可能完成的任务，就像一个站在污水坑里的人想要保持衣服的洁净一样。

因而，我们要想摆脱腐败现象的纠缠，就必须重申共产主义理想。共产主义事业的发展过程，也就是坚持用社会主义核心价值体系来改造旧世界的过程。社会主义价值体系与资本主义价值体系之间的冲突和力量对比与消长，决定着当今世界历史的大趋势。两种价值体系的冲突就是当今时代的基本矛盾，这种冲突不仅在国际舞台上展开，同时也在各个国家内部展开，特别像中国这个剧烈变革的社会主义国家，两种价值体系的冲突尤其明显，它表现在社会生活的各个领域，也包括执政党的内部。在改造旧世界的同时，无产阶级还必须用这种价值体系来改造自己。

其次，它深化了我们对社会政治过程的认识水平，找到了人性进化与社会运行的控制因素或者说是序参量，从而为人类找到了解答现实难题的钥匙，为和谐社会的成长播下种子。所谓建设社会主义核心价值体系的过程，并非仅仅是以往所说的精神文明建设，而是一个以社会主义核心价值体系为序参量来对社会政治经济文化过程进行重组的过程。我们现在认识到，和谐社会是成长起来的，它的遗传密码就是社会主义核心价值体系；用协同学的术语来说，**和谐社会的成长过程，就是以社会主义核心价值体系为序参量的自组织过程**。只有在这个价值体系的“超循环”越来越强化、主导社会生活过程的情况下，和谐社会才能真正地成长起来。如果不能改变现存社会中的这种“超循环”，资本主义复辟就会以一种自然必然性的强制力量为自己开辟道路，这只不过是资本主义价值体系控制着这个“超循环”，并对社会生活进行“自组织”的过程而已。

所谓建设社会主义核心价值体系，也就是要研究这个价值体系“超循环”，找到其规律，从而在理论上克服把制度与人分裂对立起来的片面性，找到把制度与人同时提升起来的路径。打破由私有制价值体系来控制社会运行过程的局面，让新的价值体系成长起来，通过越来越多的人们对它的坚持，形成一个有利于坚持这种价值体系的社会气候，这个气候反过来又进一步支持促进个体实践新的价值体系，从而使社会主义核心价值体系在个体与社会之间形成互相强化的“超循环”。只有在由这个“超循环”来主导社会运行过程的情况下，社会主义制度才能发展完善，完美的人性才能逐步形成，目前的这种腐败现象沸沸扬扬的趋势才能平静下来，我们才能在社会政治领域进入自由王国。

当今社会越来越严重的腐败现象以及其他各种危机表明，假如不能打破旧的价值体系“超循环”，这个“自组织”过程就会制导着人类社会走向毁灭，这是一个不以人们的善良愿望为转移的客观规律。在私有制价值体系控制着社会生活过程的前提下，生产力与科学技术越发达，人类社会就毁灭得越快。我们要想改变人类社会的命运，就必须打破旧的价值体系“超循环”，建立起新价值体系的“超循环”，共产主义制度的形成与发展也无非就是这个新价值体系“超循环”运转起来之后的结果。于是在社会主义社会中就存在着这两种“超循环”的竞争，不是东风压倒西风，就是西风压倒东风，竞争的结果决定社会发展的方向。

由于共产党是执政党，两种价值体系的冲突的主战场不可避免地要转移到共产党内。如果我们不能自觉坚持社会主义核心价值体系，私有制价值体系的“超循环”就会在党内自发地形成并发展起来，膨胀起来，并最终使共产党蜕化变质，这是一个不以人们的善良愿望而改变的自然规律。本来是最好的东西，一旦出现腐败就会变成最坏的东西。我们必须防止这种最坏的结果，把党建工作放到价值体系的进化这个人类历史进程中，自觉地加强党的建设，承担起建立新价值体系“超循环”的历史责任。

假如我们继续听任私有制价值体系的“超循环”主导社会生活过程，不管我们在反腐败上付出多大努力，腐败现象依然会不断孳生出来；假如我们不能建立起社会主义核心价值体系的“超循环”来主导社会生活过程，不管我们多么关注民生，收入分配的两极分化与环境恶化的趋势都将仍然持续下去，共产党的执政能力依然要面临挑战。

（三）要打破私有制价值体系的“超循环”，必须从自身做起。

腐败现象是人性进化的初级阶段，也即是价值体系的不成熟阶段，一个以个人物质利益为核心价值、以丛林法则为行为规则的阶段。然而有很多人并不知道价值体系的存在，他们被这种低水平价值体系控制着，本能地坚持这种价值体系，以为它就是历史上的唯一的价值体系，不知道这种价值体系不过是价值体系进化过程中的一个暂时的阶段，所以他也就不知道另外还有一种与这种成熟的价值体系相匹配的社会制度。这样的人不能设想共产主义，所以就有人，甚至是党的领导人说：“什么是共产主义，谁也说不清”。另外更有大量的人，听见共产主义就哈哈大笑。这些人根本不是真正的共产党员，不过是为了得到执政党的好处而混进党内的投机分子，这样的人如果掌权，那就必然会成为腐败分子。

谁也不能超然于社会价值体系的“超循环”之外，任何人都不能站在社会之外来指点社会的弊病。身处于这个有缺陷的“超循环”之中，他所批评的这些弊病也有他自身的一份责任，他如果真想反腐败，那就只能是提升自身的价值体系，以打破这个“超循环”。有许多人意识不到这个责任，以为自己身处社会之外，掌握着完美社会的标准，批评起社会弊端来慷慨激昂，但却没有注意到这些弊端同样也控制着自己；他们不是从自己身上查找原因，而是把责任都推别人身上；他们不了解自己应该对国家和社会所承担的责任和义务，缺少发现自身行为模式的缺陷并找到新的行为模式的能力，因为他们与其所批评的那些腐败分子具有同样的价值体系，其实际行动依然被这种低水平价值体系控制着，因而不管他们说得多么天花乱坠，都是不可靠的、不可信的。如果他们不能跳出这个发展阶段，一旦掌权就必然要腐败，无论给他们讲多少大道理都没有用处，就如同患了小儿麻痹的人一样，无论他知道多少关于赛跑的学问也不能健步如飞。

处于价值体系初级阶段的人并不知道自己在价值体系进化历程中的位置，他们也狂热地要用自己的价值体系来改造世界，因而想做官的人从来就不缺。不管是通过民主方式竞选上台还是通过“跑闹买骗”而上台，这样的人一旦掌权，必然要进一步强化这种低水平的价值体系，把社会治理到问题成堆、积重难返的状态。就像水往低处流一样，这是自然规律，而今在世界政治舞台上招摇的绝大多数人都遵循着这个规律。包括很多在中国的改革舞台上招摇过市的精英们，也都处于这个发展阶段，他们的价值体系也是有缺陷的，他们只能按照这个有缺陷的价值体系来为改革出谋划策。也正是由于其价值体系的缺陷，他们关于推进改革的谋划必然地导致收入分配的差距拉大、社会的失稳。改革之所以遇到困难，其根源也在于这些精英们的价值体系的缺陷，他们只能根据自己的价值体系来出主意、想办法，突不破这个价值体系的束缚。由于他们的价值体系与西方价值体系的一致，所以便自然而然地向往西方模式，以西方模式为改革的目标，不顾西方人自己也遇到危机、急于寻找新出路的事实，不管遇到什么问题，统统都被认为是改革还不到位，都还要继续坚持以西方模式为目标的改革方向不动摇。沿着这个方向继续改下去，其最终目标必然是改革政治体制，把改革目标指向共产党的领导权。他们之所以处处替美国人说话，一屁股坐在美国人的立场上，甚至成了比美国人还爱美国的人，狂热地为美国人搞乱中国卖力，根源就在其价值体系的缺陷上。听说他们中的某些人已经准备好绿卡、把人民币换成美元存在国外，随时准备跳船逃生。其价值体系的缺陷决定了他们的无能，不可能代表中国人民的利益，也不可能代表他们自己的利益，他们为自己所谋划的逃生之路也是极其愚蠢的。

由于价值体系的缺陷所造成的问题，只能在价值体系层面上加以解决，在其他层面上找不到根治的办法。任何一个社会集体，要想保持自身的可持续发展，都需要培养健全的人性，都需要用理性来驯服人类从动物进化过来时所随身携带的野性，引导人们关注公共利益，引导人性向善。所以，不管在东方还是在西方，就有那么一个轴心期，出现了老子、孔子、佛陀、基督等人物，发现人类社会集体所赖以维持下去的规则，并把它们传播开来。任何社会集体都应当遵守这些规则，不管是社会主义还是资本主义。就算是一个家庭中，不遵守这个规则，也不可能有和谐的生活。在一个电视节目中看到一个不肯赡养老娘的人，在接受法官调解时，也很有一套振振有词的说法。从他的经济状况来看，肯定达不到资产阶级的水平，但可以肯定的是他还处于价值体系的不成熟阶段。所有处在人性发展初级阶段的人都是潜在的资产阶级，如果不能开悟闻道，那就一直生活在与社会对立同时也与个人的真实利益相对立的悲剧之中。在由这样的人组成的集体中，腐败现象就是不治之症。

只有超越了价值体系的初级阶段，具有了社会主义核心价值体系，人们才能从上述悲剧中走出来，才能从麻烦制造者转变为和谐之源。所以，人的解放并不仅仅是从三座大山下解放出来，而且还要从人性的初级阶段中解放出来。也正是由于这个原因，建设社会主义核心价值体系，唤醒人们心中本来就有的健全天性，这是人类走向彻底解放的又一个目标。为了实现这个目标，我们就应当创造一个有利于人们开悟闻道的政治经济条件和文化环境，所以就需要以社会主义核心价值体系为序参量来重组社会生活，为社会生活注入一种向上的力量，引导人性健康向上，并推动社会制度的成长，在两者之间形成一种互相促进的“超循环”，人类才能从腐败的泥淖中挣脱出来。

即便是资本主义国家和企业也需要集体主义精神、牺牲奉献精神。肯尼迪也曾说:“不要问你的国家为你做了什么,而应问你能为你的国家做些什么。”就算是过去的土匪,在内部也要有一套哥们义气的规则。但是,所有这些社会组织都只是在一个小圈子内讲道德、讲责任,没有能力把这个圈子扩大到全人类,他们的道德就必然地陷入自相矛盾,内外有别,不能容纳社会主义核心价值体系,不能真正地做到以人为本。只有在共产党的领导下,在坚持社会主义制度的前提下,人类才能在整体上建立起社会主义核心价值体系,团结起来,正确应对各种挑战,摆脱腐败现象的纠缠,实现可持续发展并构建和谐社会。

(四)打破私有制价值体系“超循环”,走出历史发展周期律。

在中国几千年历史中,存在着一个历史发展周期律,依次建立起来的国家政权都经历了一个从兴盛到衰落的过程,周而复始。分析其中的原因,也还是源于价值体系的缺陷。

不管是资本主义国家还是社会主义国家,都需要有政府管理机构。对于社会的正常运转来说,它是必须的,因而就必须在社会运行过程的最终产品中分得一定的比例,以维持自身的运行。但我们看到,有史以来,这个比例没有被清楚地界定过。作为个体,官员们所操心的只是按照既定的规则往上爬,获得更高的工资,社会整体的平衡不在他们的考虑范围之内。由于这种内在的冲力,所以社会管理机构必然会超出保持社会稳定的界限,形成一种官僚主义集团,不能有效地履行社会管理职责,他们所努力的目标是保持自己的特权,从而导致与下层民众离心离德,以及社会运行过程中的普遍的不负责任,这种趋势日积月累,最后必然导致危机。在此过程中,每个人都不过是随波逐流,每个人的力量都很微不足道,但也正是这无数微不足道的被动的非理性的力量形成的大趋势,决定着人类的命运。当一个政权垮台后,人类还要继续生存下去,所以社会还要继续运行,于是就还要建立一个新政权,这个新政权同样不能把握好自己的分配比例,又要重新走上衰败之路,于是便形成了历史兴亡周期率。在私有制的制度框架内,人们无法解决这个分配比例问题,所以就无法走出这个周期率,眼睁睁地看着自己一次又一次地重蹈覆辙。

要想摆脱这种周而复始的循环过程,就要在社会生活中建设新的价值体系,这就要靠那些真正地具备了新的价值体系的人们。不管是中国人民的利益还是全世界人民的利益,都要靠那些价值体系发展到成熟阶段的真正的共产党人——也就是那些闻道的人们、得了大本大源的人们来代表和维护。

我们已经建立了社会主义政权，这是硬件，与之相应的还必须有配套的软件，这就是社会主义核心价值体系，如果继续用原来的私有制社会的那一套价值体系，社会主义政权就会重蹈私有制国家政权兴亡周期率。这可不是理论预测，而是现实危险。比如说机构改革搞了很多次，其结果是越改机构越庞大；再比如说，我们现在的公款招待、公车费用、公款考察等，据说是每年要9000亿元，成了刚性需求，下了多少个文件也没有管住。以上这些，都是不祥之兆。还有这一次的重庆打黑，暴露了当今社会政治运行中的一个大问题，重庆曾经“黑势力”横行，各行各业几乎都有黑势力的渗透，在近来的“打黑风暴”中，一些横行多年的黑恶势力团伙被摧毁，一批“黑老大”落网，其中还出现了年龄只有23岁的黑老大。与此同时，充当黑社会“保护伞”的一些党政干部和政法干警也被调查，曾长期担任公安系统领导的重庆市司法局局长文强因涉黑被“双规”，一些区县公安分局负责人落马。这些事实表明，只要旧的价值体系继续存在，就会在社会生活中制造出各种我们所不愿意看到的问题。对这些问题，我们不能置之不理，置之不理的结果是它会得寸进尺，逼迫我们正视它的存在，正如薄熙来所说：“打黑不是我们要主动而为，而是黑恶势力逼得我们没办法。”

之所以出现这些问题，其原因不在于某些人所说的“不民主”，也不是因为缺少“法治”，而是由于旧的价值体系的蔓延发展。前一段的党建工作不能清醒地坚持自己的价值体系，在这个问题上的任何退步、放松、忽略，都意味着对旧社会的价值体系的接受、倡导和放纵，都会涣散党的队伍，都意味着自毁根基。如果不能用新的价值体系把人民群众组织起来，而是听任旧的价值体系控制民众，在这种一盘散沙的状态下，自然而然地就会孳生出黑社会组织。从二十来岁的年轻人就能当上黑老大的例子来看，产生出这种黑社会组织其实很容易，而要把人民群众组织起来，形成有机的联系，则很难。

在社会大环境日趋恶化的情况下，党建工作不可能超然独立，在物欲横流的大环境下，那些先富起来的人总是要玩弄许多花招，其中就包括要寻找投机钻营的机会和保护伞，伞越大自然越好，所以他们瞄着的就是实权派和大官们。赖昌星有名言说“不怕领导讲原则，就怕领导没爱好”。他们会投其所好，送钱、送房、送车、送女人，以其“爱好”引诱其成为“朋友”，也有人从他们身边的亲人或秘书身上寻找突破口。

为了保护党员干部队伍，同时也为了社会主义政权长期的可持续的运行，我们就要在党组织内部建设社会主义核心价值体系，让它稳定地运行起来，形成“超循环”。只有这样，才能进而控制社会生活过程，把人性托举到与社会主义制度相适应的高度，才能使人民群众和国家机关工作人员远离堕落、愚蠢，才能彻底消除孳生黑恶势力和其他丑恶现象的社会基础，使我们的人民都能够有一个健康向上的和谐的人生，共产党自身才能从腐败现象的纠缠中摆脱出来。

社会的发展到了今天的时代，正确地认识世界和改造世界的责任，已经历史地落在无产阶级及其政党的肩上，落在那些率先确立了社会主义核心价值体系的人的肩上。那些没有确立这种价值体系的人，不是在现实的各种矛盾中找到主要矛盾，而是继续争论着思维与存在关系，在抽象思辨中耗费时光，既看不清产生问题的根源，也找不到解决问题的办法。由于他们自身的价值体系就是问题的根源，所以，他们不是在价值体系的建设上想办法，而是主张政治体制改革，向党的执政地位发难，这就正好是配合了西方人所设计的和平演变战略，往自己的球门里踢球，根据对手的设想下棋。他们虽然也打着批评腐败现象的幌子，但在实质上与腐败现象是一致的，都处在价值体系进化过程的初级阶段。

建设社会主义核心价值体系是根治腐败现象的唯一出路。正如马克思所说：“人类始终只提出自己能够解决的任务，因为只要仔细考察就可以发现，任务本身，只有在解决它的物质条件已经存在或者至少是在生成过程中的时候，才会产生。”[①]中国人现在面临着腐败现象的纠缠，但这同时也是我们打破私有制价值体系的“超循环”、走向更高发展阶段的机遇。

三、党建工作的核心目标即是培养闻道者

（一）党建工作的着力点就在于价值体系的建设。

改革开放以来，我们对党建工作也是高度重视的，作了很多决议，但为什么依然存在诸多不符合党的性质和宗旨的问题呢？现在看来，这是因为没有找准着力点。党建工作的着力点在什么地方呢？就在于党员干部队

[①]马克思恩格斯选集[M].第2卷.北京：人民出版社，1995.第33页.

伍的价值体系建设。正如毛泽东在《在延安文艺座谈会上的讲话》中所说的那样:“有许多党员，在组织上入了党，思想上并没有完全入党，甚至完全没有入党。这种思想上没有入党的人，头脑里还装着许多剥削阶级的脏东西，根本不知道什么是无产阶级思想，什么是共产主义，什么是党。……因此我们的党，我们的队伍，虽然其中的大部分是纯洁的，但是为要领导革命运动更好地发展，更快地完成，就必须从思想上组织上认真地整顿一番。而为要从组织上整顿，首先需要在思想上整顿，需要展开一个无产阶级对非无产阶级的思想斗争。”[①]

现在看来，毛泽东所说的在思想上入党，也就是真正地具有社会主义核心价值体系，把它融化在自己的行动中，此即老子所说的“上士闻道，勤而行之”。所谓具有社会主义核心价值体系，也就是闻道，知道个人成长的正确目标与社会发展的正确方向，并积极地推进这些目标的实现。这并非是某些人心血来潮、随意杜撰出来的东西，而是每个人都应当达到的目标，共产党是一个帮助人们实现这个目标的组织，党建工作的目标就在于形成一个有利于培养闻道者的小气候。只有在党员干部队伍的价值体系的建设上取得了实质性的进步，党建工作才能避免泛泛而谈，获得真正的进步。

对那位躲在宇宙深处观察着人类进化过程的上帝来说，人类的政治文明确实是一个自组织过程。但作为人类社会中的一员，我们不仅是这个自组织过程的观察者，同时还是参与者，不管人们是有意识还是无意识，他都在实际上参与了这个过程。对于意识到这一点的人来说，自然也就承担了一项责任，那就是闻道履道；具体到我们这个时代，那就要自觉地坚持社会主义核心价值体系，理智地合理地行动，推动社会的自组织过程向理想的方向发展。这种人能够消化生活中的不和谐因素，常善救人，故无弃人；常善救物，故无弃物，促进和谐社会的构建。对于那些没有意识到这一任务的人来说，他们也参与了社会的自组织过程，但却不是积极地促进社会的和谐，而是不和谐现象之源。如何把他们吸引到构建和谐社会的共同事业之中来，也能够自觉地坚持社会主义核心价值体系，这就是党建工作所应当完成的任务。共产党就是这样一个政治组织，就像一个大熔炉一

[①]毛泽东选集[M]. 第三卷. 北京：人民出版社，1991. 第875页.

样，把越来越多的人吸引到党组织里，通过党组织的引导、规范、培养、熏陶，从而促使其在精神上获得一种觉醒，认识到新的人生目标，朝气蓬勃地投入到坚持社会主义核心价值体系的伟大事业中去。通过党组织的这个组织领导作用，使新的价值体系成长起来，形成“超循环”，这样才有可能中断资本主义价值体系的“超循环”对社会生活的控制，推动社会完成由资本主义向共产主义的形态转变。

（二）建设社会主义核心价值体系也就是要实践一种新的生活方式。

新的价值体系必须与人的生活过程结合在一起，才能具有生命力；否则的话，它就仍然是一个飘荡在社会生活过程之上的幽灵。在这种情况下，即使由旧的价值体系控制的社会生活过程已经百孔千疮，社会生活也仍然还是要在原有的轨道上运行下去。只有价值体系的升级转换，才能给人类带来新的生活方式。所以，建设社会主义核心价值体系并非仅仅是思想意识领域里的进步，而是要建设一种新的生活方式。

人类需要有一个新的活法，一种可以普及的科学合理的生活方式，一种超越了私有制的生活方式。在这种生活方式中，“社会化的人，联合起来的生产者，将合理地调节他们和自然之间的物质变换，把它置于他们的共同控制之下，而不让它作为一种盲目的力量来统治自己；靠消耗最小的力量，在最无愧于和最适合于他们的人类本性的条件下来进行这种物质变换。”[①]只有这样，人类才能从生存的自然必然性的控制下解放出来。在这个前提下，人们才能按照美的规律来设计自己的生活，实现所谓“诗意的栖居”。达到了这一认识之后，再回头来看哲学发展的历程，我们就会发现，各种哲学理论，只有渗透到生活过程之中，才能真正得到实现。如果人们能够进一步把哲学的最高成果——社会主义核心价值体系——与日常生活结合起来，那就不仅达到了人格成长的最高境界，同时也实现了哲学发展的最高境界。

新的价值体系即是一种新的生活方式。要实现这种生活方式当然需要有政治的经济的条件，但这种条件不可能自动地产生出来，只有在人们坚守这种价值体系的实践中，它才能逐步地形成。要想把社会提升到和谐社会的新高度，开辟历史发展新境界，就需要有人打破原有价值体系的“超循环”，在思想觉悟上达到新高度，并努力坚持这个新高度，以抵消其他人

[①]资本论[M].第三卷.北京：人民出版社,2004.第928页.

把社会稳定在原有高度上的努力，并把他们也带领到这个新高度上。所以，要使社会进化到这个境界，就需要有共产党的组织领导，共产党人就是这种新的生活方式的探索者，共产党的存在价值就在于推动人类进化史上的这个关键的一步。中国共产党作为执政党，有责任为中国人民提供一个新的活法，这就是我们所应当为人民提供的终极关怀。

作为这种新的生活方式的探索者，共产党人必须率先实践社会主义核心价值体系，通过自己的实践来传播新的价值体系，推动社会生活的变革。建设社会主义核心价值体系必须从修之于身做起。万丈高楼平地起，但价值体系的建设与之不同，它的选址不在地壳之上的某个地方，更不在地球之外的某个地方，它在我们的内心深处。只有人类精神上的进化，才是实质性的进步，新价值体系的成长只能从精神深处的觉悟过程开始。没有这个起点，人们就不能得到解放，社会就没有进步。"太阳底下没有新东西"，能够带来新东西的只能是人类精神上的进化。人们所能够表达出来的只能是自己所达到的价值体系的高度，而不可能表达出自己所没有达到的高度。对于新的价值体系，人们所能理解的程度决定于他自己的价值体系的实际高度。只有那些与新的价值体系融为一体的人才能够理解它、坚持它，站在文明的创新点上。对于苏格拉底来说，一种未经反思的生活是不值得过的，而对于共产党人来说，只有坚守社会主义核心价值体系的生活才是值得过的，才是自己所应有的生命存在方式。真正的共产党人必然坚守社会主义核心价值体系，他们言而有信、知行合一，不会口是心非，只有他们才能做到"有诸己而后求诸人，无诸己而后非诸人"。

不仅共产党员们要率先垂范，其他人也应当把自己摆进去，从修之于身做起。和谐社会的构建工作没有旁观者，不是社会和谐的促进者，就是社会和谐的损害者；不是和谐之源，就是内耗之源。社会气候的改善不是源于外部的太阳，而是源自于我们内心中的太阳，那本来就蕴藏于我们自身的东西，它是一个大宝藏，有待于我们把它开发出来。如果人们能够认识到这个目标，那就应当自觉地从修之于身做起，把它发掘出来，提升自身的品质，从一个制造内耗的人转变为一个促进社会和谐的人，价值体系的转换便是这个点铁成金的关键环节。每一位珍惜生命的人，都应当从修之于身做起，自觉投身到这一人类解放的伟大事业中去。

（三）每个人都处在社会价值体系进化过程之中。

打一个比方来说，如果社会价值体系的进化过程是一条大河，我们每个人都是其中的一滴水，都处于其中的某个阶段。我们脱离不了这条大河，也超越不了现实的这个阶段。我们都在认识世界，但却并不像一面完美的镜子一样反映世界，我们也都在实践，也不是站在一个纯粹的理想的立场上来实践。当我们能够对社会价值体系施加影响之前，就已经被它决定了。在个体的价值体系的成长过程之上，社会价值体系获得了独立的生命，并经历了一个成长过程，它便是整个历史进程的决定因素。

如果人们执着于自身所处的这个阶段的价值体系，而没有看到还有更高水平的价值体系，这就是康德所说的“独断论”，这便是佛教所说的“著相”；《道德经》开篇即说“道可道，非常道”，也就是要打破这种迷误，破除这种“著相”，进而认识到人性的更高境界。但当我们认识到人性的新境界的同时，还必须知道这也不是终极的价值体系，于是又要进一步破除这个“著相”。如此不断进步，人生便可步步登高，达到社会主义核心价值体系的高度，也就找到了哲学的根。找到了这个根，也就找到了大本大源，在飘忽不定的时代潮流中为自己的生命找到了确切可靠的目标，找到稳定的立足点。找到了这个根，也就找到了评价其他各种理论的评价标准，其他各种理论也就不再能够迷惑我们。

与以往的宗教学说不同的是，共产党人认识到闻道不是人类个体可以单独完成的任务，只有解放全人类，才能最后解放无产阶级自己。只有在人类整体的脱凡入圣的过程中，单个人才能脱凡入圣。由于个体价值体系与社会价值体系之间的有机联系，如果人们还像过去的宗教和道德学说那样，把价值体系的建设设想为一种纯粹的个人事务，那就是妄想和谬误。以往各种宗教也追求自我解脱的奋斗目标，但无一例外地都误入歧途。只有在共产党人追求和谐社会的理想中，这些目标才能真正得到实现。

虽然个体的精神解放是社会集体的奋斗目标，但每个人也都必须积极行动起来。如果人们置身事外，把它设想为别人的事情、社会的事情，那就是更为荒谬的妄想和谬误。只有在人们越来越多地投身于这一伟大目标的过程中，这个目标才能真正得到实现。在资本主义价值体系占主导地位的情况下，所有的人都要自觉建设自己的价值体系。也许在未来的社会环境中，由于新价值体系的“超循环”过程已经稳定地运行起来了，每一个新生儿都可以自然而然地具有了新的价值体系，所以他们便可无须自我改造。而在目前这个由旧的价值体系占主导的文化环境中，人们就必须自我改造。假如人们自己不肯努力，谁也不能帮他成长起来。在建成了社会主义制度之后，在生产力发展起来的基础上，共产党人就要提出建设社会主义核心价值体系的新目标，这是全社会的目标。所有的人都要自觉追求这个目标，共产党员更是必须从自身做起，这是因为他们是先锋队，必须走在前面。

中华文化传统一向强调自力更生，在闻道勤行的过程中，人们必须自力更生。是等待着别人创造一个有利的文化环境和物质基础之后再来闻道勤行，还是自力更生地先做起来，逐步地把那些文化环境和物质基础创造出来，这是真闻道还是假闻道的区别，也是真共产党和假共产党的区别。《大学》中有这一句："自天子以至于庶人，壹是皆以修身为本。"所有的人都要通过自己的努力来提升自己的价值体系，谁也不能例外。

（四）闻道方为真马列。

我们都走在人类精神进化的路上。开悟、闻道是每一个人都应当自觉追求的目标，它是人的生命过程中的质的飞跃。只有达到了这个阶段，人们才能襟怀坦白、正直无私，全心全意地为人民服务；才能在纷繁复杂变幻莫测的社会中保持清醒，始终置身于正确的立场上，正确地思考和行动；才能脚踏实地、不怕困难、勇敢向前，成为推动历史进步的积极力量，才能成为一名真正的共产党人。而在不闻道的情况下，人们就不可能成为一名真正的共产党人，不管他们读了多少马列著作，既不可能有正确的体验，也不可能有正确的认识，其实践都只能是折腾，把生命浪费在错误目标上。

闻道方为真马列。道法自然，只有真马列才能找到人间正道，找到那种符合人的自然本性的价值体系，把人们从扭曲狭隘、恶性竞争、自相残杀的状态下拯救出来，把人们从疯狂掠夺自然环境的状态下解放出来。一方面，我们要生活在市场经济的环境中，适应市场法则；另一方面，我们又要追求自身的自由全面发展，遵守和谐法则。所以闻道者就应当具有两栖的本领，在遵守私有制的社会规则的同时推动和谐社会的构建。闻道也就是毛泽东所说的"得了大本大源"，得了这个大本大源，其举止行为就会自然而然地契合于马列主义的精髓，成为和谐社会的积极建设者。

在认识到构建和谐社会的目标之后，我们再回顾马列主义所开辟的历史发展道路，就可以清楚地看到，从武装夺取政权、建立社会主义制度、发展生产力，再到建设社会主义核心价值体系，这是构建和谐社会所必须经历的程序，每一个环节都不可省略。由于在开始的时候，人们只有一个关于共产主义的抽象目标，所以在实现这个目标的奋斗中，就要随着实践的深入而深化对马列主义的理解，使理想目标逐步具体化。在此过程中存在着两条路线的斗争，这也就是闻道者与未闻道者之间的斗争。人们必须闻道了，才能在重重迷雾之中找到正确的路线，制定正确的方针政策，推动社会主义事业的进步。相比于未闻道的人们，闻道者有健全的本能，就像指南针始终指向南极一样，在面对着各种复杂情况的时候，闻道者可以自发地本能地做出正确选择。如何培养出能够代表人民利益的闻道者，并把他们推举出来执政，这是人类政治过程中的根本问题。

但遗憾的是，在私有制的文化环境中，闻道者的数量很少，而未闻道者则比比皆是，即使是在共产党内也是如此。所以把闻道者选拔到领导岗位的概率很小，因而在这个把人类社会由私有制社会推进到和谐社会的共产主义运动中，存在着误入歧途的巨大风险。想当年，如果不是红军濒临绝境，毛泽东仍然不会被推举出来指挥作战。找到正确道路很难，误入歧途则很容易；这是因为选择称职的领导人很难，而不称职的人占据领导岗位的概率则很高。这样的人在一个单位和国家里当了领导，必然是败家子。历览前贤国与家，这种情况比比皆是，要扭转这种局面，那就要培养闻道者，让这样的人大批地涌现出来。

随着闻道者在数量上的增加，由量变到质变，人类社会才能从内耗丛生的状态转而趋向于和谐。尽管所有的人都不满意于社会现状，但由于有些人闻道了，有些人没有闻道，他们的思考与行动的结果是不一样的。只有那些闻道的人，才能推动社会运行状态的改善。而那些不闻道的人，虽然他们也反对腐败等各种不合理现象，但由于他们所坚持的价值体系就是各种不合理现象的根源，因而他们想要的目标与其行动的实际效果是对立的。在这种自相矛盾的基础上，不管是民主法制的程序搞得多么花哨，都不能改变社会趋向于衰败的大趋势。他们折腾得越厉害，灾难就会来得越快。如果这样的人形成了气候，就会锁定社会运行方向，于是便会出现中国历代封建王朝末期的那种情况，气数将尽，不管怎么折腾，都改变不了其必然灭亡的大趋势，眼睁睁地看着自己走向大灾难、大崩溃的结局。

要避免这种气数将尽的局面，唯一的办法就是打断私有制价值体系的“超循环”，建设新的价值体系。而在过去的几千年里，尽管也有一些优秀的人们追求着开悟闻道的目标，但却无法形成社会整体开悟的局面，社会价值体系保持着自身的惯性，控制着个体的生活过程和社会的运行轨道，正如马克思所说：“不管个人在主观上怎样超脱各种关系，他在社会意义上总是这些关系的产物。”[①]所以便出现了那种“后人哀之而不鉴之，亦使后人而复哀后人也”的情况。现在我们来到了人类解放的关节点，建设社会主义核心价值体系已经成为全党的目标，为我们走出这种恶性循环开辟了通道；在这种情况下，我们就有可能共同行动起来，形成推动社会进步的积极的创造性动力。

四、让社会主义核心价值体系在党内形成“超循环”

在当今这个高度复杂的社会历史阶段，要想引导社会向更高的文明阶段跃进，完成由资本主义向共产主义的跃进，就必须由一个目标坚定、纪律严明、步调一致的共产党组织来发挥领导作用。要想在社会中形成稳定的由社会主义核心价值体系为主导的“超循环”，首先要在党内保持这种价值体系“超循环”的稳定运行，这样才能在面对国内外的各种挑战时，对它们进行化解、吸收、改造，化害为利，把它们都纳入自己的运行轨道。

（一）党组织应当致力于促进人的价值体系转化过程。

历史之谜也就是价值体系之谜。由私有制社会进化到社会主义社会的过程，首先是一个价值体系的进化过程。所以，就要有一个普遍的开悟、闻道过程，通过这个过程，便可化腐朽为神奇，变包袱为财富。这就好像是古人所寻找的“点金术”，只有掌握了这种“点金术”，通过运用国家权力来为价值体系的进化创造相应的物质基础和政治制度，从而有效地促进人的开悟闻道，我们才能在社会管理上进入自由王国。

旧的价值体系的克服和新的价值体系的确立主要地是通过榜样的影响示范作用来达到的。社会学家们早已证明，一种新的伦理准则可以通过“首属群体”的倡导示范而在社会中传播开来。“德意志种族的伟大劳动传统可以追溯到圣本尼迪克特教团的僧侣们。他们在黑暗时代从数千座修道院向人们发出训导，说明劳动是有价值的和虔诚的。同样，少数杰出的清教徒要求平静的、有家庭味的享受，他们引导英国人放弃有危害性的、古老的、狂欢的公社制享乐方式。在印度，喜好知识和沉思的欢愉从一小部分婆罗门阶层中传播开来。”[②]同样的道理，社会主义核心价值体系也必须在共产党组织中孕育发展起来，然后才能在社会上传播开来。

共产党是以社会主义核心价值体系为核心凝聚起来的组织，就应当在

[①]马克思．资本论[M]．第一卷．北京：人民出版社，2004．第 10 页．
[②][美]爱德华·罗斯．社会控制[M]．北京：华夏出版社，1989．第 273 页．

价值体系上具有抗压拒变、抵御外来侵蚀并改造社会环境的强大能力，为此就必须在内部形成一个新的价值体系自我强化的“超循环”。中国共产党之所以能够领导中国人民从危机中奋起，不断地从一个胜利走向另一个胜利，其根本原因就在于，经过老一辈革命家的辛勤培育，党内形成了三大作风等优良传统，具有了自我净化提高的强大功能，形成了新价值体系的“超循环”。党组织就像是一个革命的大熔炉，能够把各种不同背景不同遭遇的普通人陶冶锻炼成坚定的革命战士。

人性的健康发展需要有一个健全的价值体系来引导，所谓“以人为本”，那就是要确立一个全面的价值体系，以人的自由全面发展为本，而不仅仅是以物质生活的满足为本。共产党人要代表人民的根本利益，就必须关注人民的精神需要。精神需要处在价值体系的高端，当我们关注着这个体系的高端的时候，其低级的需要作为基础，便可以“附带地”得到实现；反之，如果我们由于专注于基本需要的满足而忽略了高级需要，基本需要则并不会由于我们的“加强”和“抓紧”而实现。列宁就注意到这种情况，我们本来想进入这个房间，脚却走进了另一个房间。要想避免这种情况，政治家就必须坚持一种全面的价值体系，以人的自由全面发展为核心来组织社会生活，而不是以经济指标的增长为核心来组织社会生活。

现在的社会管理工作越来越难做，考验着共产党的执政能力。为什么会这样呢？这是因为资本主义的那一套价值体系在社会生活中越来越强化，他们操纵了人格的成长过程，它不是把人引向积极负责的方向，而是引向相反的方向。市场经济是一个我们现在还离不开的东西，但是它同时又是一个从生到死包围着人的整个一生的精神模子，把人的一生都予以庸俗化、市场化，使那种寄生的贪婪的懒惰的愚蠢的性格层出不穷。所以，当市场经济发展起来的时候，那些在新中国一度绝迹的丑恶现象又死灰复燃并猖獗起来。从59岁现象发展到29岁现象，人们在腐败和违法犯罪的步伐上变得更为急迫了，还有网恋、裸聊、用身体写作等，这些出乎我们意料之外的新事物，猝不及防地冒了出来。在这样的新东西层出不穷的情况下，共产党的那一套价值体系就会不断退缩，成为浮在生活之上的无根之萍，共产党的执政能力就会面临越来越严峻的挑战。

只有当人民群众在精神上获得觉醒、从私有制价值体系的控制下解放出来的时候，人们才能从一个寄生的贪婪的懒惰的愚蠢的性格转变为自立的俭朴的奋发有为的智慧的人格，我们这个社会才能在利用市场经济的同时驾驭市场经济；只有当那些积极进取、追求完美的人格经常地每日每时地自发地和大批地产生出来的时候，现在层出不穷的各种丑恶现象才能逐步平息下来；只有在这样的人兴高采烈、扬眉吐气的社会环境中，社会的炎症才能逐步减轻以至痊愈，那些积极的健康的新事物才能萌芽成长起来，社会管理工作才能走上正轨。价值体系的这个转化、升华，是社会管理的关键，是点石成金、化腐朽为神奇、化包袱为财富的点金术。

各种社会理想，归根到底，都必须与人们所追求的个人理想相结合，成为人们自觉奋斗的目标。构建和谐社会的目标需要有相应的个性发展目标与之配合，才是可以实现的。党组织所要做的工作便是促进人的价值体系的转化。在此过程中，必然会遇到旧的价值体系的抵制，因而，两种价值体系的冲突是一个客观的存在，这是社会主义社会的基本矛盾。两种价值体系的消长对比决定着社会的演变过程。

社会主义核心价值体系的建设是一项很具体的任务，不能泛泛而谈，必须致力于研究人的转化过程，不仅要在社会层面上研究落实措施，而且要在个体层面上研究落实措施，这样才能让新的价值体系渗透到社会运行过程中去，形成新的时代潮流。单个人在时代潮流面前是被动的、无能为力的，执政党要代表人民的根本利益，最根本的一条就是要为人民群众的健康成长创造一个积极向上的时代潮流，这是党组织所本应做好的工作。

现在有大量的关于哲学、党建的学术研究，然而有相当数量的研究没有深入到价值体系层面，无关于个人的安身立命，无助于改善现实生活过程，现实生活依然循着原有轨道继续运行着。有些著述看起来很宏大，但由于没有深入到人性的深处，既不能正确地提出问题，也不能正确地解决问题，用这种研究来指导实践，其结果是南辕北辙，制造出更多的问题，促进了社会生活过程的恶化。如果继续听任旧的价值体系继续控制和锁定个性成长和社会运行过程，无论官样文章做得多么精彩，都无法改变现有的大趋势。

（二）党的各级领导应当在价值体系的进化过程中走在前面。

回顾历史便可看到，人性的转化与提升是历来的宗教家、政治家和道德家们所一向孜孜以求的目标，自从雅斯贝斯称为“元典时代”的时候开始，就有人开始探寻这个“点金术”了。但由于这是一项从社会整体的层面上来进行的转变，单从个人的层面来着手，其难度非常之大，所以两千多年来，真正成功的不多。只是在马克思主义问世以后，才出现了重大突破。比如说列宁在俄罗斯当年那个落后混乱的局面下，把工人阶级组织起来发动武装起义，建立了苏维埃政权，领导人民朝气蓬勃地投入到开创历史新纪元的伟大事业中去，这正是因为他掌握了“点金术”。毛泽东也掌握和运用了这个“点金术”，所以便能率领他的饥寒交迫、装备低劣的革命队伍，战胜诸多强敌，创造了一个又一个奇迹。

总结历史经验，我们便可看到，人性高度复杂而又有着巨大发展潜力。如果组织领导者自身发展得很充分，便可以唤醒人民群众中蕴藏的巨大潜力，开创历史发展新局面；但如果领导者自身发展水平就不怎么样，他便会压抑人民群众的潜力的发挥，甚至会打开潘多拉魔盒，唤醒人性中邪恶愚蠢的倾向，从而使社会成为一盘散沙，陷入内耗之中而自我毁灭。比如同是旧中国的那些被称为“东亚病夫”的人，在蒋介石的领导下，让疯狂的日本鬼子像赶鸭子一样追得走投无路，但在毛泽东的领导下，却可以在极其简陋的条件下英勇无畏、机智灵活地打击日本鬼子，成了抗日战争的中流砥柱。因而不管蒋某人武器多么先进、优势多么明显，也不管他在阴谋权术上多么专业内行，但他不懂“点金术”，只此一点，就决定了他必然失败的命运。由此可见，这个“点金术”对于社会政治过程多么重要，对于领导人多么重要。同时也正因为有这样一个“点金术”存在着，所以我们便可确立对人类进化、社会进步的坚定信念。不管形势多么艰难，都仍然还有一条摆脱危机的出路。而且越是在最困难的时候，人们便越是有机会找到那个“点金术”。

从历史经验中也可看出，不管政治家们是否意识到价值体系的建设，他们都仍然在进行着价值体系的建设。各种宗教、各种哲学政治学理论，其最终目标都程度不同地把目标集中在人性的培养塑造上，包括西方敌对势力对其他国家实施的和平演变战略，其目标也不过是用自己的价值体系影响其他国家的下一代。既然西方人在不执政的情况下，就能成功地把我们的下一代演变成他们的人，那么我们为什么不能充分地利用执政条件，把我们的下一代培养成我们自己的接班人呢？社会主义核心价值体系代表了价值体系的进化方向，我们应当充分发挥其优势，理直气壮地按照这种价值体系来改造社会。

人民群众是历史发展的动力，但这种力量往往是无序的，他们都有各自的目标，其中有的推动历史向前进步，有的则是阻碍历史进步。但不管是进步还是退步，在社会潮流面前，单个人都是无能为力的。由各个人追求个人目标的奋斗汇合在一起形成了一种超越个体的社会潮流，反过来又控制着每一个人。要想控制这种社会潮流，闻道者就必须组织起来，自觉地承担起领导社会价值体系进化的责任。通过创造一个培养闻道者的小环境，建设一套保证闻道者掌权的制度，形成一个局部文化环境，影响和带动社会大环境，成为带动社会风气进化的火车头，为社会进化提供不竭的动力。闻道者只有组织起来，才有了希望，才有了未来，否则就一无所有，就处于被压制、被边缘化的位置，新的价值体系就永远是一个幽灵。

在党建工作中，各级领导者居于重要地位。他必须有一个正确的价值体系，才能知道其他人的根本利益之所在，才能已欲立而立人，已欲达而达人；他还必须发展得更加充分，才有资格为其他人充当人生道路上的导师，有诸已而后求诸人，无诸已而后非诸人，言传身教地指导和帮助其他人闻道开悟；他必须始终保持蓬勃朝气、昂扬锐气和浩然正气，才能在党组织中开展积极的批评与自我批评，及时纠正错误倾向，使党组织保持蓬勃朝气、昂扬锐气和浩然正气，才能走在前面领导党员队伍前进；他还必须保持与时俱进、开拓创新的精神，对现实社会的运行状态有客观正确的认识，消化吸纳各种有益的思想成果和实践，对党组织与社会集体面临的问题找到正确的解答，提出正确的路线方针政策，落实到党员的行动之中。

所谓修之于党，也无非是修之于身的进一步扩展，从修之于身到修之于天下的中介环节而已。要想修之于天下，首先要修之于身，其德乃真。这个起点至关重要，无法省略，也没有其他捷径可走。凡是表现于外的，首先必须存在于内。如果作为各级党组织领导人的人们自己就没有闻道，当然也就不可能建设一个与时俱进、朝气蓬勃的党组织。这些年来，我们所开展的党建活动没有抓住根本，很少触及人们的价值体系，很多人忘记了建党的初衷，缺少坚守社会主义核心价值体系的自觉，把共产党等同于西方式的那种政党，自觉不自觉地坚持着资本主义的那一套价值体系。也学习了一些文件，召开了生活会，也开展了批评与自我批评，但都是浮光掠影，没有有效地促进人们的开悟，没有入脑入心。新的价值体系必须进入人们的实践，否则就是没有生命力的东西，不管在文件和口号中重复多少遍，那就不过是一种软弱无力的“应该”，没有进入人的价值体系，没有进入人的实践，也就没有生命力。

各级党组织的建设得好不好，关键在一把手，一把手要负总责。但作为普通党员，大家也都对党建工作负有一份责任，都应当自觉追求闻道履道的目标。作为共产党员，大家都必须对自己在价值体系上所负的责任有清醒的认识。如果不闻道，入了党也不是真正的共产党员。我们要明确的是，闻道不是与我们的个人利益相脱离的一种高尚行为，它并非可有可无，而是我们自己的真正的利益之所在；我们都必须把它作为核心价值，体现在日常生活过程中，不管社会环境如何变化，都应当站稳脚跟，咬定青山不放松。

（三）围绕着党员坚持社会主义核心价值体系的需要开展党建活动。

这些年来，我们也在这项工作上付出了巨大的努力，想了很多办法，但总的来说，成交并不显著，党员干部队伍思想作风并没有起色，腐败现象仍然在不断滋长，其原因就在于，在这些地方旧的价值体系形成了自我强化的“超循环”，形成了气候，使得风清气正的党员反而混不下去。在这样的环境中，某些官员已经形成了十分畸形的价值观，不再是全心全意为人民服务、吃苦在前、享乐在后，而是竞相攀比待遇、享受，到了某个级别就一定要有相应的享受，不然就与“身份”不配，他们非进口豪华轿车不开，非高档名烟不抽，非名贵洋酒不喝，出则豪华轿车，入则高档别墅，以至于奢靡之风盛行。另一方面则有敌对分子以党内腐败现象为借口，主张引进西方的政治制度。他们很像是在实施着一个精心设计的方案，先使共产党腐败，再以反腐败之名灭亡之。

要解决好这个关系到党和国家的生死存亡的大问题，首先要明确一点，共产党员的先进性主要体现在坚持实践新的价值体系上，要在这个方面先进一步，走在人民群众的前面。要想达到这个目标，就要把党建工作与社会主义核心价值体系的建设有机地结合起来，围绕着党员干部队伍开悟闻道来做工作。怎样开展党建工作才能达到这个目标呢？那就是要在党组织内部，形成一个人人在价值体系的进化上争先的小环境小气候，培养出那种与新的价值体系融为一体的新人，从而领导社会大环境的价值体系的进化过程。

我们要有效地培养提高党员队伍的价值体系，就必须根据人的价值体系的成长规律进行培养引导，正如农民种庄稼一样，必须根据农作物的生长规律，不违农时地进行播种、管理，才能得到收获。党建工作是一个系统工程，同时又与社会系统存在着全息对应的关系，不能孤立地就党建来抓党建，而是必须把它放到社会大系统之中，在推进社会大系统的进步过程之中，党建工作自身才能搞好。党建工作在社会控制诸环节中居于顶端，处于核心地位，其他控制手段诸如舆论宣传、学校、军队、法庭等因它的出现而有了更高的目标，并且从党建工作中获得了持久的激励力量和坚定的信念。反过来说，要搞好社会控制工作，首先就必须抓好党建工作，通过党组织内部的活动，创造一个局部的有利于人性健康成长的小气候，通过党组织内部的“三会一课”、开展批评与自我批评、对不合格党员的处理等各种活动，互相激励，互相促进，把社会主义核心价值体系培养起来、强化起来，把党组织建设成为培养闻道者的大熔炉，形成由社会主义核心价值体系所主导的“趋循环”过程，源源不断地培养出一代又一代共产主义事业接班人，始终保持党组织的纯洁性和革命精神，使党组织就像火车头带动整列火车前进一样，始终保持领导社会进步的强大牵引力。

在所有这些工作中，权力掌握在什么样的人手中，这是最关键的问题。如果把权力掌握在真正地确立了社会主义核心价值体系的人手中，尽管也会遇到挫折和走弯路，但终究会总结经验教训，找到正确解答现实难题的钥匙，保持社会主义事业的发展势头。但如果是放在了那些不具有社会主义核心价值体系的人手中，则必然会出现资本主义复辟，他们没有能力总结教训回归正道。社会主义政权之所以要坚持党的领导，也就是要始终把领导权掌握在闻道者手中，只有这样，才能保持社会进化的方向，才能使社会进化的成果不致受到破坏。但仅仅在形式上坚持党的领导还不够，还必须建立一套机制，使那些真正确立了社会主义核心价值体系的人能够脱颖而出，确保各级权力掌握在闻道者手中。

要想保障闻道者掌权，就必须使广大的共产党员真正地成为闻道者；否则就无法提高闻道者掌权的概率，也无法抵御腐败现象对党的侵袭。所谓培养千百万无产阶级革命事业的接班人，现在看来，就是要培养千百万闻道者。他们是人类一切优秀文明成果的继承者，同时又不断地抛弃私有制所强加在自己身上的一切陈旧的东西，挣脱流俗的羁绊，建立起一个完整和谐的价值体系；他们知道人从哪里来，要往哪里去；知道什么是自己的利益，同时也知道什么是社会的利益；他们对生活有着更高的期待，追求着人格的完美、社会的和谐；他们是自身的塑造者，而不是消极地被动地接受环境的塑造。由于他们自身的完美必须在社会集体的进步中实现，所以他们也是积极的教育者和组织者，鼓舞和推动着社会集体行动起来，开拓社会发展的新境界。

培养闻道者的实质是与旧的文化传统争夺下一代。要引导人性向上很难，要放纵人性堕落则很容易；过去也有很多人为此而努力，但结果却大都不如人意。闻道者的产生常常是“有心栽花花不发，无心插柳柳成荫”，现在我们要想使闻道者经常地每日每时地自发地大批地产生出来，这就像农业育种专家培育出了优良品种之后进入大田栽培阶段一样，必须根据价值体系成长的科学原理，拿出非同寻常的具体有效的方案措施。现在看来，我们应当注意以下几个环节。

（1）以价值体系的建设为重点，抓紧抓好党员干部队伍的思想建设，保证各级领导权掌握在真正确立了新价值体系的人手里，用执政权力来强化他们的价值体系的影响力，掌握话语权，这是社会主义社会的干部管理工作的首要任务。领导者并非是简单地社会生活的组织者，他们还担负着一个“阐化宣风”的任务，为了让新的价值体系占据社会生活的主导地位，就应当选择那真正地具有了新价值体系、在价值体系的觉悟上走在前面的人来当领导，赋予他们主导社会生活的权力。“只有和真理亲如一家的人才能够讲出它。”[①]同样道理，只有在闻道开悟之后，人们才能真正地具有了新的价值体系，才能和这种价值体系亲如一家，成为一个高尚的人、纯粹的人，一个与社会整体利益息息相关的人，才能自然而然地坚持和宣传新的价值体系。

就像动物在从水里进化到陆地的过程中有一个两栖的过渡阶段一样，在由资本主义价值体系向社会主义价值体系进化的过程中，也有一个过渡阶段，在这个阶段的人也具有适应两种价值体系的能力，既具有了社会主义核心价值体系，也能够适应市场规则。在工作中讲奉献精神，认认真真把本职工作做好；在生活中还是要遵守市场法则，领到工资到市场上采购生活资料。共产党人处于价值体系的高级水平上，因而能屈能伸，可以根据现实需要、实践市场经济的那一套低级的价值体系，同时又坚持新的价值体系，过上一种简朴纯洁的生活。只有那些真正地树立了新的价值体系的人，才能够具有这种两栖的本领；同时也只有那些和新的价值体系亲如一家的人，才能坚定地抵制私有制环境的不良影响，推动社会的进化，在适应现实社会规则的同时，改造这一规则，在运用市场机制促进财富增长的同时，避免它所带来的弊端。而那些没有把理性深入到这个深处、仍然受控于低水平价值的人，或者只是偶然地走出这种价值体系的人，不能讲

[①] [英]路德维希•维特根斯坦. 文化和价值[M]. 北京：清华大学出版社，1987. 第 50 页.

出、也不能宣传新的价值体系，人们所能宣传的只能是现有的价值体系。市场法则在他的潜意识的深处控制着他，他的理性思维深入不到这个层次。越是处于这种无意识状态的目标，就越是稳固地控制着他的行为，他是市场法则的心甘情愿的奴隶。这就决定了他一旦掌权就一定会腐败，并用自己的身教来进一步传播这种价值体系。

（2）必须坚持党管干部原则，以保证把那些率先完成价值体系转换的人们放到关键岗位上去。在一个普遍地建立了新价值体系的社会集体中，不管是把权力交给谁，都可以自然而然地坚持新价值体系，不大可能会出现领导者宣传倡导落后的价值体系的现象。即使是有人坚持要这么做，他也混不下去。而目前我们还不具备这样的条件，新的价值体系还只是在萌芽之中，绝大多数人所拥有的是旧的价值体系，在这种情况下，要想保证社会主义事业的继续，就必须建立一种机制，确保权力掌握在真正具有了新的价值体系的人们手中。这也就是要确保闻道者掌权。所谓坚持党管干部原则，也就是必须把干部管理权交给那些走在民众的前面的具有了新的价值体系的共产党人，而不能简单地照搬西方的民主制度。这是因为，对人的价值体系的识别需要专门知识，要选出具有社会主义核心价值体系的人，选人者自己首先必须具有这种价值体系，要想通过选举过程来选出这样的人，则需要参加选举投票的人都具有或倾向于这种价值体系，对候选人价值趋向都有比较正确的认识，这在目前还是很难办的。民众的素质参差不齐，有负责任的选民，也有不负责任的选民。在前一段发扬民主的过程中，有人不负责任地乱许愿以拉选票，有人搞非组织活动拉选票。更有甚者，有人拿钱买选票；此外，不讲原则的老好人得票多、坚持原则的干部得票少甚至落选的现象也比比皆是。所以，我们没有必要去羡慕西方式的民主，要建设一个正常健康的社会，就应当淡化人们对于官位的追求，没有必要把人民的精力调动起来，投入到选举活动中去。

（3）要高度关注党员领导干部队伍，清理蜕化变质分子，确保党组织的纯洁性。在坚持党管干部原则的同时，我们还要注意来自党内的危险。党管干部，虽然在形式上干部管理权是掌握在党组织手中，但由于党组织在思想上、感情上同人民群众保持着千丝万缕的联系，所以党管干部在实质上代表着、捍卫着人民的利益。党组织与人民之间的这种血肉联系虽然是无形的，但却是党管干部的实质所在。如果丢掉了它，党管干部就成了徒具其名的空壳。由于这种联系是无形的，所以很容易在不知不觉中被丢掉。党委组织部门的同志不是来自已经实现了共产主义的另一个星球，他们也生活在地球上，也生活在民众之中，也有七情六欲，在精神上也还带着旧制度的烙印。要想履行好党管干部的责任，他们必须首先开悟闻道。假如他们不能以种种方法加强自身建设，提高自身素质，就难于在精神上保持领导地位；同人民群众的血肉联系就会逐渐淡化，甚至会成为站在人民的对立面的孤家寡人。有的人把“纱帽”当成了一项“福利”，以个人好恶来干扰干部管理工作，在党管干部的幌子下为所欲为，不考虑人民群众对干部工作的意见，于是便出现了干部管理上的不正之风，跑官、要官，甚至卖官鬻爵。这种来自内部的破坏对于党管干部原则同样是致命的威胁。不惩治这种腐败现象，就无法坚持党管干部原则。

（4）要建设一个保障闻道者掌权的物质供给机制。这个问题包括两个方面，一方面要保障党员干部队伍有正常的收入，过上正常的生活，特别是对基层的党员，要保护他们实践社会主义核心价值体系的积极性，不能让他们生活无着；另一方面则要对自己实行低薪制，合理地逐步缩小而不是扩大党和国家工作人员同人民群众之间的收入差距，防止一切工作人员利用职权享受任何特权，以减少那些企图升官发财者混入党内的冲动。

在当年的革命战争时期，共产党的干部冲锋在前，退却在后；吃苦在前，享受在后；这样的干部只有那些真正愿意为人民服务的人才肯干，所以共产党就能够聚集一大批英才，取得推翻三座大山的伟大胜利。现在夺取了政权，在执政条件下，在和平建设环境中，也还应当坚持这种选拔人才的机制，从而把不合格者拒之于党员干部队伍之外，保持党的队伍的纯洁性、先进性，提高执政能力。共产党要保持执政地位，就必须用低薪表现出自己对社会的绝对忠诚，表现出自己是真正的闻道者，而绝非见钱眼开、以权谋私的庸夫俗子。

要保障闻道者掌权，就必须解决一个阻碍其实现的问题，那就是未闻道的人们缺少自知之明，都认为自己绝对正确，应当掌权。如何把闻道者与未闻道者区别开来，这是一个很大的难题。当着未闻道者争相挤进来掌权的时候，无论采用什么样的办法，都难于把他们挡在门外。要想解决这个难题，治本之策应当是对掌权者实行低薪制，把人民群众的物质生活水平提上去，缩小国家公职人员与人民群众的收入分配差距，切断执政与发财的联系，从而使未闻道者不屑于争这个权。只要切断了这个联系，官本位价值体系自然就成了无源之水，自然就会逐步削弱淡化下来。

有了这个低薪制，党组织也可以像孔夫子一样实行“有教无类”，只要自愿地接受这种以简朴和奉献为荣的生活方式的人都可以参与进来。对那些处于各级领导岗位上的党员干部来说，低薪制也是一个保护措施。过于优越的生活条件对他们坚持社会主义核心价值体系来说，反而是有害的，使他们陷入追求物欲的歧途，使领导干部成为一种“高危职业”；过于丰厚的待遇还会引导未闻道者争相钻营，使执政党从内部发生蜕变。

党建工作与社会大环境之间存在着有机的联系，共产党的领导权的基础是社会主义核心价值体系在社会生活中的稳固程度。能否巩固党的领导，就要看共产党能否把自己的价值体系种到社会生活中去，让它成活、成长。因而党建工作不仅要抓党内事务的管理，还必须与人民群众形成良性互动的关系。我们不能关起门来搞党建，必须是把党建工作与社会整体的进步联系起来，统筹规划。在掌权之初的时候，要巩固权力，就要运用专政手段，镇压敌对势力的反抗，但这也不过是为社会主义核心价值体系的传播创造条件，随着这种价值体系在社会生活中的传播发展，最终确立支配地位，专政手段就日益淡出，社会生活日益稳定地运行在新的轨道上。当这个进程进展到一定程度，共产党的那一套价值体系在社会生活中占据了优势之后，党组织也就逐渐地完成了自己的历史使命，其形式上的存在就会逐渐淡化，以至于消失。这种消失并不意味着不要党的领导，而是因为社会主义核心价值体系已经融化在社会的肌体中，稳固地保持在社会传统中去了。党的领导的这种从有形到无形的发展过程，也就是政治文明建设上台阶的过程。

第九章　驾驭价值体系的演变，提高党的执政能力

人类的各种政治目标都必须有相应的价值体系或者说竞争规则作保障，才能得到实现。社会价值体系的调控是最高层次的社会管理艺术，只有驾驭了社会价值体系的演变过程，才能在社会管理工作中进入自由王国。假如执政者一方面宣称要达到某个目标，另一方面又倡导否定这个目标的价值体系，那就是自相矛盾。美国人的“反恐”为什么越反越恐，其经济刺激措施为什么越救越糟，其原因就在于他们所坚持的价值体系就是制造恐怖分子和经济危机的根源；如果不改变这个价值体系，美国人就摆脱不了困境。

对于我们来说也是同样道理，我们的各种政治目标，诸如发展生产力、先富带后富、科学发展观，都必须从社会主义核心价值体系的建设入手，才能得到实现。共产党“不能简单地掌握现成的国家机器，并运用它来达到自己的目的”[①]，在接手以往的国家政权所要承担的社会组织功能以保持社会生活再生产过程的同时，还要为之制定新目标，并根据这个目标来设计和建设相应的价值体系。在经过执政60余年的探索，我们现在已经找到了这个新目标——构建和谐社会，也找到了与之相配套的价值体系——社会主义核心价值体系。

通过建设社会主义核心价值体系，使这种新的价值体系渗透到社会生活过程之中，并逐渐稳定地运行起来之后，社会管理工作必将会大大简化，我们就可以用一只新的“看不见的手”来取代斯密所说的那只“看不见的手”，实行无为而治。但在这个新价值体系还没有成长起来的情况下，新制度就极度脆弱，就像人类的婴儿期一样，需要仔细看护，围绕着新价值体系的成长的要求，自觉地运用执政权力推动新制度的自组织过程，用一只“看得见的手”来自觉调控社会运行过程，运用执政权力来促使社会有计划按比例地科学协调地发展。

于是在社会主义阶段，就存在着一个社会价值体系的转换过程，这是

[①]马克思恩格斯选集[M].第3卷.北京：人民出版社，1995.第52页.

一个脱胎换骨的改造，领导和推动社会完成这个转换，是执政党的最根本最重要的职责。在建设社会主义核心价值体系这项工作上，共产党人必须挺身而出，担起这项责任，它关系着共产党的执政地位能否保持的问题，同时也关系着人民的根本利益；共产党人绝不能退缩回避，也不能摸着石头过河，而是必须保持始终如一的清醒。由于这个问题的极其特殊又极其微妙，任何一点疏忽都会造成长久而深远的连锁反应，要想消除其不良后果，往往就要付出十倍百倍的辛劳。古人说“一言可以兴邦”、“一言可以丧邦”，确实如此。比如说前苏联领导人曾大力提倡“多元化”的问题，看起来很有道理，但在多元化的幌子之下，他把资本主义的竞争目标和规则引了进来，让它泛滥起来，终于冲垮了社会主义制度。真正的多元化应当是在摆脱了资本主义价值体系的束缚之后，在趋向共产主义制度的历史过程中，在更高的发展层次上才能看到的景象。对于当权者来说，思想认识上的一点误差，便会“差之毫厘，谬以千里”，可不慎乎？

这个价值体系的转换过程，是人类进化过程的关键环节，也是整个大自然的进化过程的关键环节。这个关键环节不可能自发地完成，必须由率先觉悟的共产党人来驾驭和推动、组织领导。对社会生活过程有新的目标，这是共产党人不同于庸人的地方。庸人无法摆脱“拜物教”的束缚，即使是谈论共产主义社会，他也只能以财富的私人占有为标准，认为那是一个“要什么就有什么”的地方。这样的价值体系使得庸人就是各种社会矛盾的发源地。所谓建设社会主义核心价值体系，也就是毛泽东所说的改造世界观，把庸人改造提升为一个积极地创造性地生活的人。只有在这样的人越来越多的情况下，我们才能最终用社会主义核心价值体系来取代资本主义价值体系，通过每一个人自觉地追求自由全面发展的努力，自动促进社会整体利益的实现，把社会生活导向和谐发展的新轨道。在这只新的“看不见的手”的控制下，丛林法则所制造出来的大量问题将逐步冰消瓦解。比如说收入分配的两极分化问题、腐败现象、盗窃抢劫等刑事犯罪，都将成为无源之水。在人性健康成长的基础上，必将出现一个健康和谐的社会，以及一个真正民主的政治体制。

由于有这个价值体系的转换过程，在社会主义这个历史阶段，所以就要始终坚持党的领导。对于共产党人来说，也必须清醒地意识到自己的历史责任，自觉清醒地坚持社会主义核心价值体系，把它修之于党，然后才能运用执政权力来把新的价值体系灌输到社会生活过程中去。这是社会生活过程的一个脱胎换骨的改造，其复杂性艰巨性无与伦比，要做好这项工作，我们必须注意以下几个方面。

一、打破社会生活过程中原有的“路径依赖”

（一）私有制价值体系会自发地形成超循环过程，形成“路径依赖”。

举目望去，当今世界很不太平，社会运行过程都是在低水平上运转，各国政治过程无不陷入混乱之中，面对堆集成山的现实问题一筹莫展，得过且过，混一天算一天。也有一些人认识到了问题的存在并力图救治，但却没找到解决问题的办法。在社会政治过程中存在着一个协同学上所说的“路径依赖”（path dependence），把社会政治过程锁定在低水平上。

西方资本主义被牢牢地锁定在资本主义运行轨道上，面临着由资本主义价值体系、丛林法则的支配下制造出来的经济危机、政治危机，美国的权力结构是资本指挥政府，不是政府指挥资本，政治权力被资本家绑架，没有改造资本主义的能力；即使经济危机泰山压顶，美国的大资本家依然我行我素。所有的人都被资本主义价值体系控制着无法解脱，继续在这种价值体系的框架范围内摸索，仍将找不到解决办法，只能是使冲突进一步的激化，或者是把冲突爆发的时间向后拖延一些时间，使矛盾积累得更多更复杂，更猛烈地爆发，从而更难解决。而要想走出这个“路径依赖”，那就要来场彻底的社会革命，推翻资本主义制度，而要达到这一点，现在看来极其渺茫。

从我们自己的情况来看，为了摆脱贫困，我们实行了改革开放政策，30多年来发展的成绩不可谓不大，可付出的代价是资源的掠夺式开采、环境的严重污染、日趋尖锐的社会矛盾、社会道德的滑坡，以及前赴后继的腐败现象。为什么会出现这种局面，人们通常归因于西方文化的入侵，但究其实，外因只能是变化的条件，内因才是变化的根据，我们自身价值体系的发育不充分才是根本原因。这种发育不充分是人生的起点，如果人们不能超越这种状态，就会自然而然地认同西方资本主义价值体系；如果仅仅是为了适应这种状态而进行改革，就必然会打开潘多拉魔盒，各种问题就会自发地产生出来，挑战社会公平正义，挑战共产党的执政地位。

实践证明，只要放纵了私有制的那一套价值体系，就会自然而然地形成一个“路径依赖”，重新进入中国历史上延续了几千年的周而复始的治乱循环。这便是毛泽东当年与黄炎培所谈到的“历史兴亡周期率”，每个朝代一开始，当政者们也是认真总结历史教训，励精图治，可最后都毫不例外地归于毁灭。就像一个不好好上学的孩子一样，老在一年级停留着，两千多年了，始终走不出这个治乱循环的怪圈。中国历代政治家们也想了很多办法，力图避免前代人覆灭的命运，但防不胜防，最后都摆不脱这个历史的宿命。周而复始的吏治腐败控制着社会政治过程，朱元璋、雍正在反贪方面走在了帝王的前列，他们大肆杀戮，血腥镇压，贪污腐败虽有所收敛，但治标不治本；此外还有豪强兼并、军阀混战，如此等等，人们在政治舞台上争来斗去的目的也无非是要争权，即奴役和剥削民众的权力。旧的价值体系在个人与社会之间形成了一个“超循环”，从而把旧制度延续下去，只要这个“超循环”继续运行下去，旧制度就会继续存在下去，原来的统治者被推翻了，社会运行过程仍然在原有的轨道上重新组织起来，虽然政治舞台上的人面孔变了，但其性质不变。

在这种“路径依赖”的控制下，一定会有人处于被压迫被奴役的地位，正如张养浩的那首曲子所说的那样:“伤心秦汉经行处,宫阙万间都做了土。兴，百姓苦；亡，百姓苦。”两千多年的社会政治运行过程走不出这个怪圈，老在低水平上重复着。因为这个原因，要改造旧中国，不仅要有一个推翻旧制度的革命，还要有一个深挖其根基的文化革命，打破旧价值体系的“超循环”过程。由此可见，随着中国特色社会主义事业的深入发展，必然会提出建设社会主义核心价值体系的目标，这是历史进步的必然逻辑。

（二）要想打破社会政治过程中的“路径依赖”，就需要有强大的动力把它推到新的运行轨道上去。

这个能量从何而来呢？它只能来自于人类自身。人身上蕴藏着巨大的潜能，在通常情况下没有得到充分利用；要想利用它们，就需要有新的人生理想来唤醒它，并需要有一个具有严格纪律性的组织来把这些分散的力量组织起来，推动社会政治过程进入新轨道。谁能做到这些事情呢？环顾当今世界，只有共产党能做到。共产党有马克思主义的一套科学理论，同时还有一个组织严密的政治组织，所以，要想打破社会政治过程的“路径依赖”，建设一个完善的政治体制，只能依靠共产党。

中国共产党建党以来的历史证明，它也确实能打破旧制度的运行轨道，把它推进到一个新轨道上去。旧中国是一个什么情况呢？战乱、分裂、灾荒，帝国主义侵略，盗匪横行，生活在低层的民众是民不聊生，上层则盘踞着大量的贪官污吏。经过共产党领导的伟大革命的洗礼，这样一种局面才得到了彻底的改观，彻底地清扫了旧官僚地主、流氓土匪等长期积存下来的社会垃圾，清扫了吸毒娼妓等社会丑恶现象，形成了空前统一的政治局面，广大人民群众朝气蓬勃地投入到建设新中国的伟大事业中去，使中国的社会政治过程进入了新的轨道。

毛泽东同志清醒地认识到共产党人的这一历史使命，他在1949年带着自己的战友们去北平时说是要去赶考，考题是什么呢，也无非就是如何打破治乱循环的怪圈，不当李自成，使自己的队伍不腐败。为了这个目的，毛泽东殚精竭虑，做出了极大的努力，取得了很大成效，带出了一支全心全意为人民服务的好队伍，降低了社会管理的成本，建设了一个物美价廉的政府，领导人民开创了历史发展的新天地，使中国的政治文明完成了一个伟大的跃进。当然，这个跃迁过程是一个漫长的过程，需要一代又一代共产党人前赴后继不懈努力，那些真正的共产党人为了国家和人民的利益，不计个人得失，以为人民利益做出牺牲为荣，因而在这种价值体系的主导下，他们往往忽略了自己的利益，过早地耗尽自己的生命。在过去的战争时期就不用说了，最危险的时候，通常是共产党员冲在前面；在现在的和平建设时期，也是同样，焦裕禄、王进喜，还有近来报道的郭秀明，都是为了人民利益而早早地耗尽生命的人。他们活了一辈子，吃了两辈子的苦，做出了三辈子四辈子的贡献。只有这样的人，才能打破旧的价值体系的“超循环”过程，用自己的生命之光照亮别人，唤醒人民群众中蕴藏的潜力，把社会推进到新的运行轨道。

对于一个国家是这样，对于一个地区、一个单位乃至于一个村，都是同样道理。党的领导并不是空洞的可有可无的东西，而是实实在在的东西，就像有些村子一样，乱上一段时间，经济发展上不去，吃亏的是全村的每一个人，要想收拾这个烂摊子，还是要从头开始，选出一个全心全意为群众着想的领导班子，团结全村人艰苦奋斗，最终还是要靠史来贺、郭秀明这样的共产党人发挥领导作用，使那种引导人性向上的价值体系形成“超循环”。除此以外，没有别的捷径可走。由此也可看出，党政是不能分开的，党与经济、文化过程也不能分开，前些年有人主张党政分开，党组织似乎可以从矛盾焦点上退下来，这是很不负责的说法。西方历史上曾经有一个政教分开的时期，但那是社会进化的一个低级阶段，人们被丛林法则控制着，那种引导人性向上的精神力量也没有充分发展，以宗教的形式出现，没有能力保证社会的正常运转，“因此整个生活被分裂为两个部分；我们也就看见两个王国，即一个精神的王国和一个世俗的王国，皇帝和教皇，彼此尖锐地对立着。……两个绝对的主要的原则彼此互相冲击，世间的粗野性、个人意志的顽固产生了最坚牢、最可怕的对立。”[①]这种低水平的政治状态自然不能作为我们的政治体制的范本。就是现代的西方政党制度，也属于低水平的政治文明，不管是哪个政党，都没有自觉地坚持社会主义核心价值体系，都没有能力承担把新的价值体系“灌输”到社会生活中去的责任，都坚持着丛林法则，都不过是争权夺利的工具，这也不能作为我们的政治体制改革的范本。共产党作为闻道者的组织，其历史使命就是要把新的价值体系“灌输”到社会运行过程中去，克服丛林法则对社会生活的控制，其最终目标就是要消除精神王国与世俗王国的对立，把整个社会生活提高到一个新水平上。共产党除了认真履行这一使命、努力把社会事务管好以外，没有任何心存侥幸的机会。因而它不仅不能以党政分开为目标，而恰恰应当是以党政合一为目标。等到它最终完成这一使命的时候，也就自然而然地归于消亡了，这就像火箭把卫星送入轨道之后便可自行脱落一样。

（三）如果否定了共产党的领导，社会政治过程便会重新进入原来的“路径依赖”。

把社会政治过程送入新轨道，这是一项很艰巨的任务，需要有大智慧、大担当。认识到并能够担起这项责任的只能是少数人，很多人看不到也承担不了这项责任，他们只能坐享其成，甚至是破坏捣乱，成事不足，败事有余。历史的进步从来就是这样，谁发现了任务就由谁来做。于是那些先知先觉者就要为人类进步付出更大努力，甚至是巨大牺牲。因而掌权执政对共产党来说是他们为了人民利益而自告奋勇地承担起来的重大责任。然而遗憾的是，很多人对这项任务认识不清，把共产党所肩负的这项任务等同于庸人所追求的升官发财，在那里横挑鼻子竖挑眼，他们认为当官发财是一件很风光的事，所以就主张让共产党下台，由他们来干。

他们不仅在党外反对党的领导，还钻进党内使党的队伍退化变质。苏联人的卫星上了天，红旗却落了地，其原因就在于苏联共产党对于钻进党内的投机分子失去了改造的能力，反过来被这些投机分子所改造了；不能继续坚持革命理想，其社会政治过程失去了进入新轨道的动力，又回到了

[①][德]黑格尔. 哲学史讲演录[M]. 第三卷. 北京：商务印书馆，1981. 第326页.

原来的轨道上。在我们的社会政治过程中，也存在着同样的危险，诸如一些党员、干部理想信念动摇，对马克思主义信仰不坚定，对中国特色社会主义缺乏信心；一些地方的党组织贯彻民主集中制不力，对中央决策部署执行不认真，有的对党员民主权利保障落实不到位，一些党员干部法治意识、纪律观念淡薄；一些领导班子整体作用发挥不够，推动科学发展、处理复杂问题能力不够，一些地方和部门选人用人公信度不高，跑官要官、买官卖官等问题屡禁不止；一些基层党组织战斗堡垒作用不强，有的软弱涣散，部分党员的党员意识淡化、先锋模范作用不明显；有些领导干部宗旨意识淡薄，脱离群众、脱离实际，不讲原则、不负责任，言行不一、弄虚作假，铺张浪费、奢靡享乐，个人主义突出，形式主义、官僚主义严重；还有腐败现象的猖獗，这些都表明，那种要把政治过程拉入旧的“路径依赖”的力量正在日益坐大。

从许多基层村委会选举中出现的各种现象就可以看出我们所面临的这种危险，诸如拉选票、请客、家族派性、支部书记与村委会主任不团结等。为什么会出现这些问题，原因就在于没有坚持党的领导，正气不占上风，领导班子思想混乱了，没有把全村老百姓的利益放在第一位，而是把个人的、家族的、少数人的利益放在了第一位，干部们这么做，群众思想也就更混乱了，在这种情况下的发扬民主，就只能是进一步加剧混乱。所以说，不管人们在口头上发明了多少新名词，诸如什么民主啊，改革啊，离开了党的领导，背离了社会主义价值体系，社会政治状态便会重新陷入旧的“路径依赖”，自然而然地把旧社会的各种弊端再生出来。

所以共产党人就应当总结教训，在这个问题的认识上来一个突破。其实毛泽东早就发现了这个问题，他说，“林彪一类如上台搞资本主义很容易”。而与之相应的，共产党人要想搞社会主义就很难。不仅要夺取政权，还要进一步改变社会生活过程中的那个“路径依赖”，让共产党的价值体系在社会生活中强化起来，形成新的“路径依赖”，这是社会主义革命发展到这一阶段后所必然要遇到的新任务。

但如果共产党人认识不到这个“路径依赖”的存在，这个“路径依赖”就依然在社会生活中发挥着作用，光有一腔道德义愤或是空谈马列主义的词句，解决不了现实问题。按照思维与存在的两分法，我们不知道这个“路径依赖”应当归入哪一类，但却无论如何都要研究它、驾驭它。道德上的义愤无助于扭转社会生活中的这个“路径依赖”，必须找出改变这个“路径依赖”的办法才行。这个任务之所以很难，关键在于许多共产党人对它的认识还不到位。只要我们认识到问题的存在，终究会找到解决办法。

实践证明，共产党人如果不能改造旧的价值体系的“超循环”过程，就要反过来被它吞噬掉。这个自发地形成的“超循环”过程，潜藏在社会生活的深处，共产党人在改造旧世界的过程中，迟早要与之相遇。在它的面前，任何妥协退让、韬光养晦都没有作用，它没有理性，不知礼节，不会谦让，不讲情面；狭路相逢，除非战而胜之，别无他策。这个任务绕不过去也躲不开，只有硬着头皮顶上去。完成了这个任务，社会主义事业就会向前推进一大步。

（四）打破原有的“路径依赖”，才能提高社会管理的科学化水平。

这些年来，我们的社会管理工作虽然取得很大成就，但仍然没有进入自由王国，其原因就在于还有一个重要的决定性的因素处在人们的控制能力之外。我们要想提高社会管理的科学化水平，就必须找到这个因素，驾驭这个因素。这个因素是什么呢？现在看来，就是社会生活中的这个“路径依赖”。是让资本主义价值体系的“路径依赖”继续控制社会生活呢，还是打破这个“路径依赖”，让新的价值体系的“路径依赖”主导社会生活？

我们现在面临的难题就在于，尽管人们也看到了社会生活中存在的问题，却不能行动起来。有那么一些人，他们不是从最切实可行的事情——自我修养做起，而是从指责别人做起；他们不是“有诸己而后求诸人，无诸己而后非诸人”，而是反其道而行，“无诸己而后求诸人，有诸己而后非诸人”。人们也读马列，也读中国文化经典，但就是不能深入到自己内心深处，改变私有制社会强加给他的价值体系，这个价值体系就时时刻刻地控制着他们。他们“有点像某些动物，它们听见了音乐中一切的音调，但这些音调的一致性与谐和性，却没有透进它们的头脑”。[①]对这样的人，确实没有什么好办法，道德约束不了他，地狱吓不住他，法治也仍然有他可以钻过的空子；那个处在心灵深处的无意识之中的价值体系牢牢地控制着他，他不过是作为一个傀儡，当不了自己的家；他很无奈，明知是错误的也仍然身不由己地奔向那个目标；他们把复杂的社会组织工作简化为民主与专制的冲突，把民主作为万应良方，主张一民主就灵，那不过是为了放纵那些汹涌于内心深处的野性的冲动；他们也喜欢谈论反贪腐，内心深处却期

①[德]黑格尔. 哲学史讲演录[M]. 第一卷. 北京：商务印书馆，1981. 第5页.

待着自己也能上台体验一下贪腐的感觉。总而言之，他们嘴上说的东西与实际上想要的东西不一样，也与其实践的结果不一样。这种言行不一、自我分裂的行为模式本身就是人类各种问题的根源。

另外还有大量的人，在已经形成的大趋势中无可奈何，无能为力，胳膊拧不过大腿，不得不适应现有的规则。但也正是在人们的这种主动或被动的参与下，旧的价值体系形成了“超循环”，形成了锁定社会运行过程的“路径依赖”，奔向大失控、大崩溃的终点。

这个“路径依赖”就是私有制的最隐秘的根源，面对这个问题，只有一个解决办法，那就是在共产党的领导下，建设社会主义核心价值体系，使之形成新的“路径依赖”。共产党人要消灭私有制，必须从最外围的部分做起，逐步深入，最终挖到这个老根。只有打破资本主义价值体系的“路径依赖”，人类才能最终实现马克思所提出的目标：消灭私有制。构建和谐社会与建设社会主义核心价值体系的目标的提出，又一次明确地把消灭私有制的问题提到了人们的桌面上。共产党人应当在这个问题上发挥优势，正视社会生活中的“路径依赖”问题，对如何将新的价值体系灌输渗透到社会生活中去想出新办法，拿出新行动。

现在我们回顾共产主义运动的历史，便可发现，整个共产主义运动的最终目标也无非就是培育社会主义核心价值体系，使之形成“超循环”。首先是打破政治过程中的“路径依赖”，夺取政权，用新的价值体系来主导社会政治过程；然后是打破经济文化过程中的“路径依赖”，发展生产力，用新的价值体系来主导社会经济过程。这个过程也无非就是人民群众从资本主义价值体系的控制下解放出来的觉醒过程，所以在整个过程中，都必须始终不渝地坚持人民群众的宣传教育，“灌输”社会主义核心价值体系。过去是唤醒受压迫人民的阶级觉悟，发动人民群众起来革命，造反有理；随着社会主义政权的建立，现在就要进一步唤醒所有的人身上蕴藏的社会主义核心价值体系了，构建和谐社会。这场斗争已经不再仅仅是阶级斗争，而是升级到两种价值体系的冲突，不是仅仅以阶级地位划分阵线，而是以觉悟与否来划分阵线。

有新人而后才能有新的社会经济制度，如果仅有生产力的发展而没有新人的出现，社会生活就只能在私有制轨道上运行。所有的修正主义者都是在这一点上误入歧途的，他们不能超越旧的价值体系，所以便相信革命运动的自发性，所以便认为随着生产力的发展就可以和平长入社会主义。

与之相对应的，所有真正的马克思主义者都强调用新思想、新观念武装人民群众，唤醒人民群众中蕴藏的巨大潜力、冲天的革命热情和历史首创精神，只有这种力量的充分释放，才能打破原有的“路径依赖”，把社会运行过程推入新的轨道。

人类政治活动的根本目标只能是人类素质的提高，摆脱动物式的生存状态，不断地自我超越、自我完善，在个体与整体的互相促进中达到越来越高的文明水平。政治文明新境界是由具有更高人性水平的人组合起来的集体中自然地呈现出来的，这就像人的风度是其内在修养的外部表现一样，如果人们仅仅在外部模仿，那就会表现为做作。人性与社会制度互相作用，一个更高级的制度只能在更高的人性水平上产生出来，水可载舟的比喻也可以用在这里，人民是水，政治体制是舟，水涨船高，如果是在人性水平很低的情况下，就不可能提高政治体制的水平。马斯洛的人本心理学研究的是人性所能达到的境界，我们在讨论人类文明时，也应当研究人类文明所能达到的境界。就像有的人会先富起来一样，在政治文明建设上也一定会有一些人、一些地区和国家“先文明起来”，形成民主团结、生动活泼、安定和谐的政治局面。要想打破政治过程中的“路径依赖”，使社会政治过程进入一个新境界，就必须在人性的进化上下工夫。而要提高人性的水平，就需要建设社会主义核心价值体系，用这个价值体系来教育和引导人民。

建设新价值体系的“超循环”是一个很艰难的过程，用马克思的话来说：“这需要有一定的社会物质基础或一系列物质生存条件，而这些条件本身又是长期的、痛苦的发展史的自然产物。”[①]在此过程中，必须始终一贯地坚持党的领导，坚持和传播新的价值体系，从而引导社会价值体系的进化。这个价值体系是共产党所赖以安身立命的根本，必须坚持用它来改造旧世界，而不能反过来让旧世界里的价值体系改造了。

在改造旧世界的过程中，共产党必须始终注意的是，要把执政权力掌握在坚持先进价值体系的人的手里。我们现在所面临的危险是，一些价值体系低劣的人混进党内、意图从党的执政地位中捞取利益，这种鱼目混珠的情况的存在，反过来又给主张西式民主的人提供了口实。实际上，这两种人是同一个战壕里的战友，坚持的是同样的价值体系，共同完成着一个愚蠢的目标：把社会政治过程拉回旧轨道，使人类丧失进一步进化的机遇

[①]马克思．资本论[M]．第一卷．北京：人民出版社，2004．第97页．

从而自我毁灭。在历史上经常看到，愚蠢也有可能形成潮流，从而引导裹挟着人们沿着错误的方向把整个社会推向毁灭。防止这种情况的出现，正是共产党人的历史责任，是对人类进化事业负责任的表现。善良的人们必须提高警惕，必须保持头脑清醒。

二、建设社会主义核心价值体系的能力是党执政能力的核心

近年来，我们对党的执政能力建设进行了深入研究，注意到了驾驭社会主义市场经济的能力、发展社会主义民主政治的能力、建设社会主义先进文化的能力、构建和谐社会的能力、应对国际局势和处理国际事务的能力。这五种能力非常重要，但在党中央提出建设社会主义核心价值体系的目标之后，我们还应当增加一项：建设社会主义核心价值体系的能力。

实际上，以前我们也注意到了建设社会主义核心价值体系的能力，在上述五种能力之中，它大致相当于建设社会主义先进文化的能力，我们习惯于把它摆在与其他四种能力并列的地位。现在看来，这种摆法并不妥当，由于社会运行的序参量是价值体系，提高执政能力的关键就在于提高驾驭社会价值体系的能力，所以我们应当把建设社会主义核心价值体系的能力移到核心地位，它应当是其他几种能力团团围绕的核心。这种位置的转换是一个哥白尼式的革命性的转换，实现了这个转换，就可以把我们关于党的执政能力的认识提高到一个新水平，开辟一个新境界。

十七大报告指出了我们现在还存在诸多问题，比如“一些基层党组织软弱涣散；少数党员干部作风不正，形式主义、官僚主义问题比较突出，奢侈浪费、消极腐败现象仍然比较严重”。为什么经历了这些年的努力，仍然会出现这些问题呢？这就是因为有那么一种与社会主义核心价值体系相背离的价值体系在社会生活中发挥着作用，形成了“超循环”。改革开放是共产党自己推行的政策，但在此过程中出现了诸多潜规则，挑战明规则，进而挑战共产党的执政地位。被卷到这些潜规则中的人，并不是以往的那种阶级敌人，但在那种自发地形成的规则控制下，人们与社会集体作对，与代表着社会整体利益和未来的共产党作对。在这种情况下，不管我们是不是实行“民主”，都不能触及问题的实质。我们要研究共产党的执政能力问题，就必须深入研究价值体系问题，打破资本主义价值体系的“超循环”，使科学合理的价值体系控制社会生活过程，形成“超循环”。共产党人的历史使命就是通过建立社会主义核心价值体系的“超循环”来开发人民群众

中蕴藏的巨大潜能，合理地组织社会生产过程，满足人民群众的需要，为人性的健康全面发展撑起新的空间。在此基础上，我们才能使党的执政方略更加完善、执政体制更加健全、执政方式更加科学、执政基础更加巩固。我们所有的施政目标都必须是在社会主义核心价值体系形成“超循环”的前提下，才能得到实现。反过来说，如果听任那些潜规则继续发挥作用，我们所追求的各种目标就必然是水中月、镜中花，可望而不可得。所以，我们应当在这个新的认识水平上重新思考党的执政能力问题。

首先来看执政方略。所谓执政方略，就是执政的大政方针、战略策略。执政是全局性的根本大事，当然就要有全局性的眼光、全局性的思维、全局性的方针和全局性的谋划，才能从根本上掌握执政的主动权，顺利地实现执政的目标和任务。

从价值体系的发展演变过程来看，我们现在所面临的大势是什么呢？我们正处在从资本主义价值体系向社会主义价值体系的转变过程之中，具体地说，也就是要从以物为本向以人为本转变，从非科学的发展向科学发展转变，从丛林社会向和谐社会转变。这同时也是由资本主义向社会主义转变，这是因为，在资本主义制度下，人类无法完成上述三个转变。所以，拯救人类的希望现在寄托在中华民族身上，中华民族必须率先完成这一转变。此乃天下大势，两种价值体系的冲突是一个客观存在，不是东风压倒西风，就是西风压倒东风。我们所坚持的社会主义核心价值体系代表着人类未来，但目前还处于弱小的地位，如何在目前还很强大的资本主义价值体系的压制下成长发展起来，这就是我们所要考虑的大战略。邓小平同志所说的“韬光养晦”，就是在社会主义事业处于低潮的情况下所应当采取的一种战略。现在看来，我们已经挺过了最艰难的时期，坚持着丛林法则的西方人反而面临着困境，由于华尔街的贪婪成性所引爆的经济危机席卷了全球，自由市场经济的神话正在破灭；美国人尽管在人均土地面积、原材料和科研力量等方面都具有巨大优势，但由于价值体系的缺陷，现在却债台高筑，同时还要忙于在伊拉克和阿富汗收拾残局。本来是旨在向全世界推广美国价值观和利益的全球化，却使美国从世界霸权的位置上衰落下来，从而也使得美国人的价值观受到地球人的怀疑。西方人普遍面临着信心危机，中国人所倡导的以人为本、科学发展和建设和谐世界的主张，占领了道义上的至高点，正在赢得越来越多的支持。

两种价值体系的冲突与中国人民的抗日战争一样，也是一场持久战。

自从苏联东欧社会主义的政权崩溃以来，资本主义价值体系咄咄逼人，社会主义事业处于低潮。然而，从1989年柏林墙倒塌到现在不过短短的20多年，情况就发生了变化，“美国以最铺张、最不计后果、也最具毁灭性的方式展示其实力……随后它马上就开始衰落。”[①]1991年海湾战争取得了胜利，美国彻底摆脱了越战阴影，扩张野心再度膨胀。此后10多年中，美国几乎每隔几年就发动一场地区战争。特别是“9·11”事件后，小布什政府乘势打出“反恐”的旗号，接连发动了阿富汗和伊拉克两场战争。美国本以为，伊拉克之战可以昭示全球，表明美国有能力迅速、轻松地摧毁任何“拒绝按美国规则”行事的国家，将伊拉克改造成为亲美政权和“民主样板”，达到以民主化改造和重塑中东，将中东这个全球石油供应中心纳入美国战略控制的目的。却没料到，其在伊拉克的军事行动久拖不决，伊拉克会成为美国历史上最大的海外包袱之一。

世界范围的经济危机和美国霸权的失败，使得资本主义价值体系也陷入危机，现在已经进入了两种价值体系的相持阶段。在这种情况下，我们不仅要对建设社会主义核心价值体系有自觉的追求，有充分的自信，而且要与时俱进，制订出最终压倒资本主义价值体系的发展战略，迎接大反攻时代的到来。一是要亮出旗帜，这一点我们已经做得很好，以人为本、科学发展和构建和谐社会的主张，对内对外都赢得了拥护；二是稳住阵脚，把自己的事情办好，培育社会主义核心价值体系，使之在中华大地上生根开花；三要广交朋友，以道义上的优势来争取广大第三世界的支持；四是静观待变，美英等坚持丛林法则的西方核心国家面临着严峻的危机，在内外交困之中逐步走向衰亡。我们在经济上要逐步与之拉开距离，以免受其拖累。坚持独立自主的和平外交政策，不断提高应对国际局势和处理国际事务的能力。

其次来看执政体制。所谓执政体制，也就是政治体制，它建立在基本制度之上，是基本制度的实现形式；体制与制度共同构成我们执政的制度框架。这是执政能力的基础，一切执政活动能否正常进行以及其效率如何、效果如何，首先取决于制度和体制的设计是否科学、合理、便捷，这个制度和体制运转得是否顺畅、灵活、高效。

必须强调的是，体制的优劣要服务于政治目标。随着政治目标的发展

[①]《参考消息》2009年10月19日第3版文章：《全球政治“激进主义十年”结束》.

变化，评价政治体制优劣的标准也会发生变化。现在我们已经认识到建设社会主义核心价值体系这一目标，那就不能泛泛地谈论政治体制的优劣，而是要从建设社会主义核心价值体系的需要来谈论优劣。一个好的体制必须是有利于社会主义核心价值体系的成长的体制。

我们现有的政治体制，即人民代表大会制度、中国共产党领导的多党合作和政治协商制度、民族区域自治制度，之所以是一个非常优越的体制，就在于它保证了先进的价值体系在社会生活中的领导地位。中华人民共和国的开国领袖们高瞻远瞩，全面总结了人类政治科学的成就，为新中国设计了一个先进的政治体制，其中最突出的特点是坚持党的领导，虽然没有明确地说明要坚持社会主义价值体系，但在实际上起着这种作用，从而保障了我国发展的稳定和社会主义方向。改革开放以来，我们积极稳妥地推进政治体制改革，坚持中国特色社会主义政治发展道路，坚持党的领导、人民当家作主、依法治国有机统一，坚持和完善人民代表大会制度、中国共产党领导的多党合作和政治协商制度、民族区域自治制度以及基层群众自治制度，不断推进社会主义政治制度自我完善和发展，我国社会主义民主政治展现出更加旺盛的生命力和优越性。

有那么一些人竭力地要以西方的三权分立为目标来改革我们的政治体制，他们之所以钟情于这种体制，是因为他们并不想坚持社会主义核心价值体系，他们所认同的是西方那一套价值体系。西方那一套政治体制本来就是伴随着资本主义价值体系的成长而发展起来的，主张这种政治体制改革的人们，其实质是为了坚持资本主义价值体系，把中国拉回到资本主义。

我们也认为现行的政治体制需要进一步改革，但必须明确的是，各种改革措施都必须保证社会主义核心价值体系在社会生活中的领导地位，保证以人为本、科学发展和构建和谐社会各项目标的落实。这个过程应当是社会主义政治体制的自我发展完善的过程，一个以社会主义核心价值体系为序参量的自组织过程，所以就要追求人的自由全面发展，以这个目标为核心价值来重组社会生活；只有在共产党执政的情况下，才能做好这件事。能够做好这件事，挽救人类的命运，这就是共产党执政权的依据。作为共产党人，也必须明白，我们自己也不过是历史向新的社会形态进化的工具，掌权并不是目的，建设社会主义核心价值体系才是目的。如果自己不能自觉地建设社会主义核心价值体系，也就失去了存在的依据，别人就有理由以民主的名义向其执政地位挑战。所以，共产党就应当有勇挑历史重担的清醒认识，不仅是领导人有这种意识，全党都应当有这种意识。

在自觉坚持党的领导的同时，我们还要随着社会主义核心价值体系在社会生活中的成长过程，循序渐进地进行改革，以增强党和国家活力、调动人民积极性为目标，扩大社会主义民主，建设社会主义法治国家，发展社会主义政治文明。所谓坚持党的领导，并不就是简单地把决策权力掌握在党委的手上，而是把社会主义核心价值体系贯彻到社会生活过程之中。只有在这种价值体系形成“超循环”，稳定地运行起来之后，社会主义的民主法治建设才能稳定地成长起来，社会主义政治制度的特点和优势才能充分发挥出来，社会主义民主政治才能迈上制度化、规范化、程序化的新轨道，为党和国家长治久安提供政治和法律制度保障。

其三来看执政方式。执政方式就是党治国理政的基本方法和模式，改革开放以来，我们管理国家和社会的方式也在与时俱进，不再简单地使用行政命令的方法，而是综合运用法律的、行政的、经济的、协商的、契约的、思想政治工作的等多种方式和手段，以适应世界文明和国际形势发展的潮流，适应改革开放和社会主义市场经济的发展要求，适应广大人民群众的愿望和要求，适应建设社会主义政治文明的要求。在认识到价值体系问题以后，我们就要在价值体系的引导上下工夫，这是更高级的执政方式，或者说是执政艺术。

这也就是说，我们所要达到的各种目标，只有在建立起相应的价值体系、与人们的自觉行动相协调的情况下，才能保证它们的实现。从以往的经验来看，我们要实现国民生产总值翻两番的目标，那就鼓励一部分人先富起来，然后用 GDP 的数字来考察干部政绩、决定干部的升迁，有了这样一套价值体系来保障，翻两番的实现就不过是时间问题了。我们现在又提出了构建和谐社会的目标，与之相应的就要建立起一套新的价值体系来保证这个目标的实现，对公民就不再是简单的“谁发财谁光荣”的目标，还要有全面发展的目标，引导人们自觉追求和谐的生活；对各级干部的政绩考核，也要有新的价值体系，不能仅仅以 GDP 数字论成败，社会治安的优劣、生态环境的保护、收入分配差距的大小、民生改善的程度、科技创新的能力，都应当纳入考核范围。

应当肯定的是，现在我们已经在逐步地完善社会发展评价指标体系和干部政绩评价体系。但我们也必须看到，还应当举一反三，把这种执政方式应用到更多的工作上去。如果我们要达到某项具体工作目标，比如说要治理某种不良社会现象，诸如跑官要官、贿选、黑社会等，也要研究一下，究竟是哪一种价值体系在支持着这种现象,找出改变这种价值体系的办法，才能从根本上解决问题。

比如说，这些年来公款吃喝问题很严重，浪费很大，人民群众意见也很大，党和政府也下发了很多文件进行治理，但实际效果却不怎么样，制定多少个规定也管不住一张嘴，这是什么原因呢？这是因为有那么一种价值体系支持着这个公款吃喝活动，中国人向来重人情，而且喜欢通过招待的档次来表示对被接待者的重视，随着社会交往的扩大，人们都身不由已地参与进去。在这种竞相攀比接待档次的价值体系占主导地位的情况下，公款吃喝的费用就难于控制住。再比如公车消费，也是因为有那么一个价值体系在支持着这种消费，往往不是根据工作的需要来配备汽车，而是根据职务级别的高低来配备，由于那种以官职大小来评价人生价值的价值体系根深蒂固，它推动着官员队伍的不断膨胀，从而也推动着公车消费的增长。在存在着这种价值体系的情况下，我们要想通过下命令的办法来控制公款吃喝和公车消费，就是与人的本性作对，就很难奏效。要想解决这个问题，就必须从价值体系的引导上下工夫，建立起一种不会激励公款消费的价值体系。

这个设计和驾驭价值体系的任务非常重要，也非常复杂。所谓执政方式，发展到这个阶段，应当称为执政艺术。就像艺术家创作一幅完美的艺术品一样，共产党人要驾驭社会运行过程，创造一个和谐完美的社会组织，塑造和谐的风气、完美的人性，这应当是最伟大的艺术创作，只有把智慧与权力有机结合起来，才有可能解决这个问题。在这方面，中华民族的悠久历史为我们留下了许多宝贵财富，应当认真继承借鉴。诸如“图难于其易，为大于其细”、“纲举目张”、“无为而治”等，在建设社会主义核心价值体系的伟大事业中，这些都是极其有用的艺术。

具体地来说，要想用好这种新的执政方式，第一，各级党员领导干部必须是真正具有了新的价值体系，才具有了团结和凝聚人民的影响力、感召力。所以，就必须先抓好党建工作，通过党组织的培养教育、择优汰劣，保证党和国家的各级领导权掌握在真正闻道的人手中。

第二，必须科学地设计竞争机制，一方面要保持社会进化的张力，把人们的自尊心与荣誉感调动出来,促进人性的沿着向上的和谐的方向发展；另一方面又要避免过度竞争，避免反社会的行为。

第三，在领导、教育民众的时候，必须注意方法。对那些在价值体系上处于先进地位的人们进行鼓励，用干部标准作杠杆，来引导社会风气。对那些在价值体系上处于后进地位的人们，则要用说服的、循循善诱的方法，而不能用压服的方法、强制命令的方法；要采用“团结——批评——团结”的方法，正确处理人民内部矛盾。同时，还要为人民群众解除生存恐惧，为人民群众的精神成长创造条件，在此基础上，进行正确的引导，培养健康向上的价值体系。

在两种价值体系的冲突中，资本主义价值体系有一个先入为主的优势，无须政治家有意识地坚持，就可以自然而然地自我强化，形成“超循环”过程。仅仅借助于生存的自然必然性的强制压力，就把人们的注意力锁定在资本主义的价值体系上了。正是由于这个原因，对于个人来说，要想堕落很容易，而要想上进就很难；对于社会管理者来说，要想搞资本主义也很容易，要想搞社会主义就很难。建设新的价值体系，首先就要阻断私有制价值体系的“超循环”，要制定规范、奖优罚劣、加强宣传，抑制旧的价值体系，使新的价值体系形成气候，特别要抓好青少年的教育，培养一代新人，防止旧价值体系向下一代传染。

其四来看执政基础。这个问题与上面所说的执政方式等有机地联系在一起的。我们党的执政基础是什么？通常人们会说，人民是基础。只有人民的拥护、人民的授权、人民的支持，我们才可以执政，也才可以执好政，如此等等。这种说法没有抓住根本，如果仅靠这种空谈来指导实践，迟早要摔跟头。具体地来看，人民中的每一个人都处在价值体系成长的特定阶段，每一个人都会因其价值体系的发展水平而倾向于某种社会制度。在新中国建立之前，共产党要靠帝国主义反动派来为自己营造阶级基础，是他们的残酷压迫把人民群众赶到共产党这一边。共产党为苦难中的人民群众提供了解放的希望，所以他们支持共产党。在共产党执政以后，就要有意识地营造执政基础，因而就要进行价值体系的建设，随着革命的深入而确立新的目标，并把这个新的目标灌输到人民群众中去，使之成为人民群众的自觉追求。

只有那些处于价值体系的较高发展水平的人，才会自然而然地支持社会主义制度，因为他们所追求的那个核心价值——人的自由全面发展——只有在社会主义制度中才能得到实现，因而只有这些人才是共产党的稳固的执政基础。那些价值体系发展水平不高的人，往往是左右摇摆的，对于要不要共产党的领导，他们往往持无所谓的态度；只要给他们一点眼前的小利，就会被骗子忽悠过去。他们必须在经历了惨痛的教训之后，才会明白社会主义制度的珍贵，而这种明白又常常是短暂的。很多人经常地好了伤疤忘了疼，相当数量的人在重大问题上常常是短视的，即使是看到了正确的目标，也缺少坚持到底的毅力。另外还有一部分人，由于价值体系的低级狭隘而坚决地反对社会主义。就算是回归私有制社会，他们也并非就肯定可以吃香的喝辣的，而是同其他人一样要在丛林世界中过上命运未卜的生活，但他们就是喜欢私有制，喜欢那种丛林法则下的生活，所以就把突破任何社会规则视为自由，把任意妄为视为民主。其价值体系使他们不知道什么是好什么是坏，以至于狂热地追求那些损害着自己利益的事情，不管怎么教育，都不会开悟闻道，非要带着花岗岩脑袋去见上帝，这也是无法避免的事情。由此可见，并不是所有的人都天然地支持社会主义制度。我们要营造自己的执政基础，就要用社会主义核心价值体系来引导社会潮流，把人民群众引导到健康向上的方向上来。通过全心全意地为人民服务和价值体系的引导教育，共产党才能不断地扩大自己的执政基础。

进一步来说，社会主义制度是与更高水平的人性相配套的，两者必须有一个互相促进和互相适应的过程，形成“超循环”，才能在一个高水平上稳定下来。由于个人价值体系与社会价值体系之间有一个“超循环”的存在，当新的人生需要从少数个体的身上产生出来时，就会与原有的社会价值体系“超循环”产生冲突；从一种社会制度向另一种社会制度的过渡过程中，因而就必须有一场革命，打破旧价值体系的“超循环”，建立起新价值体系的“超循环”，这就是共产党的执政基础。“无论为了使这种共产主义意识普遍地产生还是为了实现事业本身，使人们普遍地发生变化是必需的，这种变化只有在实际运动中，在革命中才有可能实现；因此，革命之所以必需，不仅是因为没有任何其他的办法能够推翻统治阶级，而且还因为推翻统治阶级的那个阶级，只有在革命中才能抛掉自己身上的一切陈旧肮脏东西，才能成为新社会的基础。”[①]共产党执政就是要按照共产党人的价值体系来改造世界，同时也改造人性，促进人性在更高的发展水平上获得自由全面发展。但如果在两种价值体系的斗争中，社会主义核心价值体系的“超循环”没有能够稳定地运行起来，反而是资本主义价值体系不断

[①]马克思恩格斯选集[M].第1卷.北京：人民出版社，1995.第91页.

强化，形成了“超循环”，稳定地运行起来，就会把越来越多的人吸引过去，共产党的执政基础就会越来越削弱。

要想打破旧价值体系的“超循环”过程，不能指望来自其他什么地方的力量，只能依靠人们自身，通过用新的价值体系来焕发人自身的潜力，把个体与社会整体地提升到一个新的高度上。正如马克思所说的那样：“环境的改变与人的改变的一致，只能被看作是并合理地理解为革命的实践。”什么是革命的实践呢？现在看来，只有那种由先进价值体系所主导的实践才能是革命的实践，也就是说，它只有在先进价值体系的主导下，人们才能超越庸人的那种实践。在中国共产党领导中国人民改造旧世界的伟大斗争中，崇高的革命目标提升了每一位革命者的精神境界，艰难困苦的革命斗争锻炼出他们真金美玉一样的人品。由这样的人组合起来所形成的文化环境，就像一个大熔炉，反过来又可以进一步塑造新加入者的人格，许多原来在反动派的队伍中的人，到了革命队伍中便焕然一新。

这是因为革命队伍中的价值体系是先进的，它能影响和塑造每一个体的价值体系，从而形成一种先进价值体系的“超循环”，尽管不断有新的个体加入和老的个体退出，这种“超循环”一直延续下来，俗话说是铁打的营盘流水的兵，人民军队的这个组织体系保卫了先进价值体系的“超循环”，形成了人民军队的光荣传统，这就是这支队伍战无不胜的奥秘。敌人最怕的是先进价值体系武装起来的人民军队，我们所必须精心呵护的也正是这个“超循环”的延续，这是我们的传家宝。只有这种“超循环”的稳定运行，才能把人们的价值体系维持在一个较高的水平上。我们现在所要做的就是把这个“超循环”推广扩大到全社会，特别要抓好青少年的教育，培养一代新人，防止私有制价值体系向下一代传染，要制定规范、奖优罚劣、加强宣传，抑制旧的价值体系，使新的价值体系形成“超循环”。这个“超循环”的稳定运行就是共产党的执政基础，虽然它对我们来说，看不见也摸不着，但这个“超循环”却是一个实实在在的客观存在。如果这个“超循环”中断了，共产党的执政基础也就瓦解了。“基础不牢，地动山摇”，苏联东欧社会主义政权的崩溃，其原因就在这里。

现在我们掌握着执政权力，这是营造执政基础的工具。一方面，我们要用好这个工具，为人民群众解除生存困境，为其自由全面发展创造制度条件；另一方面，人民群众也必须在价值体系上来一个转换，不再以财富的私人占有为核心价值。这两个方面必须协同配合，才能形成新的“超循环”。我们在解除人们的生存恐惧方面，目标很明确，十七大报告提出，要加快推进以改善民生为重点的社会建设，努力使全体人民学有所教、劳有所得、病有所医、老有所养、住有所居，推动建设和谐社会。我们在社会保障方面也做了大量的工作，但现在的问题是，我们解决问题的速度跟不上市场法则制造问题的速度。市场法则就是一个不断地制造两极分化的法则，它把人们的思想意识牢牢地束缚在私有制价值体系上，在这种价值体系的控制下，各种问题层出不穷。我们要想从根本上解决问题，就必须让社会主义核心价值体系渗透到社会生活中去，限制市场法则的消极作用。通过建设社会主义核心价值体系，让这种价值体系进入自我强化的临界点，进入良性循环，便可使每一个人都能充分地发挥自己的潜力，获得自由全面的发展，从而创造出超出资本主义时代的更为强大的生产力。

在由这样的人组成的社会集体中便可自由地驾驭物质财富的生产过程，保障每一个人的物质需要。同样，在由这样的人组成的社会集体中，才可能出现真正的民主政治。西方式民主之所以必然地沦为一场闹剧，就是因为它建立在资本主义价值体系的“超循环”过程之上，不过是给丛林法则披上了民主程序的外衣。我们之所以要坚持党的领导，就是为了建立新价值体系的“超循环”，把人民群众都引导到社会主义核心价值体系的高度。这样的人自然而然地偏好社会主义制度，在这样的人越来越多的情况下，真正的民主政治制度就可以不断趋向于完善，共产党的执政基础自然也就越来越稳固了。

综合以上四点，所谓执政能力，对于共产党人来说，就是建设社会主义核心价值体系的能力。执政党要想提高社会管理的科学化水平，就要驾驭社会价值体系的成长过程，对各种有可能偏离正确方向的倾向保持高度警惕，“图难于其易，为大于其细”，潜移默化地把社会价值体系引导到正确方向上来。只有坚持沿着这个方向一直走下去，社会管理工作才能达到无为而治的境界。

三、培育社会主义核心价值体系的成长点

旧的价值体系会在人们的实践中自我强化，形成“超循环”，我们要打破这种自我强化的“超循环”过程，就必须找准突破点。这个突破点在什么地方呢？我看就在新的价值体系的成长点上，如果没有新价值体系的成长点，社会生活就只能在原有的轨道上继续下去，不管有多么严重的危机，

都无法使其改弦更张。曾经有那么一个“培育新的经济增长点”的口号，借用这个说法，我们便可提出一个新观点：培育新价值体系的成长点。

社会主义核心价值体系的成长过程是不是也有一个成长点或增长点的问题呢？我想那是肯定的，新的价值体系不可能一下突然地冒出来。这也与动植物的进化过程一样，是一个新取得的成果不断积累、由量变到质变的发展过程。既然是这样的过程，它也如经济发展一样，不可能大家一下全都富起来，只能是让一部分先富起来，然后先富带后富。在价值体系的进化过程中，也不可能一下让所有的人都树立新的价值体系，不可能让大家都同时开悟，只能是有一部分人先悟，然后带动其他人开悟。

特别是在资本主义价值体系控制着社会生活过程的前提下，要打破这种价值体系的“超循环”，就必须在资本主义所创造的物质文明的基础上，引入新的价值体系来重组社会生活。如果做不到这种程度，新的价值体系如果不能同社会生活过程有机结合起来，就只能是水上的浮萍。这种结合不可能在一个国家范围内全面地普遍地进行，而只能在某个局部地区某些薄弱环节寻找突破口，然后再逐步扩散开来，这与当年列宁发动十月革命和毛泽东在井冈山建立根据地是同样的道理。

资本主义价值体系对社会生活的控制是一个自组织过程，无须对它进行刻意的安排组织，它像雨后的蘑菇一样，可以自动地成长起来。正是由于这种价值体系的存在，它所导致的问题从各个领域自发地冒出来。之所以说搞资本主义很容易，那是因为有一个自发地把社会推向资本主义的机制。社会主义核心价值体系对社会生活的控制也是一个自组织过程，但要进入这个新的自组织过程，需要有一个从原来的资本主义价值体系所控制的自组织过程过渡到新价值体系的自组织过程的过渡时期，这个过渡过程应当是这样的，随着人们的觉醒，开悟的人数不断增加，这些人自然就会组织起来，自动地去创造与他们的价值体系相适应的生产与生活方式。

但是，这样的人怎样产生出来呢？旧的价值体系控制着社会生活过程，在人们生产与生活的过程中就潜移默化地接受了其中的价值体系，人们就自然而然地成为一个私有者，他们的生活过程又进一步地强化了社会生活过程中的私有制价值体系，于是便在个人价值体系与社会价值体系之间形成了一个互相决定、互相制约的“超循环”。就算是有少数特别优秀的人开悟了，那也无法撼动原有的“超循环”。

甚至是作为一个国家，在面对当今世界的经济一体化的过程中，也很难特立独行。比如说当前经济危机，作为共产党人应当感到高兴，这证明了马克思主义是真理，证明了社会主义道路的正确性。可是，现在中美两国经济已经联系得非常紧密，美国人感冒了，中国人就要打喷嚏。这就使我们没法隔岸观火，我们自己的社会生活过程还要继续，所以中国政府就要救市。我们现在是执政党，不是在野党，必须对社会生活的正常运转负责。

但是，这样一来就出现了一个问题，这就是投鼠忌器的问题。社会生活过程与市场法则有机地结合在一起，我们要保持社会生活的稳定运行，就必须容忍这种价值体系，这样一来就导致了资本主义价值体系的进一步强化，延续了资本主义的生命；而这种价值体系的强化则会进一步把两极分化、生态恶化、官场腐化等私有制的顽疾强化起来。这样一来，人们就搞不清楚，出了这些问题，究竟是因为共产党的执政能力不够高呢，还是由于资本主义价值体系的蔓延发展？确实有那么一些人，他们把问题归罪于共产党的领导，并以此为理由要共产党下台。他们的这种做法，其实质不过是进一步放开资本主义价值体系进一步发展的障碍；坚持用这种价值体系来改造社会生活，这是他们的本能。

人们都要用自己的价值体系来改造世界，人们也只能用自己所拥有的价值体系来改造世界。一个不具备社会主义核心价值体系的人，不可能自觉地用社会主义核心价值体系来改造世界，只能用他那与生俱来的丛林法则来改造世界，他们的一切言论与行动都出自这种价值体系，其结果都只能是进一步强化这种价值体系的“超循环”过程。由这个“超循环”过程所造成的问题，要想通过陷溺于这种“超循环”过程中的人来加以解决，那就只能是在原有的基础上修修补补，不可能找到根治的办法。这就好像一个人患了由于基因缺陷所导致的疾病，那就要通过基因修补来进行治疗，采用其他办法虽然有可能缓解一下症状，但却无法根治。比如腐败现象，就是由于价值体系层面的原因，只能在价值体系的层次上进行治疗，找到新的价值体系并形成新的“超循环”过程，才能得到解决。如果在现有的这种“超循环”的基础上，不管如何加大查处的力度，总还是赶不上现在的这种价值体系“超循环”把问题制造出来的速度。而要建设新的价值体系并使之形成“超循环”，就只能依靠具有了新的价值体系的共产党。如果是其他政党执政，社会生活中的混乱只能是日甚一日，趋向失败。所以，我们必须把道理分析清楚，把责任分别开来，市场法则所造成的问题，责任应当由市场法则来负，不能把责任归因于公有制和社会主义政治体制。现在有共产党和社会主义限制着市场法则的消极面，情况尚且不如人意，如果没有共产党来限制它，情况岂不是更糟。这里的逻辑是很清晰的。

我们必须强调，共产党执政的优越性就在于它具有在价值体系层面上治疗社会疾病的技术。它能够自觉地进行社会价值体系的建设，改变资本主义价值体系控制着社会生活过程的状态。但是，如果有了治病的办法而不用，照样也还是不行。作为执政党，共产党必须对社会生活中的一切问题负责，既然要借助于市场法则来促进经济发展，那就要对它所要带来的问题保持警惕，管好自己的队伍，用好手中的权力。我们要建设学习型党组织，在这个高度复杂、剧烈变化的世界上，就要适应外部环境的变化，掌好社会运行之舵。这又是一个“两手抓”，与过去的一手抓物质文明、一手抓精神文明不同，现在的“两手抓”是，一手抓保持社会生活的稳定运行，如避免经济危机、防灾救灾、维护公平正义、缩小收入分配差距；这些工作的基础或者说前提，当然是以市场法则为主导的经济秩序，而在这个基础和前提下，要想保持长期的可持续的发展是不可能的，因为这个机制就是一个自发地经常地制造出矛盾冲突、灾难不幸的机制，要在这个基础上维持社会稳定，只能暂时的。于是，在这个暂时稳定的时间内，我们必须抓好另一手，这就是价值体系的开拓创新，在现有经济模式的自我调整的潜力被发掘干净之前，让替代它的新价值体系成长起来。所以，在社会的组织功能上要有所区分，在保持现有经济秩序的正常运转的同时，要拿出一部分社会经济组织或者地域，专门从事价值体系的创新，形成有利于新的价值体系成长的局部环境，构建与新的价值体系相适应的生产与生活方式，让新生的一代人在新的环境中成长起来，从而自然而然地具有新的价值体系，形成一代新人。这种“两手抓”不再是在抽象概念中玩文字游戏，而是把精神文明建设与物质文明建设有机地结合起来，这是真正有成效的“两手抓”。

社会主义核心价值体系的建设问题，归根到底是人民群众的教育问题，人民群众如果得不到良好的引导教育，那就不过是乌合之众，在这样的基础上不可能产生出科学的社会管理。马克思曾经谈到发展生产力的必要性：“生产力的这种发展（随着这种发展，人们的世界历史性的而不是地域性的存在同时已经是经验的存在了）之所以是绝对必需的实际前提，还因为如果没有这种发展，那就只会有贫穷、极端贫困的普遍化；而在极端贫困的情况下，必须重新开始争取必需品的斗争，全部陈腐污浊的东西又要死灰复燃。”①对于人类精神的进化来说也是同样道理，在忽视了人民群众的教育的情况下，在资本主义的价值体系控制着社会生活过程的情况下，不管生产力发展水平如何，“全部陈腐污浊的东西又要死灰复燃”，这对于我们来说，不是一种假设，而已经是经验的存在了，比如说，黄、赌、毒和娼妓等一度绝迹的丑恶现象就死灰复燃了。有那么一种内在动力，推动着这些东西成长起来，当有人举报湘潭纺织印染厂工人文化宫内多年上演低俗不堪的节目后，该文化宫负责人就“义正辞严”地说，我们也接过国家级和省级演出团体，也放过电影大片，可人家不喜欢。你不脱衣、不搞些“三点式”节目没人看。这也是一种自我强化的“超循环”，谋生的需要迫使演艺人员迎合人们低品位的兴趣，反过来又进一步把人们的注意力吸引到低俗文化上来。

必须打破这种“超循环”，建立起新价值体系的“超循环”。现在我们已经不能像以往的专家学者那样，躲在象牙塔里议论风生，而是要进行具体的操作，要把这个价值体系的建设工作抓实，要像抓经济建设一样，制定发展战略，并综合运用各种政策、杠杆，切切实实地做好人们的价值体系的转化工作，抓住一个人是一个人，占住一个地盘是一个地盘，一定要把人民群众争取到自己身边来。即使是那些价值体系已经定型的那些人，也还是要挽救教育，把他们的破坏性约束在最低的范围内。

要想打破资本主义价值体系的“超循环”，就必须培育新价值体系的成长点。这就是社会主义公有制的经济组织，只有它才能容纳社会主义核心价值体系。从培育新的价值体系的需要出发，我们才能看清公有制的优越性，它就是新的价值体系所赖以成长的生产与生活方式。只有在服务于建设社会主义核心价值体系这个目标时，公有制的优越性才能受到重视；反过来说，只有在认真地建设社会主义核心价值体系的过程中，公有制的优越性才能实际地体现出来。在前一段时间，我们还没有意识到建设社会主义核心价值体系的目标，把经济发展作为硬道理，这在当时是当务之急，是必须如此的。但是这个目标是不全面的，不能概括社会生活的全部需要，在这种情况下，公有制反而成了弊端，必须进行改革。在生产力已经得到充分发展的情况下，我们现在就有条件把建设社会主义核心价值体系作为

①马克思恩格斯选集[M].第1卷.北京：人民出版社，1995.第86页.

目标了，所以也就有必要把公有制重新恢复起来。在确立了这个新目标之后，社会生活过程才能走上健康发展的康庄大道，避免改来改去的折腾。

其实现在已经有很多组织起来共同富裕的实行了公有制的典型，充分地显示了优越性。它们实行外圆内方的管理方式，在与外部联系时，遵守的是市场法则，在内部则使用社会主义的原则，各尽所能，按劳分配。在这样的经济组织中，人们才能摆脱生存的自然必然性的强制压力，摆脱以财富的私人占有为核心价值的价值体系的控制，社会主义核心价值体系才有可能成为与人们的日常生活方式紧密结合的有生命力的价值体系。所以说，社会主义公有制的经济组织就是社会主义核心价值体系的成长点，要建设社会主义核心价值体系，就要大量地发展这样的经济组织，要鼓励那些开悟了的人们，那些被旧的生活方式所抛弃的人们，自己组织起来建立这样的经济组织，发挥其主动性创造性，把新的价值体系运用到生产与生活过程之中，他们自然会创造出一种适应现代生产力发展水平的生产与生活方式，一种既实现人的自由全面发展，同时又能保持人与社会和环境和谐相处的生产与生活方式。在此过程中，他们还将把新的价值体系运用到政治过程之中，创造出一种新的政治运行方式，形成一种既有民主又有集中、既有统一意志又有个人心情舒畅的生动活泼的政治局面。

“人能弘道，非道弘人”，所以我们应当鼓励这样的人大胆地试、大胆地闯。只有在这些人的身上，社会主义核心价值体系才真正具有了生命力，真正在成长着；只有在这些人的身上，我们才能看到中国和人类的光明前途，他们代表着正确的发展方向。如何让这样的人自发地、大批地、经常地和每日每时地产生出来，这就是执政党所应当高度关注、切实拿出办法的大问题。悠悠万事，唯此为大。伟大的无产阶级革命家如列宁、毛泽东都对此具有高度的自觉。列宁在看到关于星期六义务劳动的报道后，立即给予高度评价，称之为“非常重要的开端”，他说：“这是比推翻资产阶级更困难、更重大、更深刻、更有决定意义的变革的开端，因为这是战胜自身的保守、涣散和小资产阶级利己主义，战胜万恶的资本主义遗留给工农的这些习惯。当这种胜利获得巩固时，那时，而且只有那时，新的社会纪律，社会主义的纪律才会建立起来；那时，而且只有那时，退回到资本主义才不可能，共产主义才真正变得不可战胜。”后面他又提到无产阶级应当解决的一个“二位一体的任务”，其中的第二个任务是：“把全体被剥削劳动群众以及小资产阶级的所有阶层引上新的经济建设的道路，引上建立新的社会联系、新的劳动纪律、新的劳动组织的道路，这种劳动组织把科学和资本主义技术的最新成就同创造社会主义大生产的自觉工作者大规模地联合联结在一起。”[①]列宁对这个任务有非常清醒的认识，但可惜的是，由于健康的原因，他没有能够把这项工作坚持做下去，正是在这个任务上，他的后继者没有善始善终地做好，导致了他所创立的第一个社会主义政权最终崩解。毛泽东也对这项任务有清醒的认识，从井冈山时期就制定“支部建在连上”、“三大纪律八项注意”等制度来为新价值体系的成长提供保障，保证了这支军队的为人民服务的性质，为推翻三座大山奠定了基础。新中国建立后所采取的许多举措也是围绕着这项任务，如农业集体化，工商业的社会主义改造，对雷锋精神的倡导，都是为了培育一代新人。对于社会主义社会的执政党来说，这项任务贯穿整个社会主义历史阶段，不管眼前的各项工作多么紧迫，都必须念念不忘。在这个根本任务上做得如何，这应当是评价政治家执政水平高低的标志。

随着这次全球经济危机的爆发，我们可以更清楚地看到，那种以丛林法则为序参量的全球化是一条把人类推向毁灭的道路。我们也要看到，这同时也是人类社会进化的契机，正如马克思很早就说过的那样：“信用制度固有的二重性质是：一方面，把资本主义生产的动力——用剥削他人劳动的办法来发财致富——发展成为最纯粹最巨大的赌博欺诈制度，并且使剥削社会财富的少数人的人数越来越减少；另一方面，造成转到一种新生产方式的过渡形式。”[②]危机极大地动摇了人们对资本主义的信心，所以我们中国人应当抓住世界经济危机这个契机，建设社会主义核心价值体系，为把资本主义送进历史垃圾堆做好准备。新生产方式的诞生必然伴随着巨大的社会动荡，所以我们必须做好准备，建造一艘“诺亚方舟”，在资本主义的大崩溃到来之前就做好逃生的准备，同时更要为新生产方式的诞生做好接生的准备。

由于价值体系的发展水平不同，人们所认同的经济政治制度也不同，庸人需要私有制，觉悟者需要社会主义，我们不可能为不同的人设立不同的政治制度，但可以为人们设立不同的经济制度，让大家各取所需，喜欢为人民服务的人，那就去公有制企业，喜欢发财的人则去私有制企业。但社会主义政治制度则不能变，必须坚持下去，这是先烈们付出巨大代价才

[①]列宁选集[M].第4卷.北京：人民出版社，1995.第1、13页.
[②]资本论[M].第三卷.北京：人民出版社，2004.第500页.

取得的成果，绝对不容动摇。想发财的人可以享受社会主义制度为其提供的安定的政治环境，但也必须遵守社会主义的法律，诚信守法。在经济制度上，可以让两种经济制度共存，究竟哪一种更有利于人的生存、更有利于人的自由全面发展，可以通过竞争来决定，优胜劣汰。经历了这60多年的反复曲折，人民群众一定会根据自己的亲身体验做出正确选择。

社会主义核心价值体系必须渗透到社会经济过程之中，因而必须在这个领域里培育新价值体系的成长点。除此以外，在上层建筑的诸多方面更应当主动地培育新的价值体系，比如说各级国家机关和事业单位，有着稳定的收入来源，因而更有条件培育新的价值体系，理当成为社会主义核心价值体系的成长点，只有这样，才能承担起应当承担的责任，在行使职权的过程中倡导新的价值体系。还有人民解放军，从井冈山开始，一向就是新的价值体系的坚持者、播种机和宣传队，近来，胡锦涛总书记进一步发出号召，培育当代革命军人核心价值观，体现了我军优良传统和时代发展的要求，受到了广大指战员的热烈响应。人民解放军和武警部队也是建设社会主义核心价值体系的新的成长点，走在全国人民的前面，成为全国人民的榜样。

四、正确处理价值冲突，驾驭历史进程稳定地趋向和谐社会

社会价值体系是社会运行的制导因素。任何民族的力量和文明全都依赖于这个民族集体价值体系的发展水平，正是它构成了国家安全稳定的基础。一个民族所达到的价值体系是其民族之魂，而法律和制度不过是它的派生物。任何国家和民族，要稳定地保持一个较高的文明发展水平，就必须进行价值体系的建设，把它稳定在一个较高的发展水平上。

处在价值体系的不同发展层次上，人们在和谐社会的构建中发挥着不同的作用。居于价值体系高位的人促进着社会和谐，处于价值体系低位的人则制造不和谐甚至是灾难。尽管人们都本能地追求真善美，但有那么一些人，由于个性发育的不充分，同时也由于社会价值体系的发育不充分，而难于闻道。无须刻意寻找，我们就可以发现有大量的人，他们并不是坏人，但由于性格的缺陷，他们会无事生非，无故生端，经常地每时每刻地自发地和大批地制造出矛盾冲突，在本来没有问题的地方制造出问题；还有一些人，他们也知道和谐之美，但由于能力水平不够，心有余而力不足，做出的贡献没有制造的麻烦多。处在不同的社会地位上，人们对社会价值

体系的影响力有大有小。有的人如掌权的人们、行使宣传教育职责的人们，力量大一些；作为普通民众，其力量小一些。为了把社会价值体系稳定在一个较高的发展水平上，就需要有那么一种择优汰劣的机制，把价值体系发展水平高的人影响力较大的社会地位上。

但不管其力量是大是小，方向是正是反，每一个人都发挥了一份作用。任何人都不会在价值体系上甘居下游，这是人的本能，所以我们就应当深入到自己的内心深处，认识自己的价值体系，努力地提升自己的价值体系，把它实际地提升到较高的发展水平上。要构建和谐社会，也就要求所有的人都将社会主义核心价值体系“修之于身”；和谐社会的构建是一个动态的过程，无限逼近的过程，我们不可能达到那一个尽善尽美、再也无事可做的极点，所以，这是一个毕生的任务。

处于价值体系的不同发展阶段，人们所看到的现实是不同的，其政治主张也存在差别。如果人们都能对自己所处的位置有一个客观认识，处于价值体系低位的人承认自己水平低，从而甘心接受那处于价值体系高位的人们的领导，大家便会相安无事。但这一点很难做到，越是处于低位的人越是缺少自知之明。他们把自己的价值体系的发展水平绝对化，在价值体系上处于独断论的控制下，认为自己绝对正确。在社会价值体系的建设过程中，这些人所起的作用大多是搞破坏、拉倒车，他们甚至都没有认识到价值体系这个问题的存在，所以就不可能自觉地建设，而是胡作非为，盲人骑瞎马，夜半临深池。只有价值体系的实际进化，人们才能达到真善美的统一，才能避免折腾、合理行动，才能把人类从片面性、自相矛盾、颠倒迷乱的状态中解放出来。而要想在价值体系上有所进化，又是一件非常困难的事情。正是由于这个原因，如果人们要搞资本主义很容易，低水平的价值体系很容易形成气候。被这种价值体系控制着的人们，必然对高水平价值体系不理解，他们会为了狭隘的利益而不择手段。我们看到，人们的聪明才智如果被邪恶控制，就会比自然界的其他任何因素都更严重地危害人类自身的利益。

这样一来，处于不同价值水平的人们就会发生冲突。那些先觉悟的人们就要帮助那些尚未觉悟的人们，尽快地觉悟起来；但我们也要看到，价值体系的觉悟归根到底是自己的事情，我们每一个人都只能是自己解放自己、自己教育自己，谁也不能越俎代庖。有大量的实践证明，生而知之者很少，学而知之者也不多，大量的人是困而学之，因而说服教育对于这些人们的开悟来说，作用很不明显，他们需要在实践中自我总结经验教训。还有很多人困而不学，撞上南墙也不知道拐弯。他们既是人类社会的成员，同时又对人类社会构成致命的威胁，如何正确处理与这些人的矛盾，帮助他们开悟闻道，共建和谐社会，共享和谐生活，这就是一个很具挑战性的任务。怎样完成这个任务，我看有以下几点需要注意。

首先，要正确认识社会基本矛盾。在社会主义这个历史阶段，存在着两种价值体系的冲突，资本主义价值体系与社会主义核心价值体系的冲突，闻道者与未开悟的人们的冲突。它就是社会主义历史阶段的主要矛盾。社会主义事业的深入发展必然要遇到资本主义的丛林价值体系的顽强反抗，两种价值体系的力量对比与消长决定着社会主义的进退，两种价值体系的冲突就是社会主义历史阶段的主要矛盾。过去我们说社会主义的基本矛盾是两个阶级两条道路的斗争，但实际上阶级阵线很不清晰，出身无产阶级的人并不就是坚定的革命派。用这种理论来指导社会主义革命事业，带来了诸多不利后果。后来我们说社会主义的基本矛盾是人民日益增长的物质文化需要同落后的社会生产之间的矛盾，现在我们所面临的经济困境迫使我们想办法扩内需保增长，这就说明，我们现在的生产力并不落后，但由于分配方式不合理，制约了生产力的发展，使创造出来的财富销售不出去，使得社会再生产过程难以继续下去。之所以会出现这种矛盾，还是因为市场法则也即是资本主义价值体系在社会生产过程中的盲目扩张。因此，站在社会主义核心价值体系这一伟大理论创新的基础上，我们便可对社会主义基本矛盾获得新的认识。

资本主义复辟的根源就在于资本主义价值体系的存在。在社会主义这个历史阶段中存在着资本主义复辟的危险性，这已经不是什么预言，而是一个客观存在的事实。为什么会出现资本主义复辟，现在看来，其根源就在于资本主义价值体系的存在。这种价值体系并不仅仅存在于资产阶级的头脑中，而是存在于一切人的头脑中，只要人们不能在精神上来一个觉醒，就仍然要受制于这种价值体系。正因为如此，共产党宣言说，无产阶级也要同传统的观念实行最彻底的决裂。为什么资产阶级跑到共产党内去了，就在于有那么一些名义上的共产党人，在思想深处仍然是丛林价值体系，没有同它彻底决裂，自然而然地就要按照这一套价值体系来改造世界。他们并非存心反对社会主义，也并非是那种来自旧社会、怀念着旧制度、心存复辟希望的剥削者，为什么也要致力于把剥削压迫人的旧制度恢复起来呢？其原因就在于他们超越不了丛林价值体系，他们不能想象有那样一个社会，在那里人们不再是庸人。

要想取得社会主义的最终胜利，执政党就要自觉进行价值体系建设，促进人民群众觉悟。人民群众的觉悟，归根到底要靠人民群众自己解放自己、自己教育自己。丛林法则是价值体系成长的一个阶段，人不能终身停止在这个阶段上，而是要成长起来，进入一个新阶段——和谐法则阶段。要想保持社会的社会主义方向，每一个人都应当改造自己，在价值体系上来一个彻底的转换。随着完成这个转换的人的不断增加，由量变到质变，社会主义才能最终巩固下来。在经济建设过程中，执政党也必须驾驭两种价值体系的冲突，使经济建设在新的价值体系的主导下进行。价值体系问题解决了，就可以避免折腾，把妨碍生产力发展的旧的框框抛开，搞出一套新的规章制度，推动生产力的发展。同时也只有在社会主义核心价值体系占支配地位的前提下，人民群众才能共享生产力发展的成果。反之，如果忘了价值体系建设的这个大方向，即便生产发展了，也只能变成国际大资产阶级的附庸，被他们绑架，失去行动自由。事实再一次告诉我们，只有坚持社会主义，才能救中国；这也就是说，只有坚持社会主义核心价值体系，才能救中国。

其次，价值体系的进化是一个自然历史过程，共产党人对社会价值体系的自觉变革也是这个自然历史过程的必然环节。社会主义核心价值体系将要取代资本主义价值体系，这是一个不以人的意志为转移的客观规律。尽管以往的人们没有自觉地进行社会主义核心价值体系的建设，但他们仍然在建设着；不仅是那些率先觉悟的人们在建设着，那些极力阻挠这个过程的人们也在进行着建设，作为反面教员，他们的努力也促进了社会主义核心价值体系的成长。

这些年来，一直有那么一部分人极力地要用丛林法则来改造中国，他们一方面通过鼓吹倡导这种价值体系把两极分化、腐败现象等各种危害社会、人生的问题制造出来；另一方面又用这些问题作借口，要求共产党交权，实行所谓的宪政。这些人多年来一直在玩着这种贼喊捉贼的手法，积极地推动着用资本主义价值体系来重组社会生活的过程，由经济领域延伸到社会政治领域。这是一个自组织过程，坚持着这个价值体系的人们虽然没有一个共同的计划，但却自发地协调配合起来，共同完成这个过程。社会生活中存在着那种趋向于退化和自我毁灭的倾向，这种倾向必然要时时刻刻地表现自己，树欲静而风不止，所以，在社会主义这个历史阶段，两种价值体系的攻防战、拉锯战是一个客观存在。

正是资本主义价值体系的充分表演，把其内在的矛盾充分暴露了出来，把其虚伪、邪恶、丑陋的本来面目暴露了出来。同时也正是资本主义价值体系的咄咄逼人的攻势，激发了社会生活中向上的健康的力量，激活了人类的自我保存的本能，让那些代表着真、善、美的倾向清醒起来，成长起来，这就是老子所说的“反者道之动”，也就是反面教员的巨大作用。虽然我们的个人利益迫使我们适应这个资本主义价值体系越来越强化的趋势，但同样也是我们的个人利益迫使我们关心社会的和谐稳定、人类整体的安全，迫使人们积极行动起来推动人类的进一步进化。

人类的每一次进化都是在危急的情况下、迫不得已的情况下进行的。在树上有充足食物的情况下，类人猿是不会下到地面上来的；当地上有丰富的食物、仅靠采集就可以生活的时候，人们也不会去耕种。“所有的迹象表明，狩猎采集型社会是出于需要才开始耕作。只是当猎物与可食用的植物日见稀少，新的疆域开发殆尽，进一步的地理扩张越来越困难，生存的危机意味着必须进行新的实验时，人们才开始尝试新的办法。旧的狩猎采集生活方式越来越不经济，最后耕种就取而代之了。”“万事如意之时谁也不会想去改变他们的生活方式的——除非他们疯了。”[①]

同样道理，在丛林法则主导下，假如人类文明可以继续下去，我们也没有必要别出心裁。当今人类所面临的生存危机，迫使人们建设社会主义核心价值体系。如果人类不能跳出丛林价值体系的“超循环”过程，其结果只能是在现有的基础上修修补补，把矛盾爆发的时间往后推一推，等到再也找不到修补办法的时候，这个社会集体也就再也无法运行下去了。人类历史上已经有一些文明不能与时俱进地自我改革、自我完善，所以就自我毁灭了。而我们中华民族之所以能够保持悠久的历史，就在于我们知道“穷则变，变则通，通则久”的智慧。所以，在西方列强瓜分中国、中华民族面临着亡国灭种的危险的情况下，我们仍然能够重新崛起，自立于世界民族之林。由于我们有这种智慧，所以，西方的那一套骗骗苏联东欧人是可以得逞的，但如果想在中国的土地上如法炮制，那就很难。

其三，要掌握正确处理价值冲突的艺术。在由原来的社会秩序向新社

[①][美]杰里米·里夫金、特德·霍华德. 熵：一种新的世界观[M]. 上海：上海译文出版社, 1987. 第 57 页.

会秩序过渡的历史阶段，一方面存在着资本主义价值体系，由此而带来私有制社会所本来就有的内耗；另一方面，社会主义核心价值体系的引入又引入了一种新的矛盾——两种价值体系的冲突，这种冲突很激烈很尖锐，进一步加剧了社会的内耗。这样两种矛盾交织叠加在一起，要想保持社会稳定就很困难，面临着巨大的风险。我们只有尽快把社会主义核心价值体系建设起来，使新的社会秩序尽快运行起来，才能越过这段危险期。

一步实际行动胜过一打纲领，具有了先进价值体系的人民群众必须组织起来、行动起来，新的价值体系才能够成为一种改造现实的力量，才能打破由于资本主义价值体系的控制而形成的自组织过程。组织起来，行动起来，这是马克思主义与其他各种庸人的根本区别。组织起来，就有了一切，不组织起来，就一无所有。行动起来，才能推动社会主义事业获得实质性的进步，没有实际行动，就只能眼睁睁地看着资本主义价值体系的蔓延发展。列宁在一百年前就已经说过："对社会主义思想体系的任何轻视和任何脱离，都意味着资产阶级思想体系的加强。人们经常谈论自发性。但工人运动的自发的发展，恰恰导致运动受资产阶级思想体系的支配……"[①]

在马克思看来："对实践的唯物主义者即共产主义者来说，全部问题都在于使现存世界革命化，实际地反对并改变现存的事物。"[②]所谓使现存世界革命化，也就是马克思在《共产党宣言》中所说的同私有制实行最彻底的决裂，也就是用社会主义核心价值体系来主导社会生活的自组织过程。虽然马克思在他的有生之年没有看到旧秩序被推翻，但他所划定的历史发展逻辑却是不可超越的。如果具有了先进价值体系的人们不能组织起来，自觉地实现这个逻辑过程，那么原来的价值体系就会继续控制社会运行过程，把人类社会推向毁灭，这个过程就会以盲目的自然必然性来为自己开辟道路。要想扭转这个趋势，就必须正确运用国家权力，以及先进价值体系的影响力，把硬实力和软实力结合起来，以社会主义核心价值体系作为序参量来重组社会生活过程，打破社会运行过程中原有的"路径依赖"。

坚持用自己的价值体系来改造环境，这是人的本能。所有的人都这样做，区别仅仅在于有的人有意识地这样做，有的人无意识地这么做。美国人就是这么做的，比如美国前助理国防部长约瑟夫·奈就有文章说："美国的冷战策略高明地把软硬实力结合起来。美军阻止了前苏联的侵略。同时

[①]列宁选集[M]. 第1卷. 北京：人民出版社, 1995. 第327页.
[②]马克思恩格斯选集[M]. 第1卷. 北京：人民出版社, 1995. 第75页.

美国观念从铁幕后削弱了共产主义。柏林墙最终倒塌了，它不是由火炮摧毁的，而是由那些不再信仰共产主义的人挥舞的铁锤和驾驶的推土机摧毁的。”[①]所以，我们必须借鉴人家的成功做法，制定针锋相对的策略，反其意而用之，倡导新的价值体系，引导人民群众摆脱低级趣味、无知愚蠢的控制，进入人生的新境界。在用新的价值体系来引导教育的同时，还要运用国家权力，依法打击各种危害国家安全和利益、危害社会稳定和经济发展的犯罪活动。

在由资本主义向共产主义过渡的社会主义历史阶段，之所以要坚持四项基本原则，就在于新的价值体系的成长需要有一个保姆、监护人。在精神文化领域，也和自然界一样，越是高级的物种，就越是有较长的幼儿期，此即所谓大器晚成。旧的价值体系不需要照顾就可以自发地成长起来，新的价值体系就需要执政党精心看护培育。如果听任两种价值体系自发地竞争，新的价值体系肯定不是对手。在价值体系的冲突中，也如战争时代的争夺阵地一样，共产党人必须牢牢坚守阵地，后退只能是死路一条。今年重庆打黑，揭开了一些内情和细节，让人们更加具体地了解到当前各种问题和矛盾的复杂性、严重性。在黑恶势力猖獗的地方，官商勾结，警匪一家，已经到了明目张胆、肆无忌惮的地步。为了攫取非法利益，黑恶势力不惜使用各种残忍的手段，对“被侵害人”的掠夺甚至残害，无所不用其极，丝毫不把法律放在眼里。实践证明，不是东风压倒西风，就是西风压倒东风，黑恶势力就是资本主义价值体系的最极端的表现，它不讲什么“费尔泼赖”，更不知道什么中庸之道，他们所知道的只是得寸进尺，一直要逼到共产党人忍无可忍的程度，来一次严厉的打击。我们如果要想避免这种激烈的冲突，那就要“图难于其易，为大于其细”，在黑恶势力刚刚露头的时候就及时治理，而不是等其充分发展之后再对之采取专政手段。

执政党不能回避价值冲突，回避的结果就是养痈遗患，导致更大的冲突，使冲突的结果进入难于控制的阶段。所以，我们掌握价值冲突的主导权，开展积极的思想斗争，运用“团结——批评——团结”的公式，把冲突控制在人民内部矛盾的范围内，控制在容易掌控的阶段。所谓正确处理价值冲突，也就是通过价值冲突以取得积极的成果，促进个人价值体系的成长，达到开悟闻道，从而推进社会价值体系的进化。在先锋队与人民群众

[①]《参考消息》2009 年 7 月 5 日第 3 版文章：《美国成为“高明大国”途径：巧实力》.

的价值体系之间保持适度的差距，差距过大会使两者中间出现脱节，产生难于掌控的冲突，差距过小又会使先锋队失去引导力，只有保持适度的差距，不提过高的要求，循序渐进，才能使每一次冲突都取得积极的成果，都使人民群众受到教育。这样牢牢掌握意识形态领域的领导权、话语权，才能积小胜为大胜，从而推动社会整体价值体系不断进化。

价值体系的进化是全人类的事业，与之相应的，价值体系如要退化也需要大家一块退化。西方人急于把他们的价值体系强加给我们，可我们不可能退回去接受丛林法则，这就逼着我们不能继续韬光养晦，而是必须亮出旗帜，坚持社会主义核心价值体系，不仅要把它修之于国，而且要修之于世界，用它来影响和改造世界。我们相信这代表着人类的根本利益，所以我们的事业是正义的。社会主义制度应当鼓励和促进这种新的精神文明的产生发展。执政党必须审时度势，积极引导。为人的健康成长创造物质文化条件，在工作中心上来一个转换，从以经济建设为中心转到以人的全面发展为中心。面对当前腐败现象和违法犯罪现象大幅度增长、已经绝迹的社会丑恶现象的重新猖獗，我们应当反思一下原因：这就是因为我们忽视了人民群众的引导教育，没有做好社会主义核心价值体系的建设工作。只要我们能够创造一个良好的环境，及时地鼓励人性中向善的倾向、抑制其作恶的倾向，任何人都有可能成为一个负责任的人。为促进这种转变，我们必须掌握话语权，提高人性的坐标，同时还要正确处理人民内部矛盾，在矛盾刚露头时就及时治理，图难于其易，为大于其细，而不是等到矛盾发展得很尖锐、成为敌我矛盾之后再来治理。

其四，必须有耐心，持之以恒，慎终如始。英国有谚语说："一个暴发户的成功只需要一个晚上，一个贵族的养成则需要三代。"我们要想提升中华民族的整体素质，这是前无古人的伟大事业，没有捷径可走，自然也就需要一个相当长的时间。人民群众的觉悟是一个过程，而且还要反复地经受正反两个方面的教育，经过比较和对照，才能够锻炼得成熟起来，才有赢得胜利的保证。如果人们还没有这种需要时，那就不能勉强，勉强的结果是欲速则不达。所以在这种情况下，就还要允许市场经济存在，它无非是一种人际关系，由于人性的水平就是这个样子，在这个水平上只能建立这种关系，硬要建立新的关系，那就必然要碰壁。只有通过建设社会主义核心价值体系，才能提升人格水平，在这种人格水平组成的社会环境中，自然就会产生出新型的人际关系和社会政治制度。

毛泽东说过，轻视反面教员的作用，就不是一个彻底的辩证唯物主义者。现在整个世界面临着大危机，资本主义制度所造成的巨大灾难彻底地暴露它的腐朽落后，原来的生活轨道再也不能继续下去了。随着“次贷”泡沫的破灭，原本在全世界颐指气使不可一世的人们所自我吹嘘的“自由、民主、人权”的气泡也随之破灭了，这正是人民群众觉悟的机遇，也正是新制度成长壮大的机遇。当然西方国家决不会在这场危机中坐以待毙，他们必然会有一场最后的疯狂，不惜用整个人类文明为资本主义殉葬。因而代表人类正义的力量首先要扭转资本主义价值体系不断强化的趋势，走上建设新的价值体系的新轨道，这就必将面临一场巨大考验。值此生死存亡的紧急关头，共产党人和所有正义力量都必须做好准备，在党中央的领导下团结起来，迎接这场大决战。

社会主义核心价值体系必须得到清晰的表达，才能被亿万人民群众所接受，才能渗透到社会生活过程之中，使新文明逐渐形成。现在应当是时候了。而今一项伟大的事业正等待着中国人，新世纪的大门在等待着中国人去开启。我们现在已经找到了这个大门，提出了以人为本、科学发展和构建和谐社会的目标，这些新目标都必须在人们的价值体系上找到立足点，才是有保障的、可以实现的。因而社会主义核心价值体系的提出就是很必然的事情，它就是人类整体意识的准确表达。只有当它在社会生活过程中不断成长的过程中，人才能真正地成为人，和谐社会也才能逐步形成。

从私有制产生以来，人们便一直处于拜物教的控制下，以“位高金多”为核心价值，不管是“君子”还是“小人”，他们的区别只在于以何种手段达到这个目标。随着生产力的发展和人性的进化，这一目标将失去核心价值的地位，驱使人们行动的将是个人兴趣、才能的充分发挥。随着人类活动的核心价值的改变，那些导致冲突内耗的根源就像阳光下的积雪一样逐渐消融，人们将获得真正的自由平等，所剩下的只是个人在兴趣、能力和天才等方面的差别，这些差别的充分展示不仅不会带来内耗，反而会带来和谐，促进人类整体的利益。建设社会主义核心价值体系，这就是打开新文明大门的钥匙。

价值体系的内在矛盾是其发展完善的内在动力。即使是在没有意识到它的存在的时候，人们也仍然在推动着它的进化，也在不自觉地建设着社会主义核心价值体系。那么，当人们自觉地进行社会主义核心价值体系的建设时，我们又将取得何等伟大的成就呢？现在我们已经明确了建设社会主义核心价值体系的新目标，这就把理性之光照耀到这个一直处于无意识之中的重要领域，一旦人们认识到价值体系这个东西的存在，那种在潜意识之中控制着人们的陈旧价值体系就再也不能控制人们了。理解便是克服，谁也不会甘于接受那种落后的价值体系的支配，它所造成的灾难不幸也迫使人们抛弃它。这种价值体系已经完成了它的历史使命，人类摆脱它的控制、获得真正解放的时代已经到来。

社会价值体系是人类共有的财富，只有一个充分进化的高水平的价值体系，才能把我们的生命过程和人类文明稳定在一个较高水平上。回顾整个历史，人类价值体系的进化是一个漫长而艰难的过程，有如逆水行舟，前进很难，倒退很容易，当今人类应当清醒自觉地推动这个进化过程，悉心保护价值体系的进化成果。就像动植物都要保护自己的基因一样，保护基因的延续、种族的生存与繁衍，这是人类的本能。与动植物不同的是，人类不仅要保护生理学基因，还要保护那种能够保障生理学基因的生存繁衍的精神基因，这是人类所独有的，但它与生理学基因一样，也是在漫长的进化历程中积累下来的成果。所以，在历史的每一阶段，都会有那么一些人，率先树立起一种较高的人格理想，全身心地实践、弘扬这种理想，引导社会价值体系的进化。江山代有才人出，各领风骚数百年，而今这项任务落在了共产党人的身上，我们要自觉运用执政权力来做好这件事情，驾驭社会发展过程，使之稳定地进化到和谐社会。

社会价值体系的转换升级或者说社会主义核心价值体系的建设是一个漫长的过程，只要走上了这条路，人们就必须一直走下去，倒退是没有出路的。我们都已经看到这样一个规律，随着市场法则在中国大地上的猖獗，人民群众面临着越来越多的难题和灾难。不仅那些被奴役和被损害的人是不幸的，处于这种奴役关系中的所有的人都是不幸的，人们都需要得到拯救。这种拯救不能依靠外力而得到，要创造人类的幸福，全靠人类自己。这就需要那种得了大本大源的人，也即是突破了私有制价值体系束缚的人，才能找到拯救的办法。这种觉悟过程不可能是大家一下全都明白过来，而是有一个先后顺序，先悟带动后悟，从而实现社会集体的精神进化。以前我们希望先富带后富，实践证明，这是我们的一厢情愿，它与那些以物质财富的私人占有为核心价值的人的天性相冲突，物质财富的占有是排他性的，与之相配套的行为法则是丛林法则，先富起来的人们——除非是真正的共产党人——并不希望别人也富起来。而先悟带后悟则是可靠的，这是那些以人的自由全面发展为核心价值的人的内在天性，这是因为，那些率先意识到这一新价值的人们必须为自己创造适宜的社会环境。只有在集体开悟的环境中，他们才能真正地实践自己的价值体系；只有得到了人民群众的广泛支持，他们才能实事求是地认识现实，正确地分析现实问题，制定科学正确的路线、方针、政策，引导社会生活逐步趋向和谐。正由于这个原因，真正的共产党人不仅要帮助人民群众解决生存的物质需要，同时也自然而然地身体力行地传播新的价值体系。

对社会主义核心价值体系的坚持，我们必须持之以恒，善始善终，才可以稳定在一个较高的发展水平上。老子曾经告诫人们："慎终如始，则无败事。"中国历史上的盛世往往都是昙花一现，其原因就在于政治家们不能善始善终地保持其价值体系的较高水平，甚至是同一个人也不能坚持始终，更不用说几代人始终一贯地坚持下去了。古人所说的"君子之泽，五世而斩"，其原因就是由于社会大气候的堕落，那少数具有较高水平价值体系的人难于把其价值体系传递给下一代。怎样解决这个问题呢？中国共产党人现在找到了一条新路，通过党建工作建立起一个坚守高水平价值体系的先锋队，在党组织内部形成一个新价值体系的"超循环"过程，进而在全社会建立起这种"超循环"，从而把全体人民的价值体系都提升到新的发展水平上。只有这种稳定地运行起来的新价值体系的"超循环"，才能一劳永逸地结束私有制所制造的各种灾难，使每一个人都能过上有尊严的生活，获得尽可能充分的发展。

木桶所能容纳水量的大小不是决定于最长的那块木板，而是决定于最短的那块木板。根据这个原理，社会集体的和谐程度不是决定于价值体系水平最高的那个人，而是决定于价值体系最差的那个人。所以，马克思说，只有解放全人类，才能最后解放无产阶级自己。一个追求社会和谐的人，一个珍惜生命价值的人，首先要避免成为社会集体中的那块最短的木板，努力提高自己的价值体系，然后还要尽早地把生命投入到推动社会价值体系进化的伟大事业中去。我们必须认认真真，从现在做起，在这项重大的事业上，所有的人都必须自觉地把自己摆进去，而不能站在一边议论。在这个方向上的任何成就都要靠自己的辛勤努力来换取，我们的下一代也许可以在我们所奠定的基础上较容易地取得新的成就，但我们这一代人无法投机取巧。

所有的人都不过是人类进化过程中的一分子，人类的进化过程也不过是整个大自然的进化过程中的一部分。只有把整个人类进化过程作为坐标，我们才能找到这仅有一次的生命的意义；同时也只有把生命汇入整个人类进化的历史之中，我们努力工作的成果才能在这个进化的绵延过程中得以永久保存下去，此即老子所说的“死而不亡者寿”。从价值体系进化论的立场来看，衡量人生价值的根本标准就在于人们在社会价值体系进化过程中所发挥的作用，是正面还是负面，是大还是小。马克思在批判落后文化传统时曾指出“死人纠缠活人”的现象，我们现在却可以打破这个宿命，自觉推进价值体系的进化，把它改善之后再传给后代。在此过程中，我们也要追求物质利益，但在“人的自由全面发展”这个核心价值的统领下，我们就可以构建一个完善的价值体系，把所有社会成员凝聚起来，形成一种科学合理的社会组织，在这种社会组织中，“联合起来的生产者，将合理地调节他们和自然之间的物质变换，把它置于他们的共同控制之下，而不让它作为一种盲目的力量来统治自己；靠消耗最小的力量，在最无愧于和最适合于他们的人类本性的条件下来进行这种物质变换。”[①]在这种情况下，对物质利益的追求就不会把人们引入歧途。

人作为万物之灵，理当承担起管理好地球事务的责任。而要承担这项责任，人类就应当在社会价值体系的控制上掌握主动权，自觉地建设社会主义核心价值体系，保证健康向上力量在社会生活中占据支配地位，引导人性进化，塑造完美人格。社会主义就是要创造出一种新的社会组织模式来唤醒人性中的潜力，并通过这种潜力的充分发挥来为人们不断增长的物质文化需要提供保障，使两者之间形成一个良性循环，从而源源不断地培养出一种不同于私有者的新人，在他们追求自由全面发展的过程中，就可以自然而然地形成一种新的社会政治制度。在此基础上，我们才能提高社会管理的科学化水平。

[①]马克思. 资本论[M]. 第三卷. 北京：人民出版社, 2004. 第 928 页.

后记：历史应当有一个大团圆的结局

关于价值体系进化论，以上已经说了很多，但为那些喜欢简洁的朋友着想，我认为有必要将本书的主要观点作一个概述。

一、价值体系问题是当今时代的紧迫问题

在当今社会科学领域里，有着大量的复杂理论。如关于生产力的理论把当前的一切问题归因于生产力发展水平不高，持这种观点的人认为，只要生产力发展起来，一切都可迎刃而解；关于阶级斗争的理论把当前的问题归因于两个阶级的斗争，持这种观点的人期待再来一次革命，把无产阶级组织起来消灭贪官污吏和资产阶级；关于民主的理论把当前的问题归因于专制，持这种观点的人也反感贪官污吏，他们认为，只要实行了“一人一票”的选举，一切问题都会烟消云散；此外还有人把当前的问题归因于分配问题，他们希望能够找到一个缩小收入分配差距的办法；另外还有美国人，他们把自己国家的经济危机归因于人民币汇率，于是便软硬兼施地要中国改变汇率。以上各种理论，就像盲人摸象一样，把大象的一部分当作大象的全部，既无法解释当前复杂的社会现象，也无法阻止人类社会趋向于崩溃的危险局面，甚至它们本身就在人类趋向于大崩溃的趋势中推波助澜。

所有这些理论都没有深入到价值体系层面，但却又都暗含着一个共同的前提，即它们都把物质财富的私人占有作为其不言而喻的前提。西方资本主义的各种理论自然就不用说了，有些“马克思主义者”也这么做，他们根据思维与存在关系的两分法，习惯性地坚持“唯物主义”的立场，把价值体系理论贴上“唯心主义”的标签，这就算是把它否定了。但他们没有意识到，正是在这种“唯物主义”的幌子下面，他们仍然在潜意识里坚守着低水平的价值体系。他们是拜物教的忠实信徒。

正是由于共同坚持着私有制价值体系，所以西方敌对势力与共产党内部的腐败分子就有了共同语言，步调协调地联合起来，共同推动扼杀社会主义事业的计划，愚蠢地致力于人类文明的自我毁灭。人类文明的这个自

我毁灭过程也是一个自组织过程，并没有一个系统的计划把参与者组织起来，而是一个共同的价值体系驱使着人们行动，他们本能地拒斥价值体系理论，因为只要承认价值体系的存在，就要承认价值体系的进化过程，其价值体系的低劣就立即表现出来。就像讳疾忌医的患者一样，他们小心地守护着那个从动物界祖先遗传下来的丛林法则。

与之相对应的，共产党人若要坚持社会主义方向，就必须深入认识价值体系问题。这是一个期待着理论创新的时代，同时也是一个孕育着理论创新的时代。党中央提出了建设社会主义核心价值体系的任务，就是这样的一个伟大创新。它是人类精神进化史中的一个伟大的里程碑。

二、社会主义核心价值体系的提出完成了一个哥白尼式的转换

在哥白尼之前，人类把地球当作宇宙中心，在观察天象时，遇到了很多难于解释的现象，为了解释这些现象，就增加一个又一个补充规定，结果便使这个理论体系越来越复杂。后来，哥白尼把宇宙中心从地球移到太阳上，建立起一个简洁的理论体系，完满地解释了观测到的现象。后来人们就把这种由于立足的转换而带来的理论进步称之为哥白尼式的革命。

党中央关于价值体系的理论在哲学社会科学领域里也完成了一次哥白尼式的革命。在关于思维与存在关系的哲学范式中，人们大都认为人的认识是客观现实的反映；在发现价值体系的存在之后，人们就会进一步发现价值体系在人类认识与实践过程中的作用，进而打破价值体系问题上的“独断论”，认识到自身价值体系的问题。所有的人都坚持着某种价值体系，都处在价值体系进化的一定阶段上，其发展水平的高低决定着人们能否正确认识客观现实和能否合理行动。处在思存论哲学范式上，人们一方面否认价值体系的存在，另一方面又不自觉地坚持其低水平价值体系，这就使他们处于自相矛盾之中。摆脱这种范式，也就摆脱了这种自相矛盾，使哲学理论从抽象思辨的云雾中下降到现实土地上，研究价值体系的进化过程，自觉推进价值体系的进化。

价值体系的进化以大自然进化过程的成果为基础。首先要从无机物中进化出生命，然后进化出由植物、昆虫、海洋动物和陆地动物组成的生态系统，再从这个生态系统中进化出人类，在此基础上，我们才能开始价值体系的进化历程，直到现在提出建设社会主义核心价值体系的目标。人类虽然只是处于银河系边缘的一颗小行星上，但我们却是大自然进化过程的

最光辉的成果。在这个进化过程中，是否还有更高的目标呢？我们无法揣测上帝的旨意,但我们知道这一代人的历史使命就是推进价值体系的进化。只有建设起一套新的价值体系，才能保证地球生态系统和人类文明不致由于资本主义价值体系的疯狂而夭折，才能使大自然的进化过程延续下去，在此基础上，下一代人才有可能提出更高层级的进化目标。

新的价值体系从丛林世界中诞生并成长的过程是一个漫长的过程。最早要追溯到雅斯贝斯所说的轴心期，这是人类精神的第一次觉醒，人们“开始意识到整体的存在、自身和自身的限度。人类体验到世界的恐怖和自身的软弱。他探询根本性问题。面对空无，他力求解放和拯救。”[①]任何没有获得轴心期突破的民族仍是原始的，继续其没有历史的生活。中国人也有同样的说法，“天不生仲尼，万古长如夜”。但作为起点，新的价值体系还很弱小，不能改变社会运行轨道。从规模上看，它只是少数人的奢侈品，杰出人物与芸芸众生之间存在着巨大的差距，以至于需要利用地狱里的惩罚来恐吓、用天国里的幸福来引导众生。从质量上看，它仅仅活动于精神领域，没有能力深入世俗的生活过程，因而并不能保证信仰和坚守它的人们过上与之相匹配的日常生活，由此而导致了伪善、人格分裂和许多人生悲剧。这种状况延续了两千多年，只是到了共产主义运动诞生之后，这个进化过程才开始向普通民众的普及过程，以及对整个社会生活方式的革命性改造过程。这个过程又需要经过好几个发展阶段，从中国的情况来看，从十月革命给中国送来了马列主义、诞生了中国共产党开始，经过了武装斗争、夺取政权、巩固政权、改革开放到现在提出建设社会主义核心价值体系，经历了将近90年的时间。站在这一伟大创新的基础上，我们就可以对人类的进化过程有一个清晰的认识了。现在我们终于发现，共产主义运动的目标就是建设社会主义核心价值体系并用它来重组社会生活过程，这不仅是马克思的目标，同时也是佛陀、基督、老子、孔子和真主所致力的目标，同时也是整个大自然的进化过程的延续。

三、整个历史也无非是价值体系的进化过程而已

人能够认识到自身的存在，这是一个众所周知的客观事实。然而，对这个习以为常的事实，我们经常地忽略其重大意义。标志着人类出现在生

[①] [德]卡尔•雅斯贝斯. 历史的起源与目标[M]. 北京：华夏出版社, 1989. 第8页.

物圈中最早的事件，既不是人体的某种解剖学特征的发展，也不是某种劳动技能的获得，而是人类自我意识的觉醒。动物无须经常地追问自己是什么，我们人类却要经常地追问自己“人是什么”的问题，这种自我意识的觉醒就是人的形成过程的起点和动力。事物有它们自己的稳固的结构，人类知识并不使它们产生变化，比如说太阳，不管人类断言它是后羿手下留情而未被射掉的一只乌鸦，还是作为太阳系的中心，它都在那里存在着。而人类则与之不同，人关于自身的知识影响、改变着自身的存在。“人不像其他的存在物，人并不简单地存在着，人好奇地询问和解释人自己；人的概念暗含着人类学。这并不只是任意的、理论性的思辨，它出自这样一种存在物的最深沉的必然性，这种存在物必须塑造自己，并因此需要一个指明方向的榜样或理想以供参照。人的不完满性为自我理解所补偿，这种自我理解告诉他能够怎样来完善自己。”[①]

这其实也就是俗话所说的“人往高处走，水往低处流”。水由于地球引力的作用，自然而然地具有一种向下运动的力量，而人则由于对美好生活的追求而具有一种向上发展的势能。人总是不安于现状，总是希望能对世界有更多的认识，不断地发现新目标，不断地改善自己所处的环境和地位，正是他的自我理解推动着他“向高处走”。

个体的人生理想要靠社会组织机制来实现。个体的人生理想不是一个孤立的存在，离开了集体的个体无法维持其较高水平的存在，只能回归到原始的状态，像动物一样受制于自然环境。人必须生活在文明之中，随着文明的进化而不断改善自己的生存状态。反过来也可以说，人类文明的组织状态又建立在无数个体的活动之上，个体的价值体系支持着社会组织的结构。如中国的官本位组织结构，是一个庞大金字塔结构，它为每一个体规定了生命的历程，就是从塔基上升到塔尖，根据他所达到的高度来评价其人生价值。这个组织结构同时还是社会财富的分配机制，进而把个体的价值体系固定在社会价值体系上。脱离了这个价值体系就得不到社会肯定，得不到生存资源，正是这种个体与社会的依赖关系，把人们的生命过程整合到这个社会金字塔的动态运行过程中。就像喷泉一样，在动态过程中保持着稳定的形态。不同之处在于，喷泉中的水分子的运动靠外部的压力，人类个体的动能则来自内在的价值体系。只要这种官本位的价值体系存在

[①] [德]兰德曼. 哲学人类学[M]. 上海：上海译文出版社, 1988. 第 9 页.

着，每一次改朝换代之后，社会就会自然而然地产生出与原有官僚体制差不多的政治组织机构，进入下一个治乱循环。美国人则有一个“美国梦”，只要这个“美国梦”不变，无论经历多少次危机，这个社会都将继续稳定地运行在资本主义轨道上。

社会价值体系要靠无数个体的生命过程来维持其存在，并且经历了一个由低级阶段向高级阶段进化的过程。由于有了价值体系的进化过程，人类逐渐从自然界分化出来，逐渐地进化成为人。同时也正是由于人的价值体系的进化，推动着社会历史的进步，改变了地球环境。

相对于价值体系的进化过程来说，其他的一切都是过眼云烟，那建造了万里长城和金字塔的人们现在又在哪里呢？这些坚固的巨大建筑也同样要在时光的流逝中衰败倾倒，它们与人类所创造的各种物质财富一样，不过是不断产生又不断消失的人类劳动的客体化而已。只有人类价值体系的进化过程，才是生生不息的源头活水。老子说：“天地不仁，以万物为刍狗。圣人不仁，以百姓为刍狗。”相对于价值体系进化过程来说，万物、百姓都不过是其借以表现的载体，所有的人都是来去匆匆的过客，正是在人类个体不断新陈代谢的过程中，延续着人类价值体系的进化过程。同时也只有在这个进化过程中，个体才能越来越完美。这是自然规律。

四、价值体系的进化过程有一个从必然王国进入自由王国的飞跃

价值体系的这个进化过程必然要达到一个关节点：发展出整体意识，并最终在共产主义运动过程中进化出社会主义核心价值体系，为和谐社会的构建开辟道路。价值体系的成长过程必然伴随着新与旧、进步与落后的冲突。我们现在所经历的各种冲突，诸如社会主义与资本主义的冲突，东方文化与西方文化的冲突，归根到底是两种价值体系的冲突。在这种冲突中，所有的人都面对着这样一个选择：是以人的自由全面发展为核心价值，还是以财富的私人占有为核心价值？这是一个关系到人类命运的重大选择：是生存还是自我毁灭？人类不能总是以巨大的挫折或灾难为代价来换取短暂的清醒，所以就需要自觉地建设一个新的价值体系，指导人们客观全面地认识现实，合理行动，从而把人类文明维持在一个较高的水平上。

人类的意识最初不过是把动物的本能升级为有意识的行动，人们总是从最紧迫、最现实的需要的范围内来认识自身利益，那个囊括社会整体利益的价值体系虽然存在着，但却没有被人们认识到，他只能用有限的认识

来指导自己的行动。按照亚当·斯密的理论，在每个参与者追求其私利的过程中，市场体系会给所有参与者带来利益，就好像有一只“看不见的手”在指导着整个经济过程。但在实际上，这只“看不见的手”很不可靠，有时促进整体利益，有时则损害整体利益，给人类带来痛苦、不幸、灾难，甚至自我毁灭，这就是马克思所说的异化现象。这些痛苦与灾难迫使人类寻找其原因，从而也就推动人类整体意识的觉醒，这个过程萌芽于雅斯贝斯所说的轴心期，即公元前五世纪的那一段时间。老子、孔子、释迦牟尼、苏格拉底、柏拉图、耶稣和穆罕默德分别在不同的地域用不同的方式向民众宣谕他们发现的真理。当然，这些新的人生目标还只是一个软弱无力的“应该”，没有能力深入到社会经济过程，直到出现了马克思，他总结了前人的思考，发现了社会经济基础与上层建筑之间的关系和运行规律，才开辟了把这个新目标与现实经济过程结合起来的道路；再往后，又有列宁和毛泽东等共产党人在改造社会的革命中深入思考历史规律，不断地推进这个新目标与现实经济过程的结合，不断地开辟历史进步新境界。

但是，上述杰出人物所发现的真理经常地受到后人的曲解，其原因就在于后来的人们没有达到杰出人物在价值体系上所达到的高度。在政治科学的研究中，包括其他各种社会科学的研究中，研究者自身价值体系的高度限定了其结论的科学性。与自然科学家研究自然现象不同，在对社会现象的研究中，研究者无法站在被研究的事实之外，他直接就是所研究事实的参与者，即使人们没有考虑价值体系的建设问题，仍然在实际上参与了社会价值体系的建设，所有的人都不例外。对于处于价值体系进化过程的某个特定阶段——因而是带有一定局限性的价值体系——的研究者来说，这种价值体系的局限性会限制研究者对社会现象的选择，使他看不到现实的全貌，找不到正确结论。表面上看起来是严格地按照逻辑推理得出的结论，其实早就蕴含在研究者自身的价值体系之中了。由于研究者的价值体系受制于他所生长于其中的社会环境，他又用这种价值体系来做研究，并用其结论来指导社会决策，于是就会强化这种价值体系对社会生活过程的控制。

价值体系的觉悟至关重要，不管是搞研究，还是从政，只有觉悟了，人们才能认识历史规律，得出正确的认识，合理行动。对个人来说，这一点很不容易做到。由于个体的生存理想必须借助于一套社会组织机制来实现，在社会集体还没有发展出这一套组织机制的情况下，个体的觉悟反而是不幸的事情。历史上也有那么一些智者，他们的命运总体来说是不幸的。为了推动人类整体的觉悟，他们要比那些未觉悟的人付出多得多的努力和牺牲。

个体的觉悟必须在社会集体觉悟的进程中才能得以实现，对人性的认识必须在改造人性的过程中不断深化。这要通过一系列的程序，诸如把闻道者组织起来，建立政党，夺取政权，建立公有制，发展生产力，然后才能自觉推进价值体系的进化。只有在普遍的思想觉悟的基础上，才能有社会价值体系的进化。共产主义就是把发生在个人身上的闻道过程放大到社会集体中，是集体地实现的闻道过程。人类对大道的认识过程与历史进步过程同步，这就是历史与逻辑的统一。历史进步的决定因素是人民群众，而人民群众只有在经历了挫折、痛苦，甚至是巨大的灾难之后，才能警觉起来，才能明白过来，才能行动起来。中华民族也只有在到了亡国灭种的最危险的时候，才被迫发出最后的吼声，用自己的血肉筑起新的长城。

人类的觉醒过程很缓慢，“它只能于产生自己的过程中发现自己；也可以说，只有当它发现它自己时，它才存在并且才是真实的。这样的产物就是各种哲学系统。思想藉以出发去发现它自己的这一系列的产生或发现，乃是一种有二千五百年历史的工作。”[①]伴随着科学技术和生产力的发展，人类改造自然的能力膨胀起来，异化现象也迅速发展起来。在此过程中，人们也意识到整体利益的存在，但与他们的具体的个人利益相比，这是一个虚幻的存在，人们幻想的是通过各个人对个人利益的追逐，便可自动地实现整体利益。这种幻觉把人们引入歧途，背离整体意识的价值体系通过人们的实践而进一步强化，形成恶性循环，使人们难于解脱。必须到了濒临毁灭的临界点，人类才能觉醒过来。巨大的危机，同时也是空前的机遇。人类进化经常是在惊涛骇浪中前进，只有这种从血与火的实践中得到的沉重的东西，才能长久地保存在人类的知识宝库中。

回首共产主义运动的产生与发展过程，我们可以发现，共产主义运动便是社会主义核心价值体系萌芽、成长的过程。这种新的价值体系首先是在少数先进人物的头脑里萌生出来，然后传播开来，用老子的话来说，就是从“修之于身”开始，经过“修之于家”、“修之于乡”、“修之于邦”，直至“修之于天下”。这个过程必须借助于工人阶级和被压迫人民的解放斗争，

[①] [德]黑格尔. 哲学史讲演录[M]. 第一卷. 北京：商务印书馆，1981. 第10页.

形成政治力量，夺取政权，建立起社会主义社会，为这种价值体系的进一步传播创造了政治条件。社会主义作为资本主义与共产主义之间的过渡阶段，实际上就是社会主义核心价值体系渗透到社会生活过程中去、被人民群众普遍接受的过程。对于真正的马克思主义者来说，他所要做的归根结底就是这件事，以前所做的一切都不过是扫清外围，随着革命事业的不断深入，这最根本的目标才展现出来。历史只提出自己能够解决的问题，现在，建设社会主义核心价值体系的任务已经提上了日程，随着这一任务的落实，现在困扰人类的各种问题将逐步消亡，和谐社会也就逐渐形成了。

五、人并非是自然必然性控制下的木偶

人之所以是万物之灵，就在于能够认识上述规律，自觉地为人类进化的伟大进程而奋斗。所以就有许多圣贤、英雄摆脱了私欲的束缚，不怕抛头洒血，也就是把自己作为“刍狗”，把自己的生命奉献于人类进步的伟大目标，他们因而也就可以做到“死而不亡者寿”。同时也只有当大家都坚持着较高价值体系的时候，人类文明才能得以延续，个体也才能继续生存下去。此即所谓“外其身而身存，后其身而身先”。

与“外其身而身存”相对应的是，当人们一厢情愿地追求着个人利益的时候，他们的个人利益反而无法实现。在丛林法则的控制下，人类的美好愿望总是被无情的现实击得粉碎，人们的各种努力由于其目标偏狭所导致的互相冲突而互相抵消，结果是大家都没有实现自己的目标，而且还导致了无数人生悲剧，于是乎历史就不过是一件可诅咒的事紧跟着另一件可诅咒的事情。能够危害人类生存发展的力量恰好是来自人类自身，人们热衷于嬉戏、安逸和低级趣味，缺少对真善美的追求，不知道美与和谐的重要，最直接、最现实的需要吸引着人们的目光；狭隘的眼界、有限的智力使有些人理解不了杰出人物的思想，他们不知道自身的不足，而是以自己的认识为标准来要求别人，正因为杰出人物的存在，使他们感觉到自己的猥琐，使他们的自尊心受到打击。由于他们不是以解决现实难题为第一要务，而是以维护自尊为第一要务，所以他们讨厌杰出人物，拒绝走出平庸猥琐；这样的人形成气候，便会锁定社会运行轨道，跳不出历史兴亡周期律。在这种情况下，人类的自我毁灭就不是杞人忧天，而是一种越来越现实的威胁。包括在国际事务中，我们要建设和谐世界，就必然要面对着误解、仇恨、谩骂、围堵，那些追求着堕落与毁灭的人们必欲把其他人也拉

作垫背。

自我保护是每一个人的本能，作为一个整体，人类也同样具有这种本能。这种本能将会迫使那些先进的个体上下求索，寻找新的出路。只有在不断前进的过程中，人类才能生存下去。正如海德格尔所说：“保存和提高标志着生命的原本一体的基本特征。生命之本质包含着生长欲望，即提高。生命的任何保存都服务于生命的提高。任何一种生命，如果一味地自限于单纯的保存，那么它就衰败了。”[①]当今时代已经把价值体系的进化问题摆在了人类的面前，只有提出这个问题，才能找到问题的解答。社会主义核心价值体系的提出突破了资本主义价值体系所设定的话语屏障，使人类看清了所面临的现实问题，找到了解决现实难题的路线图。人类并不是非要在自由民主与专制之间选择，而是要在两种价值体系之间选择，是维持丛林价值体系的“超循环”过程的支配地位，还是打破这个“超循环”过程、建设和谐价值体系的“超循环”过程？我相信，只要把新的价值体系摆在人们面前，人们便会自然而然地选择新的价值体系，并把它与自由民主有机地结合起来。建设社会主义核心价值体系并不是一种别出心裁的设计，而是实现我们自身利益的需要，同时也是人类文明延续下去的需要。正如马克思所说的那样：“共产主义对我们来说不是应当确立的状况，不是现实应当与之相适应的理想。我们所称为共产主义的是那种消灭现存状况的现实的运动。这个运动的条件是由现有的前提产生的。”[②]

必须强调的是，和谐社会不能自动实现；只有在人们自觉追求它的奋斗过程中，它才能逐步形成。历史规律并不是命中注定的必然性，人类也不是一群被历史规律控制着的木偶，包括人类对历史规律的自觉实践，也是历史规律的有机组成部分。许多人错误地理解马克思主义理论，似乎随着生产力与科学的发展，共产主义就可以自动地实现；实践证明，这是诱使人类自我毁灭的迷幻药。我们看到，走向堕落甚至毁灭的可能性始终伴随着人类，如果人们突不破现有价值体系的控制，就只能是这种价值体系自我强化的“超循环”过程的木偶。在这种情况下，滥用日益增长的技术力量，必然会把人类文明乃至整个地球生态环境推向毁灭。现在，人类的进化已经到了最紧要的关头，“假如人类的文明尚未臻于成熟就夭折了的话，那要比在深邃的宇宙空间中可能存在的外星文明发生的任何不幸事变

[①] [德]马丁·海德格尔. 林中路[M]. 上海：上海译文出版社，1997. 第 235 页.
[②] 马克思恩格斯选集[M]. 第 1 卷. 北京：人民出版社，1995. 第 87 页.

都更令人痛心。人类及其文明的出现不是自然界发生的偶然事件；让我们现在就积极行动起来，以确保我们的未来不至毁于进化过程中发生的意外事故。”①危机同时也是机遇，只有在价值体系上做出正确选择，自觉地建设社会主义核心价值体系，使之形成稳定的“超循环”，我们才能打破旧的社会运行秩序，把它引向新的轨道；只有做好这件工作，我们才能掌握自己的命运，过上新的生活。

这是一项极其伟大的事业，谁也不能置身事外。要想完成这一事业很难，而要想把它搞垮则很容易，哪怕是一点小小的纰漏，也会使我们功败垂成，所以我们所有的人都有责任自觉地进行价值体系的转换。作为共产党员，更应当率先垂范，自觉学习实践社会主义核心价值体系，兢兢业业，善始善终。

六、这是最后的斗争

所有的人都对未来怀有美好的期待，包括幼儿园的孩子们，也都期待着童话中的主人公战胜邪恶，从此幸福地生活在一起。这种期待是人类的天性，只要它还没有被丛林法则所扼杀、所扭曲，都会自然而然地表现出来，它是人类进化的永不衰竭的内在动力。

我们现在终于找到了解决问题的办法，提出了建设社会主义核心价值体系的新目标，进一步地抓好落实，应当是自然而然的事情。在我们这一代人的努力下，人类必将摆脱丛林价值体系的羁绊，进化出和谐价值体系，在它的引导下联合起来，共同应对各种挑战，从此和谐幸福地生活在一起。国际歌中有一句歌词：“这是最后的斗争，团结起来到明天。”在无产阶级革命过程中，人们总是认为自己所面临的斗争是最后的斗争，但实践证明它们都不是，在它后面还有更艰巨更繁重的斗争。我们现在所面临的这场斗争是不是最后的斗争呢？我看应当是，建设社会主义核心价值体系就是历史之谜的最终解答，找到了这个解答，人类就可以在自身社会组织管理上进入自由王国。人类应当得到这样一个大团圆的结局。

现在，西方资本主义的弊端已经是人尽皆知，其行将就木的命运已不再是什么秘密了。与之相应的，西方哲学也必将衰落下去，代之而起的只能是中国哲学。在以博大的胸怀吸纳继承东西方人类文明的优秀成果之后，

①[美]拉兹洛.进化——广义综合理论[M].北京：社会科学文献出版社，1988.第123页.

我们提出了建设社会主义核心价值体系的新目标，中华优秀传统文化便可借此返本开新，重新焕发活力，引领时代潮流，成为全人类的价值体系，促进世界和谐，保障人类在地球上的繁衍生息。

参考文献

[1]马克思恩格斯选集[M]. 北京：人民出版社, 1995.

[2]马克思恩格斯全集[M]. 第 3 卷. 北京：人民出版社, 2002.

[3]马克思. 资本论[M]. 北京：人民出版社, 2004.

[4]马克思. 剩余价值理论[M]. 北京：人民出版社, 1975.

[5]列宁选集[M]. 北京：人民出版社, 1995.

[6]毛泽东文集[M]. 北京：人民出版社, 1999.

[7]邓小平文选[M]. 北京：人民出版社, 1993.

[8][意]安东尼奥•葛兰西. 狱中札记[M]. 北京：人民出版社, 1983.

[9][德]黑格尔. 哲学史讲演录[M]. 北京：商务印书馆, 1981.

[10][法]卢梭. 社会契约论[M]. 北京：商务印书馆, 1994.

[11][德]尼采. 论道德的谱系[M]. 北京：三联书店，1992.

[12][英]路德维希•维特根斯坦. 文化和价值[M]. 北京：清华大学出版社, 1987.

[13][美]道格拉斯•诺斯，罗伯特•托马斯. 西方世界的兴起[M]. 北京：华夏出版社, 1989.

[14][德]兰德曼. 哲学人类学[M]. 上海：上海译文出版社, 1988.

[15][德]恩斯特•卡西尔. 人论[M]. 上海：上海译文出版社, 1985.

[16][德]卡尔•雅斯贝斯. 历史的起源与目标[M]. 北京：华夏出版社, 1989.

[17][日]池田大作，[意]奥锐里欧•贝恰. 二十一世纪的警钟[M]. 北京：中国国际广播出版社, 1988.

[18][美]爱德华 • 罗斯. 社会控制[M]. 北京：华夏出版社, 1989.

[19][美]杰里米 • 里夫金，特德 • 霍华德. 熵：一种新的世界观[M]. 上海：上海译文出版社, 1987.

[20][美]拉兹洛. 进化——广义综合理论[M]. 北京：社会科学文献出版社, 1988.

[21][美]埃利希•弗洛姆. 健全的社会[M]. 北京：中国文联出版公司，1988.

[22][美]布热津斯基. 大失控与大混乱[M]. 北京：中国社会科学出版社, 1995.